新时代新理念职业教育教材·电工技术类

电工作业

主　编　徐作华　谭丽娜

副主编　潘宣伊　白　冰

参编者　李泽健　徐　博　刘艳松

王雪丽　许　晶　杨晓辉

刘　宁　李　峰

北京交通大学出版社

·北京·

内 容 简 介

本书根据职业教育人才培养目标及教学特点，结合初、中级电工操作证考试内容要求，精选教学内容，强化应用。

全书共设 7 个项目，主要内容包括电气安全基本知识、变压器的使用与维护、电动机的使用与维护、低压电器的使用与维护、电气控制线路的运行与维护、电容器的运行与维护、供配电线路的运行与维护。书中不仅介绍了安全用电常识，防雷、防火及触电急救措施，还重点介绍了变压器、电动机、低压电器、电容器、电气控制线路、供配电线路的工作原理及其正确使用方法、检测方法和故障分析、排除方法，覆盖了初、中级电工操作证考试大纲要求的所有内容，操作范例具有很强的针对性和实用性，既能满足职业院校相关专业的教学需要，又能适应工厂对低压电工操作培训的迫切需要。

本书可用作大中专院校电工作业相关课程的教学用书，也可用作初、中级电工操作证考试的培训用书。

图书在版编目（CIP）数据

电工作业 / 徐作华，谭丽娜主编. -- 北京 : 北京交通大学出版社，2025. 2. -- ISBN 978-7-5121-5388-2

Ⅰ. TM1

中国国家版本馆 CIP 数据核字第 2024KW2407 号

电工作业
DIANGONG ZUOYE

策划编辑：张　亮　　　　责任编辑：陈跃琴
出版发行：北京交通大学出版社　　电话：010–51686414　　http://www.bjtup.com.cn
地　　址：北京市海淀区高梁桥斜街 44 号　　邮编：100044
印 刷 者：北京虎彩文化传播有限公司
经　　销：全国新华书店
开　　本：185 mm×260 mm　　印张：15.5　　字数：387 千字
版 印 次：2025 年 2 月第 1 版　　2025 年 2 月第 1 次印刷
定　　价：48.00 元

本书如有质量问题，请向北京交通大学出版社质监组反映。对您的意见和批评，我们表示欢迎和感谢。
投诉电话：010–51686043，51686008；传真：010–62225406；E-mail：press@bjtu.edu.cn。

前　言

本书根据电工岗位能力需求，并结合电工国家职业标准，以常用变压器、电动机、低压电气设备或电器元件的认知、检测、故障分析、故障处理为主线，以低压电工作业领域典型工作任务为载体进行编写，主要内容包括：安全用电常识、防雷和防电气火灾的措施、触电急救方法，常用变压器、电动机、低压电器、电容器的结构、性能、正确使用方法、维护方法，基本电气控制线路和供配电线路的分析、设计、安装、检测、故障分析及处理等理论知识及技能。

本书在编写时，充分注意了知识的覆盖面，以适应工厂对低压电工操作培训的迫切需要，并且注重教材的针对性和实用性，尽可能多地介绍些实际操作方面的技能，增添了一些实际操作范例，使教材更具有实用性，并通过立体化媒体资源对部分知识点进行展示，增强了教材内容的生动性。本书既可作为高职院校相关课程的教学用书，也可作为企业在职员工的培训用书，还可为相关工程技术人员提供参考。相信经过本书的学习，大部分学员都能达到初、中级电工操作证考试大纲要求的水平。

本书由长春职业技术学院的徐作华、谭丽娜担任主编，由长春职业技术学院潘宣伊、白冰担任副主编，参与本书编写的还有长春职业技术学院李泽健、徐博、刘艳松、王雪丽、许晶、杨晓辉、刘宁、李峰。其中，徐作华编写了项目项目 6、项目 7；谭丽娜编写了项目 1、项目 3；潘宣伊、白冰编写了项目 2；李泽健、许晶、杨晓辉、李峰编写了项目 4；徐博、刘宁、刘艳松、王雪丽编写了项目 5。全书信息化教学资源由徐作华、谭丽娜、潘宣伊负责完成。全书由长春职业技术学院徐作华、谭丽娜统稿。

由于编者水平有限，并且时间较紧，书中难免有谬误之处，请大家批评指正。

编者

2025 年 1 月

目　录

项目 1　电气安全基本知识

【项目描述】

电工作业是指对电气设备进行运行、维护、安装、检修、改造、施工、调试等作业，包括高压电工作业、低压电工作业和防爆电气作业。电工作业人员的基本条件之一是具备必要的安全技术知识与技能。

本项目主要介绍安全用电的重要意义，触电对人体的伤害，触电急救，电气防火、防爆、防雷措施，电工安全操作规程等，这些都是电工作业人员必须具备的安全技术理论知识与技能。学习并掌握本项目内容可为考取中华人民共和国特种作业操作证打下良好的基础。

任务 1.1　触 电 急 救

【任务描述】

触电急救是生产经营单位所有从业人员必须掌握的一项基本技能，是电工从业的必备条件之一。本任务通过对触电者进行正确施救训练，引导学生了解触电的形式、原因、种类，以及触电对人体的伤害；掌握防触电技术措施；明确安全用电的重要意义、标志及用电注意事项；掌握触电急救方法。

【学习目标】

（1）了解触电的形式、原因、种类。

（2）明确安全用电的重要意义。

（3）掌握触电急救方法。

（4）掌握防触电措施。

1.1.1　触电与防触电措施

1. 触电

由于人是一个导电体，当人身触及带电体或人身接近高压带电体时，电流经过人体流入大地或是进入其他导体构成回路，就会因伤害人的身体而造成事故，叫触电事故，简称触电。

人身触电和触电的种类

2. 触电的种类

触电会对人的身体外部和内部组织造成不同程度的损伤。根据伤害程度不同，触电分为电击和电伤两种。通常所说的触电事故，主要指电击造成的事故。

1）电击

电击是指电流通过人体时，使人体内部组织受到较为严重的损伤。电击会使人觉得全身发热、发麻，肌肉发生不由自主的抽搐，触电者逐渐失去知觉。如果电流继续通过人体，将使触电者的心脏、呼吸系统和神经系统受损，直到停止呼吸，心脏活动停顿至死亡。

2）电伤

电伤是指电流对人体外部造成的局部损伤。电伤从外观看一般有灼伤、电烙印和皮肤金属化等伤害。

① 灼伤：电流热效应产生的电伤及电弧对皮肤造成的烧伤。

② 电烙印：电流化学效应和机械效应产生的电伤，表现为直接接触处有边缘明显的肿块、皮肤硬化。

③ 皮肤金属化：电弧下金属高温熔化、蒸发并飞溅渗透到皮肤表层造成的电伤，表现为皮肤粗糙硬化。

3. 触电对人体的伤害及其影响因素

触电对人体的伤害及其影响因素

触电对人体的伤害程度与通过人体的电流强度、电流频率、电流通过人体的时间长短、电流通过人体的途径、触电者的体质状况、人体电阻等因素有关。

1）触电对人体的伤害程度与电流强度的关系

电流越大，对人体的伤害越严重。根据电流通过人体时的不同生理反应，可将电流分为以下 4 种。

（1）感知电流

感知电流是能够引起人们感觉的最小电流。感知电流值因人而异。总体上，成年男子感知电流约为 1 mA，而成年女子感知电流约为 0.7 mA。

（2）摆脱电流

摆脱电流是人能忍受且能自动摆脱电源的通过人体的最大电流。工频交流电的平均摆脱电流，成年男子约为 16 mA 以下，而成年女子约为 10 mA 以下。直流电的平均摆脱电流约为 1 mA。

（3）致命（室颤）电流

致命电流是在较短的时间内危及生命的最小电流。当通过人体的电流强度超过 50 mA，时间超过 1 s 时，就可能使触电者发生心室颤动和呼吸停止，即“假死”现象。正常情况下成人的心率平均值为 75 次/min，当发生心室颤动时心率将达 1 000 次/min。

（4）安全电流

在一般的场合可以取 30 mA 为安全电流，即认为 30 mA 是人体可以忍受而又无致命危险的最大电流；而在高危场合应取 10 mA 为安全电流；在水中或者在高空应选 5 mA 为安全电流。

2）触电对人体的伤害程度与电流频率的关系

当电压在 250～300 V 时，触及频率为 50 Hz 的交流电，比触及相同电压的直流电的危险性要大 3～4 倍。而当电压更高时，则直流电的危险性明显增大。频率为 30～100 Hz 的交流电，对人体危害最大。如果频率超过 1 000 Hz，其危险性会显著减少。当频率为 450～500 kHz 时，触电危险便基本消失。频率在 2 万 Hz 以上的交流小电流，对人体已无危害，所以在医院的治疗上能用于理疗。触电对人体的伤害程度与电流频率的关系见表 1–1。

表 1–1　触电对人体的伤害程度与电流频率的关系

电流频率/Hz	危害程度	电流频率/Hz	危害程度
10～25	50%的死亡率	120	31%的死亡率
50	95%的死亡率	200	22%的死亡率
50～100	45%的死亡率	500	14%的死亡率

此外，无线电设备、淬火、烘干和熔炼的高频电气设备，能辐射出波长为 1～50 cm 的电磁波。这种电磁波能引起人体体温增高、身体疲乏、全身无力和头痛失眠等病症。

3）触电对人体的伤害程度与电流通过人体的持续时间的关系

触电电流大小与触电时间的乘积称为电击能量，通常用电击能量来反映触电的危害程度。一般电击能量超过 50 mA・s 时人就有生命危险。所以电流通过人体时间的长短，与对人体的伤害程度有很密切的关系。人体处于电流作用下的时间越短，获救的可能性越大；电流通过人体时间越长，电流对人体的机能破坏越大，伤害越严重，获救的可能性也就越小。

4）触电对人体的伤害程度与电流通过人体路径的关系

当电流通过人体的内部重要器官时，后果就严重。例如，电流通过头部，会破坏脑神经，使人昏迷，甚至使人死亡；电流通过脊髓，会破坏中枢神经，使人瘫痪；电流通过肺部，会使人呼吸困难；电流通过心脏，会引起心室颤动或停止跳动甚至使人死亡。在这几种伤害中，以心脏伤害最为严重。触电对人体的伤害程度与电流通过人体路径的关系如表 1–2 所示。

表 1–2　触电对人体的伤害程度与电流通过人体路径的关系

电流通过人体路径	流经心脏的电流与总电流的比例/%
一只手到另一只手	3.3
左手到脚	6.4
右手到脚	3.7
一只脚到另一只脚	0.4

从表 1–2 可以看出，电流通过人体最危险的路径是从手到脚，其次是从手到手。若电流由一手进入人体，从另一手或一脚流出，则电流通过心脏的比例较大，可立即引起心室颤动；通过左手触电比通过右手触电严重，因为这时心脏、肺部、脊髓等重要器官都处于电路内。若电流自一脚进入经另一脚流出，则不通过心脏，仅造成局部烧伤，对全身影响较轻。所以危险最小的是电流从脚到脚，但是触电者可能因痉挛而摔倒，导致电流通过全身或发生其他二次事故，产生严重后果。

5）触电对人体的伤害程度与触电者体质状况的关系

电击的后果与触电者的体质状况有关。根据实践资料统计，肌肉发达者和成年人比儿童摆脱电流的能力强，男性比女性摆脱电流的能力强。所以，触电后，男性较女性危害轻，成人比儿童危害轻。如果触电者有心脏病、神经病等，危险性就较健康的人大得多。另外，对触电有心理准备者，触电伤害轻。

6）触电对人体的伤害程度与人体电阻的关系

人体是导电的，触电后即有电压加到人体上。在某一电压下，人体电阻越小，通过人体的电流就越大，对人体的危害就越严重。

一般认为，人体电阻 R_b 为 1 000～2 000 Ω（不计皮肤角质层电阻）。人体电阻主要包括人体内部电阻和皮肤电阻。其中，皮肤电阻占主要部分，但变化幅度大，因为它受电流种类、电压高低、接触压力、干湿程度、通电时间等许多外界因素的影响较大；人体内部电阻比较稳定，为 500～800 Ω。

（1）人体电阻与电压的关系

触电时，随着接触电压的升高，人体电阻会显著减小，通过人体的电流会显著增加，但接触电压超过 500 V 时情况有所改变。三者的关系如表 1–3 所示。

表 1–3 人体电阻与接触电压、通过人体电流的关系

接触电压/V	12.5	31.3	62.5	126	220	250	380	500	1 000
人体电阻/Ω	16 500	11 000	6 240	3 530	2 222	2 000	1 417	1 130	640
流过人体的电流/mA	0.8	2.84	10	35.2	99	125	268	443	143

（2）人体电阻与体表状况的关系

皮肤沾有水分、导电物质或出汗时，人体电阻会显著减小，如表 1–4 所示。

表 1–4 不同条件下的人体电阻

接触电压/V	人体电阻/Ω			
	皮肤干燥	皮肤潮湿	皮肤湿润	皮肤入水
10	7 000	3 500	1 200	600
25	5 000	2 500	1 000	500
50	4 000	2 000	875	400
100	3 000	1 500	770	375
250	1 500	1 000	650	325

注：表中“皮肤干燥”和“皮肤潮湿”是指人体处于干燥和潮湿的场所，电流从单手流到双脚；“皮肤湿润”是指充满水蒸气的潮湿场所，电流从双手流到双脚；“皮肤入水”是指在浴池或游泳池中，其电阻主要为体内电阻。

（3）人体电阻与通电时间的关系

通电时间越长，皮肤电阻越小。在干燥情况下，接触电压 120 V，通电时间 0.01 s，手到手的电阻为 40 000 Ω；通电时间变为 3 s 时，该处电阻就降到了 17 000 Ω。

（4）人体电阻与皮肤角质层及接触压力的关系

皮肤角质层越厚，皮肤电阻越大。接触压力越大，接触面积越大，皮肤的电阻就越小。一般来说，在有良好接触且接触面足够大的情况下，当接触电压大于 220 V 时，皮肤电阻就可以忽略不计了，并且人体内部的电阻也会大大下降。

7）安全电压

当人体电阻一定时，人体接触的电压越高，通过人体的电流就越大，对人体的损害也就越严重。但并不是人一接触电源就会对人体产生伤害。在日常生活中，用手触摸普通干电池的两极，人体并没有任何感觉，这是因为普通干电池的电压较低（直流 1.5 V）。作用于人体的电压低于一定数值时，在短时间内电压对人体不会造成严重的伤害事故，我们称这种电压为安全电压。安全电压是为了防止触电事故而采取的特定的供电电源电压系列，是制定安全措施的依据。

根据人体电阻（1 700 Ω）、安全电流（30 mA）与接触电压的关系，按照欧姆定律计算，通常认为低于 40 V 的交流电压为安全电压。IEC（国际电工技术委员会）对安全电压的规定为 50 V 以下，并规定 25 V 以下时不需要考虑防电击的安全措施。

4. 常见的触电形式

常见的触电形式有两种：直接接触触电和间接接触触电。

1）直接接触触电

直接接触触电是指人体直接接触到带电体或者人体过分地接近带电体而发生的触电现象，也称正常状态下的触电。常见的直接接触触电有单相触电和两相触电两种方式。

（1）单相触电

单相触电是指当人站在地面上，人体的某一部位触到某相火线而发生的触电现象。在低压供电系统中发生单相触电，人体所承受的电压几乎就是电源的相电压 220 V。

① 在中性点直接接地的低压电网中，单相触电示意图如图 1–1 所示。

电流路径：相线—人体—大地—接地体—电源中性点。由于接地保护电阻通常不超过 4 Ω，所以流经人体的电流强度为

$$I_b=U/(R_b+R_d)=220/(1\ 700+4)=129\ \text{mA}$$

因 129 mA ≫ 30 mA（安全电流），所以对人体有伤害。

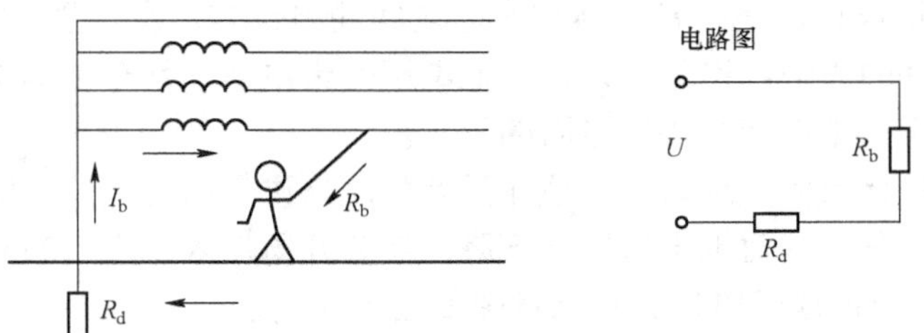

图 1–1　中性点直接接地的低压电网中的单相触电示意图

② 在中性点不接地的低压电网中，单相触电示意图如图 1–2 所示。

电流经过人体与其他两相的对地阻抗 Z 形成回路，通过人体的电流 I_b 取决于电压、人体电阻和导线对地绝缘阻抗。如果导线对地绝缘较好，通过人体的电流就会较小。

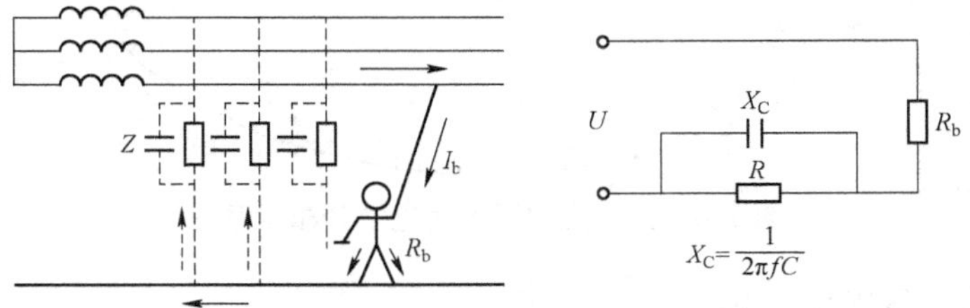

图 1–2　中性点不接地的低压电网中的单相触电示意图

电流路径：相线—人体—大地—其他两相对地阻抗—电源中性点。

流经人体的电流强度为

$$I_b=U/(R_b+Z)=380/(1\,700+Z)$$

式中，$Z=X_C//R_b$。正常情况下，Z 很大，I_b 就会很小，人是安全的；特殊情况下，如在高压不接地电网中，电容 C 变大，X_C 容抗减小，Z 减小，通过人体的电容电流 I_b 变大，将危及人身安全。

防单相触电措施：如果穿上绝缘鞋或站在绝缘垫上，通过人体的电流 I_b 就会很小，人体就不会有触电的危险。

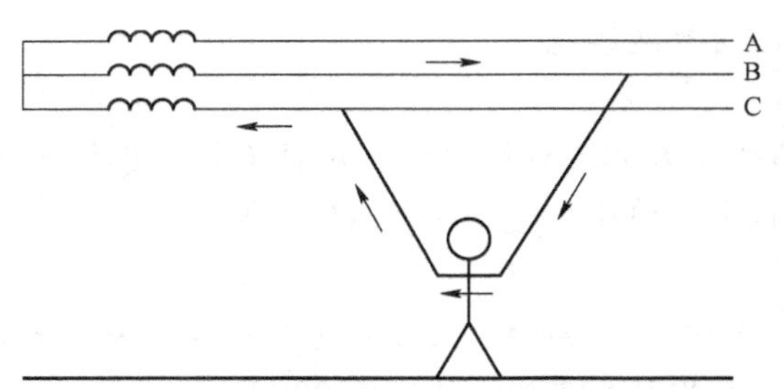

图 1–3 中性点不接地的低压电网中的两相触电示意图

（2）两相触电

两相触电指的是人体同时触及带电设备或线路中的两相导体而发生的触电，其示意图如图 1–3 所示。

电流路径：B 相线—人体—C 相线。

流经人体的电流强度：$I_b=U/R_b=380/1\,700=224$（mA）。

由于 224 mA ≫ 30 mA（安全电流），所以对人体有伤害。

2）间接接触触电

间接接触触电是指人体触及正常情况下不带电但因故障意外带电的设备外壳或金属构架而发生的触电现象，也称非正常状态下的触电现象。

（1）对地电压

一般所说的对地电压，是指带电体与大地之间的电位差。在这里，“大地”是指离带电体接地点 20 m 以外的大地，也就是说，对地电压是带电体与具有零电位的大地之间的电位差，它在数值上等于接地电流与接地电阻的乘积。

当电流通过接地体流入大地时，接地体具有相对来讲最高的电位，即具有最高的对地电压，离开接地体后，各点的对地电压逐渐下降，在离开电流入地点 20 m 以外的地方，电位接近于 0 V。接地点附近地面电位分布示意图如图 1–4 所示。

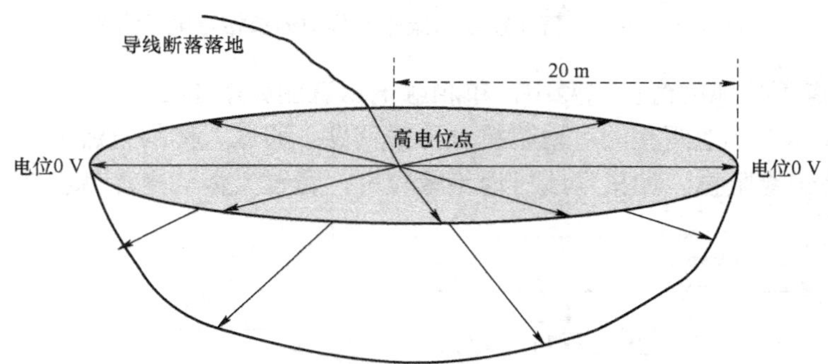

图 1–4 接地点附近地面电位分布示意图

（2）接触电压与接触电压触电

接触电压是指加于人体两点之间的电压。电气设备发生接地故障时，地面形成分布电位，人体两个部位同时接触漏电设备外壳和地面时，人体承受的电压就称为接触电压。

人体距离接地极越近（L 越小），接触电压越小；人体距离接地极越远（L 越大），接触电压越大，示意图如图 1–5 所示。

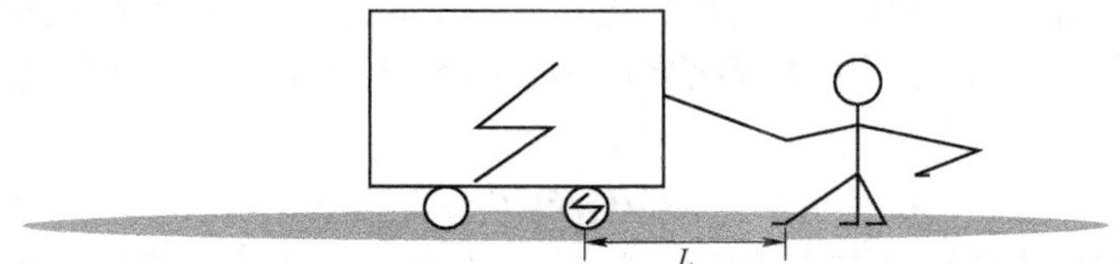

图 1–5　接触电压触电示意图

（3）跨步电压与跨步电压触电

当电气设备接地或线路一相落地时，故障电流就会从电流入地点向四周扩散，形成电压梯度。离入地点越近，电位越高，电位梯度越高；离入地点 20 m 外时，电位近似为 0 V。在离入地点 20 m 以内，人体两脚处于不同的电位，两脚之间（0.8 m）的电位差即形成跨步电压。人体距电流入地点越近，承受的跨步电压越高。跨步电压触电示意图如图 1–6 所示。

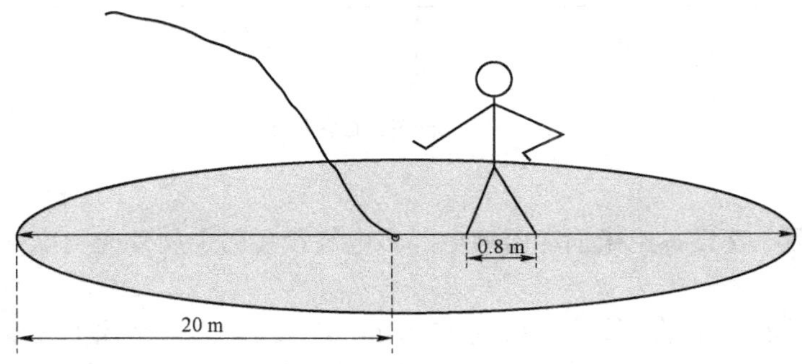

图 1–6　跨步电压触电示意图

跨步电压引起的后果：当由跨步电压引起的跨步电流流过人的两腿时，两腿抽筋使人倒地易发生二次事故。另外，若跨步电流流过人体重要器官的时间超过 2 s，可能致器官死亡。

防跨步电压触电措施：当人体误入电流入地点地面电位区域时，应两脚并拢或单腿跳跃，离开入地点 8～10 m 以外。

发生接地事故后，室内不得接近故障点 4 m 以内，室外不得接近故障点 8 m 以内；进入电位分布区时必须穿绝缘靴，戴绝缘手套。

1.1.2　防止触电的技术措施

人体触电一般是由于人体靠近或接触电气设备带电部分，或者人体触及正常情况下不带电但因绝缘损坏而带电的外壳或金属构架。

要做到安全用电，就要知道如何去预防和避免触电。防止触电的主要技术有保护接地、保护接零、重复接地、绝缘防护、漏电保护等。

1. 保护接地

为防止人身因电气设备绝缘损坏而触电，将电气设备的金属外壳与接地体连接起来，称为保护接地。采用保护接地措施后，可使人体触及漏电设备时的接触电压明显降低，因而大大减弱了人体触电事故的发生。

保护接地适用于中性点不接地的低压电网，其示意图如图 1–7 所示。如不采用外壳接地，设备外壳长期带电，对地电压接近相电压。系统漏电流将全部流过人体，造成触电事故；采用外壳接地后，接地短路电流将同时沿着接地体和人体与电网对地绝缘阻抗形成两条通路：

$$I_r/I_d=R_d/R_r$$

漏电设备对地电压主要决定于接地保护 R_d 的大小。R_d 越小，流过人体的电流越小，一般使 R_d<4 Ω就可以避免人体触电，起到保护作用。

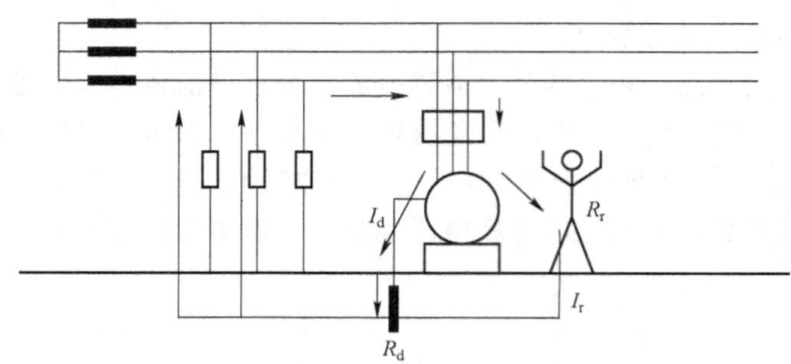

图 1–7　保护接地示意图

2. 保护接零

为防止人身因电气设备绝缘损坏而触电，将电气设备的金属外壳与电网的零线相连接，称为保护接零。

保护接零适用于中性点直接接地系统（TN-S，TN-C）。当采用保护接零时，除电源中性点必须工作接地外，零线要在规定的地点重复接地，保护接零和重复接地示意图如图 1–8 所示。

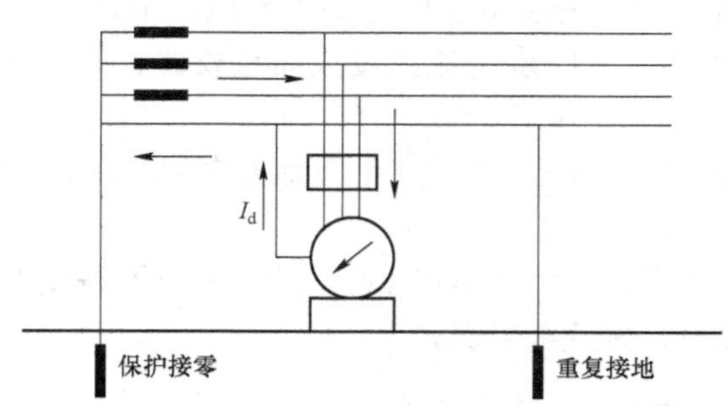

图 1–8　保护接零和重复接地示意图

采用保护接零方式，当设备发生外壳漏电时，接地短路电流通过该相和零线构成回路，由于零线阻抗很小，短路电流很大，使低压断路器或继电保护动作，切除故障。

3. 重复接地

在三相四线制保护接零电网中，在零线的一处或多处用金属导线连接接地装置，称为重复接地，如图 1–8 所示。重复接地可以降低漏电设备外壳的对地电压，减小触电危险。

4. 绝缘防护

使用绝缘材料将带电导体封护和隔离起来，使电气设备及线路能正常工作，防止人身触电，这就是所谓的绝缘防护。

对我们的启示：我们首先要使用符合国家标准的产品，不能为了省钱而使用“三无”的假冒伪劣产品，不能只顾眼前利益而忽视其将带来的危害。

5. 漏电保护

漏电保护的作用，一是电气设备发生漏电或接地故障时，能在人尚未触及之前就把电源切断；二是当人体触及带电体时，能在 0.1 s 内切断电源，从而减轻电流对人体的伤害。此外，还可以防止漏电引起的火灾事故。

漏电保护作为防止低压触电伤亡事故的后备措施，已被广泛地应用在低压配电系统中。

1.1.3　触电急救

触电急救知识

1. 触电急救步骤

第一步：使触电者迅速脱离电源。

第二步：正确实施现场救护，同时迅速拨打 120，联系专业医护人员。触电急救必须分秒必争，因为据统计：触电者在 3 min 内就地实施有效急救，救活率 90%以上；6 min 后才实施急救措施，救活率仅为 10%；12 min 后抢救，救活率几乎为 0。

所以，触电急救对救护者的要求是：救护要及时，救护方法要正确。

2. 使触电者脱离低压电源的正确操作方法

1）切断电源

如果开关或电源插头在附近，应立即拉闸或拔掉电源插头，如图 1–9 所示。注意：不能直接拉触电者。

2）挑开电源线

如果电源线断落在触电者身上，可先用竹竿、木棒等绝缘物挑开电线，再使触电者脱离带电体，如图 1–10 所示。

图 1–9　就近拉闸或拔掉电源插头

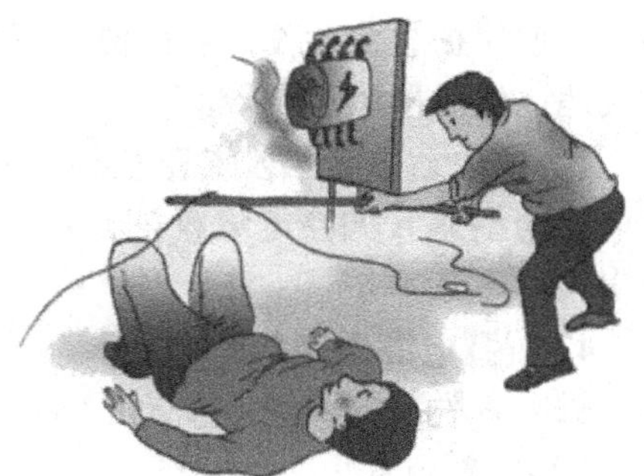

图 1–10　用绝缘物挑开电源线

3）设法使触电者与大地隔离

在触电者身体的下方插入绝缘垫（见图 1–11），或使触电者站在绝缘垫或干燥的木板上，使触电者脱离带电体。注意：尽量用一只手进行操作。

4）拉开触电者

救护者可戴上绝缘手套或用干燥的衣物包在手上，直接抓住触电者干燥而不贴身的衣服，将其拖离带电体，如图 1–12 所示。注意：不能碰到金属物体和触电者裸露的身躯。

图 1–11 在触电者身体的下方插入绝缘垫

图 1–12 拽触电者干燥而不贴身的衣服

5）割断电源线

如果电源线为明线，且开关或电源插头离触电者较远，则可用带绝缘柄的电工钳剪断电源线，或用带干燥木柄的斧头、锄头等利器砍断电源线。切断电源线时，应该把触电回路的导线全部切断，而且必须是一根一根地砍断或剪断，不能几根导线一起割断，否则会引起相间短路，发生其他事故。注意：割断电线的位置，不能造成其他人触电。

3. 使触电者脱离高压电源的正确操作方法

① 如果有人在高压带电设备上触电，救护人员应戴好绝缘手套、穿上绝缘靴后拉开电源开关；或用相应电压等级的绝缘工具拉开高压跌落开关，以切断电源。与此同时，救护人员在抢救过程中，应注意自身与周围带电物体之间的安全距离。

② 当有人在高压架空线路上触电时，救护人应尽快用电话通知当地电业部门迅速停电，以备抢救；当触电发生在高压架空线杆塔上，又不能迅速联系就近变电站（所）停电时，救护者可采取应急措施，如采用抛掷足够截面、适当长度的裸金属软导线，使电源线路短路接地，迫使保护装置动作，从而使电源开关跳闸。注意：抛掷金属线前，应将金属线的一端可靠接地，然后抛掷另一端。

③ 如果触电者触及断落在地上的带电高压导线，在尚未确认线路无电，且救护人员未采取安全措施（如穿绝缘靴等）前，不能接近到距离断线点 8～10 m 范围内，以防跨步电压伤人。

4. 脱离电源后的判断

触电者脱离电源后，立即正确实施现场救护，具体方法和步骤如下。

1）安置伤员

将触电者放到空气畅通、干燥、平整的地方。

2）意识和伤情判断

轻拍触电者双肩，大声呼唤，不少于 5 s；按压人中，不少于 5 s；看瞳孔是否放大。

3）呼吸判断

① 摆好体位，如图 1–13（a）所示。

② 畅通气道，耳贴鼻，眼看胸，如图 1–13（b）所示。注意，看、听动作一齐做：听气流，看胸部有无起伏。

③ 若触电者呼吸困难或无呼吸，应采用人工呼吸法对症施救。

4）心跳判断

用手摸颈动脉，如图 1–13（c）所示，判定伤员颈动脉有无搏动，动作操作时间不能短于 5 s，操作时始终要注意保持头部后仰。若无搏动，可判定心跳停止，应采用胸外心脏按压法对症施救。

若触电者神志不清，但呼吸、心跳正常的，可使之就地舒适平卧，保持空气畅通，解开其衣领以利呼吸，冷天要注意保暖；

若触电者心脏和呼吸都已停止，应采用人工呼吸法和胸外心脏按压法同时进行施救，或采用人工呼吸法和胸外心脏按压法交替进行施救。同时，尽快送医院，途中也应继续抢救。

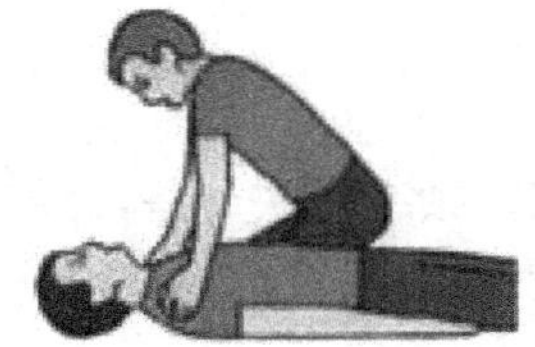
(a) 摆好体位

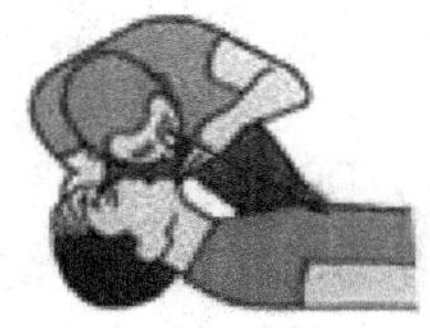
(b) 呼吸判断

(c) 心跳判断

图 1–13 判断伤情

5. 现场急救方法

人的生命维持，主要靠心脏跳动而产生血液循环，通过呼吸而形成氧气与废气的交换。触电现场急救方法是人工呼吸法和胸外心脏按压法。

1）人工呼吸法

如果触电者伤害较严重，失去知觉，停止呼吸，但心脏微有跳动，就应采用口对口的人工呼吸法。

人工呼吸法口诀：张口捏鼻手抬颌，深吸缓吹口包紧；张口困难吹鼻孔，5 s 一次坚持吹。

具体操作方法和步骤如下：

（1）清除口中异物

使病人仰卧，施救者在触电者的左侧，将触电者右侧的手放在胸前，右脚搭到左脚上，抬肩膀，使触电者的背与地面或 90°，用食指由上至下从嘴角清除口中的假牙、血块、呕吐物等，使口腔中无异物。

（2）保持气道通畅

采用仰头抬颌法通畅气道，抢救者在病人的一边，以近其头部的一只手置于伤员前额，并将手掌外缘压住其额头，另一只手的食指与中指置于下颌骨近下颌处，抬起下颌，头部后仰，使下颌骨与耳垂的连线与地面成 70°～90°，如图 1–14（a）所示，以解除舌头下坠所致的呼吸道梗阻。

（3）人工呼吸方法

在保持触电者仰头抬颌的前提下，抢救者先深吸一口气，然后将患者鼻孔捏紧，用双唇密封包住触电者的嘴连续吹气 2 s，如图 1–14（b）所示。按国际标准规定：每次吹气量为 500～1 000 mL（吹气量与病人的身体体积成正比）。同时用眼睛余光观察患者胸部，操作正确应能

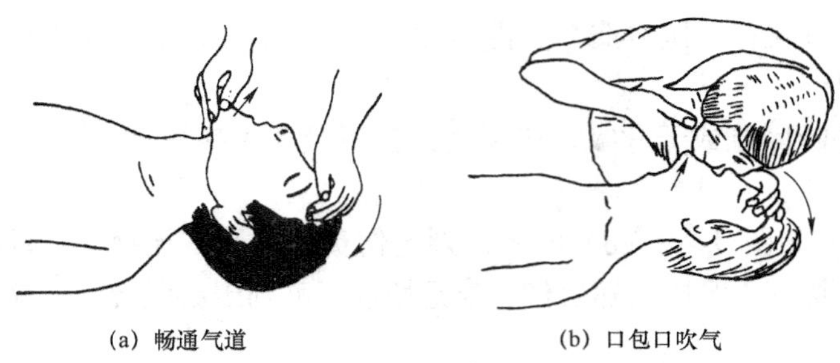

(a) 畅通气道　　(b) 口包口吹气

图 1–14　人工呼吸法

看到胸部有起伏并感到有气流逸出。吹气停止后，施救者头稍偏转换气，并立即放松捏紧触电者鼻孔的手，让气体从伤者的肺部自然排出，此时应注意触电者胸部复原的情况，倾听呼气的声音，观察有无呼吸道梗阻。放松约 3 s，在这个时间抢救者应自己深呼吸一次，以便继续口对口吹气，如此反复循环进行，直至专业抢救人员到来。

（4）口对口吹气注意事项

① 口对口吹气的压力要掌握好，刚开始时可略大一点，频率稍快一些，经 10～20 次后逐步减小压力，维持触电者胸部轻度升起即可。对幼儿吹气时，不能捏紧鼻孔，应让其自然漏气，目的是防止压力过大，损伤患者的肺部。

② 吹气时间宜短，约占一次呼吸周期的 1/3，但也不能过短，否则影响通气效果。

③ 如遇牙关紧闭者，可采用口包鼻人工呼吸法，方法与口对口基本相同。此时可将触电者嘴唇闭紧，对其鼻孔吹气，吹气时压力应稍大一些，时间也应稍长，以利气体进入肺内。

2）胸外心脏按压法

（1）正确施救方法

对“有呼吸而心脏停搏”的触电者，应采用胸外心脏按压法进行急救。具体做法是：

① 解开触电者的衣裤，清除口腔内异物，使其胸部能自由扩张；

② 使触电者仰卧在硬板或地上，最好躺在坚硬平面上；

③ 救护人员位于触电人一边，或跨跪在触电人的腰部；

④ 确定正确的按压位置，如图 1–15 所示。

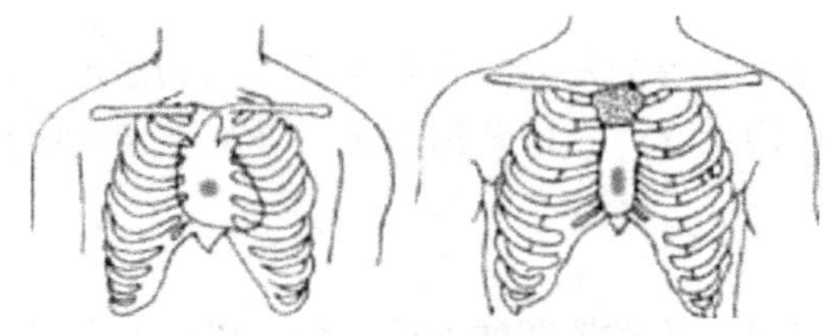

图 1–15　正确的按压位置

确定正确按压位置的方法如下：

① 右手的食指和中指沿触电者的右侧肋弓下缘向上，找到肋骨和胸骨接合处的中点，如图 1–16（a）所示；

② 中指和食指并齐，中指放在剑状突起底部，食指与中指并拢后平放在胸骨干部，如图 1–16（b）所示；

③ 另一只手掌紧挨食指上缘，置于胸骨上，如图 1–16（c）所示，即为正确按压位置。

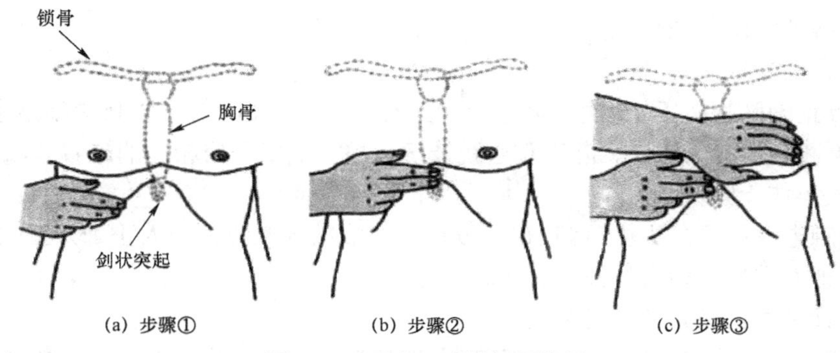

图 1–16　确定正确的按压位置

（2）正确的按压姿势

手掌根部长轴与胸骨长轴确保一致，保证手掌全力压在胸骨上，可避免发生肋骨骨折，不要按压剑状突起。另一只手压在那只手上，两手交叠，上面手的手指扣住下面手的手指，下面手的手指上翘，如图 1–17 所示。对于儿童，可用一只手。

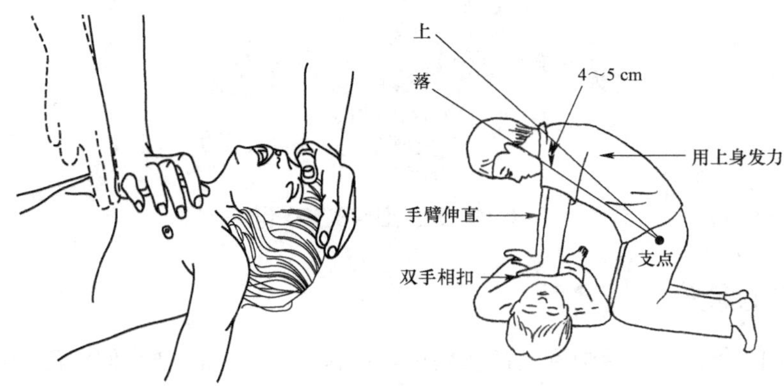

图 1–17　正确的按压姿势

（3）正确的按压力度

救护人员找到触电者的正确压点后，前臂与患者胸骨垂直，自上而下垂直均衡地用力挤压，压出心脏里面的血液。每次按压，使胸骨向下压陷 4～5 cm。挤压后，掌根迅速放松，按压时间与放松时间相等。注意，放松时救护人员的手不要离开胸骨接触面，以免移位，以利心脏舒张，血液回到心脏。

（4）正确按压操作频率

按压频率为 100～120 次/min（小儿约 100 次/min），直至心跳恢复。

胸外心脏按压法注意事项：按压位置要正确，偏低易使肋骨受压折断而致肝破裂；偏高影响效果；偏向两侧易致肋骨骨折而致气胸、心包积血等。

3）对心脏和呼吸都已停止的触电者的抢救方法

对心脏和呼吸都已停止的触电者，应同时采用口对口人工呼吸法和胸外心脏按压法进行抢救。如果现场仅有一个人抢救，可交替使用这两种方法。

（1）单人操作步骤

① 先把触电者放平，头往后仰 70°～90°，形成放开气道，正确人工吹气 2 次。

② 正确胸外按压 15 次。

③ 正确人工吹气 2 次。

连续进行正确胸外按压 15 次，再正确人工吹气 2 次，如此以 2∶15 的比例操作 5 个循环后，再次判断触电者的意识、呼吸和心跳情况，根据症状采用相应的施救方法抢救。

（2）双人操作步骤

① 先把触电者放平，头往后仰 70°～90°，形成放开气道，一人正确人工吹气 2 次。

② 另一个人进行正确胸外按压 5 次。

③ 再进行单人正确人工吹气 1 次。

再次连续进行正确胸外按压 5 次，正确人工呼吸 1 次，如此以 1∶5 的比例操作 12 个循环后，再次判断触电者的意识、呼吸和心跳情况，根据症状采用相应的施救方法继续抢救，直至专业抢救人员到来。

双人心肺复苏操作如图 1–18 所示。

图 1–18　双人心肺复苏操作

1.1.4　安全用电意义

在 21 世纪的今天，生活中到处都在用电，电作为一种能源被我们广泛利用，与我们的生活及设备的运转息息相关。然而一个事物总是有两面性，电在造福人类的同时，却也存在诸多隐患，用电不当就会造成灾难。例如，当电流通过人体内部（即所谓的电击）时，会对人体造成伤害，一般来说是破坏人的心脏、呼吸系统和神经系统的正常工作，严重时危及人的生命。当用电设备发生故障时，不仅会损坏电气设备，而且往往引发火灾。因此，我们在用电时不仅要提高思想认识，更要预防它给我们带来的负面影响。

1.1.5　安全用电标志

明确统一的标志是保证用电安全的一项重要措施。统计表明，不少电气事故完全是由于标志不统一造成的。例如，由于导线的颜色不统一，误将相线接设备的机壳，导致机壳带电，酿成触电伤亡事故。

标志分为颜色标志和图形标志。颜色标志常用来区分各种不同性质、不同用途的导线，或用来表示某处安全程度。图形标志一般用来告诫人们不要去接近有危险的场所。为保证安全用电，必须严格按有关标准使用颜色标志和图形标志。我国《安全色》（GB 2893—2008）采用的标准，基本上与国际标准 ISO 3864–1：2002 相同。通常采用的安全色有以下几种。

① 红色：用来标识禁止、停止和消防，如信号灯、信号旗、机器上的“紧急停机”按钮等都是用红色来表示“禁止”的信息。

② 黄色：用来标识注意危险，如“当心触电”“注意安全”等。

③ 绿色：用来标识安全无事，如“在此工作”“已接地”等。

④ 蓝色：用来标识强制执行，如“必须戴安全帽”等。

⑤ 黑色：用来标识图像、文字符号和警告标志的几何图形。

按照规定，为便于识别，防止误操作，确保运行和检修人员的安全，采用不同颜色来标识不同的设备特征。例如，电气母线中，A 相为黄色，B 相为绿色，C 相为红色，明敷的接地线涂为黑色；在二次系统中，交流电压回路用黄色，交流电流回路用绿色，信号和警告回路用白色。

1.1.6 生活中安全用电的注意事项

随着国民经济的迅速发展及人民生活水平的不断提高，电力已成为工农业生产、科研、交通及人民生活不可缺少的二次能源。因此，我们必须掌握以下安全用电常识。

① 入户电源线避免过负荷使用，破旧老化的电源线应及时更换，以免发生意外。

② 入户电源总保险与分户保险应配置合理，使之能起到对家用电器的保护作用。

③ 接临时电源要用合格的电源线、电源插头、插座，损坏的不能使用，电源线接头要用胶布包好。

④ 临时电源线邻近高压输电线路时，应与高压输电线路保持足够的安全距离（10 kV 及以下为 0.7 m；35 kV 为 1 m；110 kV 为 1.5 m；220 kV 为 3 m；500 kV 为 5 m）。

⑤ 严禁私自从公用线路上接线。

⑥ 线路接头应确保接触良好，连接可靠。

⑦ 房间装修，隐藏在墙内的电源线要放在专用阻燃护套内，电源线的截面应满足负荷要求。

⑧ 使用电动工具如电钻等，须戴绝缘手套。

⑨ 遇有家用电器着火，应先切断电源再救火。

⑩ 家用电器接线必须确保正确，有疑问应及时询问专业人员。

⑪ 家庭用电应装设带有过电压保护功能的调试合格的漏电保护器，以保证使用家用电器时的人身安全。

⑫ 家用电器在使用时，应有良好的外壳接地，室内要设有公用地线。

⑬ 湿手不能触摸带电的家用电器，不能用湿布擦拭使用中的家用电器，修理家用电器前必须先切断电源。

⑭ 家用电热设备、暖气设备，一定要远离煤气罐、煤气管道，发现煤气漏气时先开窗通风，千万不能拉合电源，并及时请专业人员修理。

⑮ 使用电熨斗、电烙铁等电热器件时，必须远离易燃物品，用完后应切断电源，拔下插头，以防意外。

⑯ 认识电源总开关，学会在紧急情况下关断总电源。

⑰ 不用手或导电物（如铁丝、钉子、别针等金属制品）去接触、探试电源插座内部。

⑱ 电器使用完毕后应拔掉电源插头；插拔电源插头时不要用力拉拽电线，以防止电线的绝缘层受损造成触电；发现电线的绝缘层剥落时，要及时更换新线或者用绝缘胶布包好。

⑲ 发现有人触电，要设法及时切断电源，或者用干燥的木棍等绝缘物将触电者与带电

的电器分开，不要用手去直接救人；年龄小的同学遇到这种情况，应向成年人求助，不要自己处理，以防触电。

⑳ 不随意拆卸、安装电源线路、插座、插头等，哪怕安装灯泡等简单的事情，也要先切断电源。

任务 1.2 电气火灾的扑救

【任务描述】

电气火灾扑救是生产经营单位所有从业人员必须掌握的一项基本技能，是电工从业的必备条件之一。本任务通过电气火灾扑救训练，引导学生了解电气火灾和爆炸的原因，掌握电气火灾扑救方法。

【学习目标】

（1）了解电气火灾和爆炸的原因。

（2）掌握电气火灾扑救方法。

1.2.1 电气火灾的原因

电气火灾在火灾、爆炸事故中占有很大的比例，如线路、电动机、开关等电气设备都可能引起火灾。变压器等带油电气设备除了可能引发火灾，还有爆炸的危险。造成电气火灾的原因很多，除设备缺陷、安装不当等设计和施工方面的原因外，电流产生的热量、火花、电弧是引起火灾和爆炸事故的直接原因。

1. 过热

电气设备过热主要是由电流产生的热量造成的。导体的电阻虽然很小，但其电阻总是客观存在的。因此，电流通过导体时要消耗一定的电能，这部分电能转化为热能，使导体温度升高，并使其周围的其他材料受热。对于电动机和变压器等带有铁磁材料的电气设备，除电流通过导体产生热量外，还有在铁磁材料中产生的热量。这类电气设备的铁心也是一个热源。当电气设备的绝缘性能降低时，通过绝缘材料的泄漏电流增加，可能导致绝缘材料温度升高。

由上面的分析可知，电气设备运行时总是要发热的，但是设计、施工正确及运行正常的电气设备，其最高温度及其与周围环境温差（即最高温升）都不会超过某一允许范围。例如，裸导线和塑料绝缘线的最高温度一般不超过 70 ℃。也就是说，电气设备正常的发热是允许的。但当电气设备的正常运行条件遭到破坏时，发热量增加，温度升高，达到一定程度便可能引起火灾。引起电气设备过热的原因大体分为以下几种情况。

1）短路

发生短路时，线路中的电流增加为正常时的几倍，甚至几十倍，使设备温度急剧上升，大大超过允许范围。如果温度达到可燃物的自燃点即引起燃烧，从而导致火灾。引起短路的几种常见情况包括：

① 电气设备的绝缘老化变质，或受到高温、潮湿、腐蚀的作用失去绝缘能力；

② 绝缘导线直接缠绕、钩挂在铁钉或铁丝上时，由于磨损和铁锈蚀，使绝缘破坏；

③ 设备安装不当或工作疏忽，使电气设备的绝缘受到机械损伤；

④ 雷击等过电压的作用，使电气设备的绝缘被击穿；

⑤ 在安装和检修工作中，由于接线和操作的错误而破坏绝缘。

2）过载

过载会引起电气设备发热，造成过载的原因大体上有以下两种情况：

① 设计时选用线路或设备不合理，以致在额定负载下产生过热；

② 使用不合理，即线路或设备的负载超过额定值，或连续使用时间过长，超过线路或设备的设计能力，由此造成过热。

3）接触不良发热

接触部分是发生过热的一个重点部位，接触不良易造成局部发热甚至烧毁。下列几种情况易引起接触不良：

① 不可拆卸的接头连接不牢、焊接不良，或接头处混有杂质，会增加接触电阻而导致接头过热；

② 可拆卸的接头连接不紧，或由于震动而变松，会导致接头发热；

③ 活动触头，如闸刀开关的触头、插头的触头、灯泡与灯座的接触处等，如果没有足够的接触压力或接触表面粗糙不平，会导致触头过热；

④ 铜铝接头，由于铜和铝电性不同，接头处易因电解作用而腐蚀，从而导致接头过热。

4）铁心发热

变压器、电动机等设备的铁心，如果绝缘损坏或长时间承受过电压，涡流损耗和磁滞损耗将增加，使设备过热。

5）散热不良

各种电气设备在设计和安装时都要考虑一定的散热或通风措施，如果这些措施遭到破坏，就会造成设备过热。

此外，电炉等直接利用电流的热量进行工作的电气设备，工作温度都比较高，如安置或使用不当，均可能引起火灾。

2. 电火花和电弧

一般电火花的温度都很高，特别是电弧，温度可高达 3 000～6 000 ℃。因此，电火花和电弧不仅能引起可燃物燃烧，还能使金属熔化、飞溅，构成危险的火源。在有爆炸危险的场所，电火花和电弧更是引起火灾和爆炸的一个十分危险的因素。

电火花分工作火花和事故火花两类。工作火花是工作中出现的火花，属于正常现象。事故火花是线路或设备发生故障时出现的，如短路或接地时出现的火花、绝缘损坏时出现的闪光、导线连接松脱时出现的火花、保险丝熔断时出现的火花、过电压放电火花、静电火花及修理工作中误操作引起的火花等。此外，还有因碰撞引起的机械性质的火花、灯泡破碎时炽热的灯丝产生的类似火花。

1.2.2　电气火灾扑救方法

电气设备发生火灾时，为了防止触电事故，一般都在切断电源后才进行扑救。

1. 断电灭火

电气设备发生火灾或引燃附近可燃物时，首先要切断电源。切断电源的注意事项如下。

① 电气设备发生火灾后，要立即切断电源。如果需要切断整个车间或整个建筑物的电源，可在变电所、配电室断开主开关。在自动空气开关或油断路器等主开关没有断开前，不能随便拉隔离开关，以免产生电弧，发生危险。

② 发生火灾后，用闸刀开关切断电源时，由于闸刀开关在发生火灾时受潮或烟熏，其绝缘强度会降低，切断电源时最好用绝缘的工具操作。

③ 切断用磁力起动器控制的电动机时，应先用按钮开关断电，然后再断开闸刀开关，防止带负荷操作时产生电弧伤人。

④ 在动力配电盘上，只用作隔离电源而不用作切断负荷电流的闸刀开关或瓷插式熔断器，叫总开关或电源开关。切断电源时，应先用电动机的控制开关切断电动机回路的负荷电流，停止各个电动机的运转，然后再用总开关切断配电盘的总电源。

⑤ 当进入建筑物内用各种电气开关切断电源已经比较困难，或者已经不可能时，可以在上一级变配电所切断电源。如果这样做会影响大范围供电，或由生活居住区的杆上变电台供电时，需要采取剪断电气线路的方法来切断电源。当需要剪断对地电压在 250 V 以下的线路时，可穿绝缘靴、戴绝缘手套，用断电剪将电线剪断。切断电源的地点要选择适当，剪断的位置应在电源方向即来电方向的支持物附近，以防止导线剪断后掉落在地上引发接地短路触电而伤人。对三相线路的非同相电线，应在不同部位剪断。在剪断扭缠在一起的合股线时，要防止两股以上合剪，否则易造成短路事故。

⑥ 城市生活居住区的杆上变电台上的变压器和农村小型变压器的高压侧，多用跌开式熔断器保护。如果需要切断变压器的电源，可以用电工专用的绝缘杆捅跌开式熔断器的鸭嘴，熔丝管就会跌落下来，达到断电的目的。

⑦ 电容器和电缆在切断电源后，仍可能有残余电压，因此即使可以确定电容器或电缆已经切断电源，但为了安全起见，仍不能直接接触或搬动电缆或电容器，以防发生触电事故。

电源切断后，扑救方法与一般火灾扑救相同。

2. 带电灭火

有时在危急的情况下，如等待切断电源后再进行扑救，就会有使火势蔓延扩大的危险，或者断电后会严重影响生产。这时为了取得扑救的主动权，就需要在带电的情况下进行火灾扑救。带电灭火时应注意以下几点：

① 必须在确保安全的前提下进行，应该用不导电的灭火剂如二氧化碳、1211、1301、干粉等进行灭火，不能直接用导电的灭火剂如直射水流、泡沫等进行喷射，否则会造成触电事故；

② 使用小型二氧化碳、1211、1301、干粉灭火器灭火时，由于其射程较近，要注意保持一定的安全距离；

③ 在灭火人员戴绝缘手套、穿绝缘靴、水枪喷嘴安装接地线的情况下，可以用喷雾水灭火；

④ 如遇带电导线落于地面的情况，要防止跨步电压触电，扑救人员需要进入该区域灭火时，必须穿上绝缘靴。

此外，对于有油的电气设备（如变压器），当油开关着火时，也可用干燥的黄砂盖住火焰，使火熄灭。

3. 电气设备火灾扑救方法

1）发电机和电动机的火灾扑救方法

发电机和电动机等电气设备都属于旋转类电机，这类设备的特点是绝缘材料比较少，而且有比较坚固的外壳，如果附近没有其他可燃、易燃物质，且扑救及时，就可防止火灾扩大蔓延。由于可燃物质比较少，可用二氧化碳、1211 等灭火器扑救。

对于大型旋转电机，燃烧猛烈时，可用水蒸气和喷雾水扑救。实践证明，用喷雾水扑救的效果更好。旋转电机有一个共同的特点，就是不能用砂土扑救，以防硬性杂质落入电机内，使电机的绝缘和轴承等受到损坏而造成严重后果。

2）变压器和油断路器火灾扑救方法

当变压器和油断路器等充油电气设备发生火灾时，切断电源后的扑救方法与扑救可燃液体火灾相同。如果油箱没有破损，可以用干粉、1211、二氧化碳灭火器等进行扑救。如果油箱已经破裂，大量变压器的油燃烧，火势凶猛，可在切断电源后用喷雾水或泡沫扑救。对于流散的油火，可用喷雾水或泡沫扑救。流散的油量不多时，也可用砂土压埋。

3）变、配电设备火灾扑救方法

变、配电设备有许多瓷质绝缘套管，这些套管在高温状态遇急冷或不均匀冷却时，容易爆裂而损坏设备，还有可能造成一些不应有的后果，比如使火势进一步扩大蔓延。所以遇这种情况最好用喷雾水灭火，并注意均匀冷却设备。

4）封闭式电烘干箱内被烘干物质燃烧时的扑救方法

当封闭式电烘干箱内的被烘干物质燃烧时，扑救方法是切断电源，由于烘干箱内空气不足，燃烧不能继续，温度下降，火会逐渐熄灭。因此，发现电烘干箱冒烟时，应立即切断烘干箱的电源，并且不要打开烘干箱，否则进入空气反而会使火势扩大。如果错误地往烘干箱内泼水，会使电炉丝、隔热板损坏而造成不应有的损失。

当车间内的大型电烘干室内发生燃烧事故时，应尽快切断电源。当可燃物质的数量比较多，且有蔓延扩大的危险时，应根据烘干物质的情况，采用喷雾水枪或直流水枪扑救，但在没有做好灭火准备工作时，不应把烘干室的门打开，以防火势扩大。

任务 1.3　防雷和接地装置的运行与维护

任务描述

供配电系统要想正常运行，首先必须保证其安全性，防雷和接地是电气安全的主要措施。故电工从业人员必须掌握防雷和接地装置的设计、安装、运行、维护方法。本任务通过防雷和接地装置的设计训练，引导学生理解雷电现象及危害、过电压和等电位连接等，学会防雷措施和防雷、接地装置的安装、运行与维护方法。

【学习目标】

（1）了解雷电现象及危害。

（2）掌握单支避雷针的保护范围的计算方法。

（3）掌握架空线路、变配电所、高压电动机和建筑物的防雷保护措施。

（4）能对防雷和接地装置进行正确的设计、安装、运行与维护。

1.3.1 雷电现象及危害

电力系统中，雷击是主要的自然灾害。雷电可能损坏电力设备设施，造成大规模停电；也可能引起火灾或爆炸事故，危及人身安全。因此，必须对电力设备、建筑物等采取一定的防雷措施。

1. 雷电现象

雷电是带电荷的雷云之间或带电荷的雷云与大地（或物体）之间产生急剧放电的一种自然现象。

大气过电压的根本原因是雷云放电。大气中的饱和水蒸气在上、下气流的强烈摩擦和碰撞下，形成携带不同正、负电荷的雷云。当带电的云块接近大地时，雷云与大地之间形成一个很大的雷电场。由于静电感应，大地感应出与雷云极性相反的电荷。当电场强度达到25～30 kV/cm 时，就会把周围空气的绝缘击穿，云层对大地发生先导放电。当先导放电的通路到达大地时，大地电荷与雷云电荷中和，出现极大电流，此即主放电阶段，其特点是：时间极短，为 50～100 ms；电流极大，其强度可达数千安培至几十万安培，是全部雷电流的主要部分。主放电结束后，雷云中的残余电荷还会沿着主放电通道进入地面，称为余光放电，电流强度约数百安。

2. 过电压

过电压是指在电气设备或电力线路上出现的超过正常工作要求并对其绝缘构成威胁的电压。过电压按产生原因可分为内部过电压和雷电过电压两类。

1）内部过电压

内部过电压是由于电力系统正常操作、事故切换、发生故障或负荷骤变时引起的过电压，分为操作过电压、弧光接地过电压及谐振过电压 3 种。内部过电压的能量来自电力系统本身，经验证明，内部过电压一般不超过系统正常运行时额定相电压的 3～4 倍，对电力线路和电气设备绝缘的威胁不是很大。

2）雷电过电压

雷电过电压也称作外部过电压、大气过电压，是由于电力系统中的设备或建筑物遭受来自大气中的雷击或雷电感应而引起的过电压。根据雷电过电压的产生方式不同，可分为以下 4 类。

（1）直击雷过电压

当雷电直接击中电气设备、电气线路或建筑物时，强大的雷电流通过被击物流入大地，在被击物上产生较高的电位降，称为直击雷过电压或直击雷，其示意图如图 1–19 所示。

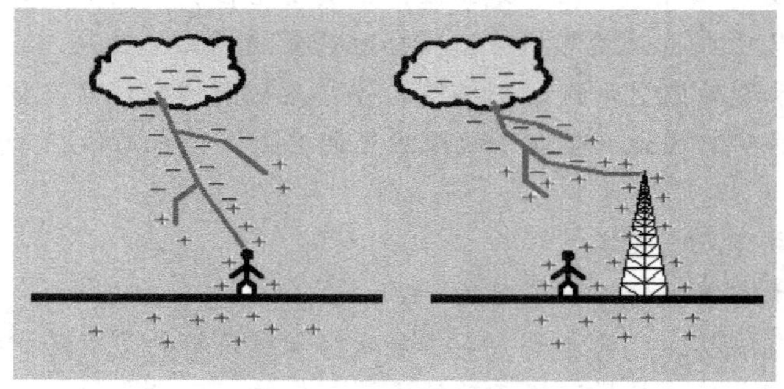

图 1–19　直击雷示意图

雷电直接对建筑物或其他物体放电，其过电压引起强大的雷电流通过被击物，产生破坏性很大的热效应和机械效应。它还会引发高电位反击和雷击点的电位梯度，造成人畜跨步电压危害和接触电压危害，还会击毁杆塔和建筑物、烧断导线、烧毁设备、引起火灾。

（2）感应雷过电压

感应雷过电压简称感应雷，属于雷电的二次作用。它是雷云通过静电感应或电磁感应，在附近的金属体上产生的过电压。感应雷过电压会击穿电气绝缘，甚至引起火灾，对弱电设备如电脑等的危害最大。感应雷示意图如图1–20所示。

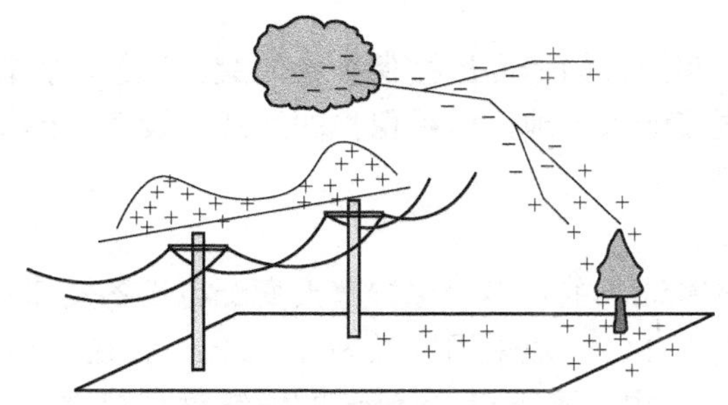

图1–20　感应雷示意图

（3）雷电波侵入

雷电波侵入是指当架空线路在直接受到雷击或因附近落雷而感应出过电压时，如果在中途不能使大量电荷入地，电荷就会侵入建筑物内，破坏建筑物和电气设备。

（4）球雷

球雷是一种白色或红色亮光的球体，直径多在20 cm左右，最大直径可达数米。它以每秒数米的速度在空气中飘行或沿地面滚动。这种雷存在时间短，为3～5 s，但能通过门、窗、烟囱进入室内。这种雷有的时候会无声消失，有的时候在碰到人或其他物体时会剧烈爆炸，造成雷击伤害。

3. 防雷措施

雷电冲击波的电压幅值可高达1亿V，其电流强度幅值可高达几十万A，对电力系统的危害远远超过内部过电压，可能毁坏电气设备和电气线路的绝缘，烧断线路，造成大面积长时间停电。因此，必须采取有效措施加以防护。防雷措施如下：

① 直击雷的防护：采用避雷装置，如避雷针、避雷线等。

② 感应雷的防护：采用屏蔽措施，或使金属体良好接地。

③ 雷电波的防护：架空线进线处采用电缆线；线路末端采用电容器吸收雷电波；采用避雷器泄流。图1–21所示为架空线路上的过电压示意图。

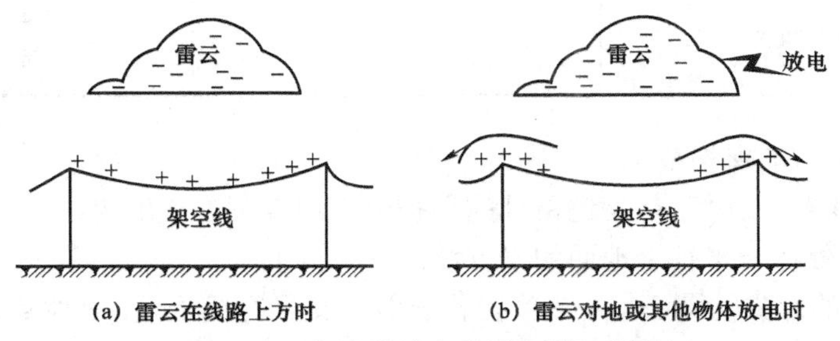

(a) 雷云在线路上方时　(b) 雷云对地或其他物体放电时

图1–21　架空线路上的过电压示意图

④ 球雷：不遵循尖端放电原理，雷电走线无规则，无直接防护措施，可采用在烟囱、门窗上加设金属铁丝网的防护措施。

1.3.2 防雷装置

防雷保护

一套完整的防雷装置由接闪器或避雷器、引下线和接地装置三部分组成。

1. 接闪器

接闪器是用来吸引和接收直接雷击的金属物体，常见的接闪器有避雷针、避雷线、避雷带、避雷网等。

接闪器的工作原理：利用接闪器高出被保护物的突出地位，把雷电引向自身，然后通过引下线和接地装置把雷电流泄入大地，使被保护的线路、设备、建筑物免受雷击。接闪器的实质是引雷。

1）避雷针

接闪的金属杆称为避雷针，主要用于保护露天变配电设备及建筑物。避雷针通常由钢管或圆钢制成，针尖加工成锥体，一般采用针长为 1～2 m、直径不小于 20 mm 的镀锌圆钢制成，或采用针长为 1～2 m、内径不小于 25 mm 的镀锌钢管制成。避雷针通常安装在电杆或构架、建筑物上。

（1）避雷针的保护范围

避雷针是防止直击雷的有效措施，一定高度的避雷针（线）下面都有一个安全区域，此区域内的物体基本上不受雷击。我们把这个安全区域叫作避雷针的保护范围。

避雷针的保护范围用"滚球法"来确定。所谓的"滚球法"，就是选择一个半径为 h_r（滚球半径）的球，沿需要防护直击雷的部分滚动，如果球体只触及接闪器或接闪器和地面，而不触及需要保护的部位，则该部位就在这个接闪器的保护范围之内。

滚球半径是按建筑物防雷类别确定的，如表 1–5 所示。

表 1–5 滚球半径的确定

建筑物防雷类别	滚球半径 h_r/m	避雷网格尺寸
第一类防雷建筑物	30	≤5 m×5 m 或≤6 m×4 m
第二类防雷建筑物	45	≤10 m×10 m 或≤12 m×8 m
第三类防雷建筑物	60	≤20 m×20 m 或≤24 m×16 m

（2）单支避雷针的保护范围

当避雷针高度 $h \leqslant h_r$ 时，单支避雷针的保护范围用以下方式确定：

① 距地面 h_r 处作一平行于地面的平行线；

② 以避雷针的针尖为圆心、h_r 为半径作弧线，交平行线于 A、B 两点；

③ 以 A、B 为圆心，h_r 为半径作弧线，该弧线与针尖相交，并与地面相切。由此弧线起

到地面为止的整个锥形空间就是避雷针的保护范围，如图 1–22 所示。

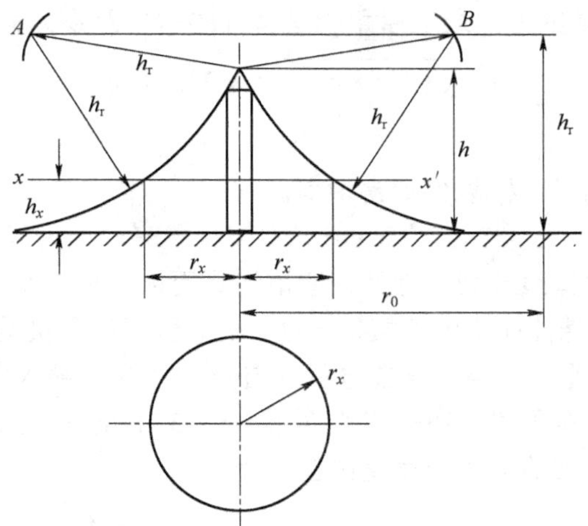

图 1–22 单支避雷针的保护范围

避雷针在被保护物高度 h_x 的 xx'平面上的保护半径 r_x 为：

$$r_x = \sqrt{h(2h_r - h)} - \sqrt{h_x(2h_r - h_x)}$$

当避雷针高度 $h > h_r$ 时，在避雷针上取高度 h_r 的一点代替避雷针的针尖作为圆心。余下做法与避雷针高度 $h \leqslant h_r$ 相同。

［例 1–1］ 某厂锅炉房烟囱高 40 m，烟囱上安装一支高 2 m 的避雷针，锅炉房（属第三类防雷建筑物）尺寸如图 1–23 所示，试问此避雷针能否保护锅炉房。

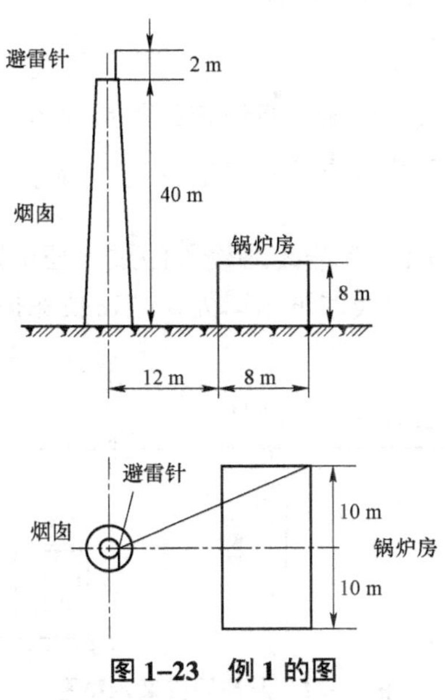

图 1–23 例 1 的图

解：查表得滚球半径 h_r=60 m，而避雷针顶端高度 h=40+2=42（m），h_x=8 m，避雷针保护半径为：

$$r_x=\sqrt{42\times(2\times60-42)}-\sqrt{8\times(2\times60-8)}=27.3\text{（m）}$$

现锅炉房在 h_x=8 m 高度上，最远屋角距避雷针的水平距离为：

$$r=\sqrt{(12+8)^2+10^2}=22.4\text{（m）}$$

$$r<r_x$$

由此可见，烟囱上的避雷针能保护锅炉房。

2）避雷线

接闪的金属线称为避雷线或架空地线，避雷线是用来保护架空电力线路和露天配电装置免受直击雷的装置。它由悬挂在空中的接地导线、接地引下线和接地体等组成，因而也称“架空地线”。它的作用和避雷针一样，将雷电引向自身，并安全导入大地，使其保护范围内的导线或设备免遭直击雷。避雷线一般采用截面不小于 35 mm^2 的镀锌钢绞线，架设在架空线的上面，以保护架空线或其他物体免遭直击雷。

3）避雷带

接闪的金属带称为避雷带，避雷带主要用于保护建筑物。

避雷带一般安装在建筑物的屋脊、屋角、屋檐、山墙等易受雷击或建筑物要求美观、不允许装避雷针的地方。避雷带由直径不小于 8 mm 的圆钢或截面积不小于 48 mm^{2}并且厚度不小于 4 mm 的扁钢组成，在要求较高的场所也可以采用直径不小于 20 mm 的镀锌钢管。装于屋顶四周的避雷带，应高出屋顶 100～150 mm。砌外墙时，每隔 1.0 m 预埋一个支持卡子，转弯处支持卡子间距不超过 0.5 m。装于平面屋顶中间的避雷网，为了不破坏屋顶的防水、防寒层，需现场制作混凝土块，制作混凝土块时也要预埋支持卡子，然后将混凝土块以 1.5～2 m 的间隔摆放在屋顶需装避雷带的地方，再将避雷带焊接或卡在支持卡子上。

4）避雷网

接闪的金属网称为避雷网。

避雷网是在屋面上纵横敷设，由避雷带组成的网状导体，主要用于保护建筑物。高层建筑常把建筑物内的钢筋连接成笼式避雷网。

2. 避雷器

避雷器用来防止线路因感应雷及沿线路侵入的过电压波对变电所内的电气设备造成的损害。它一般接于各段母线与架空线的进出口处，装在被保护设备的电源侧，与被保护设备并联，示意图如图 1–24 所示。

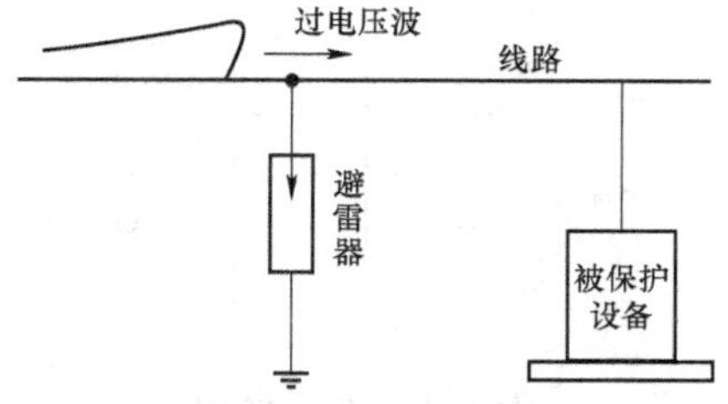

图 1–24 避雷器安装示意图

常用的避雷器有阀型避雷器和金属氧化物避雷器两种。

1）阀型避雷器

阀型避雷器由火花间隙和阀片组成，装在密封的瓷套管内，如图 1–25 所示。阀片是用碳化硅制成的，具有非线性特征，在正常工作电压下电阻值较高，起到绝缘作用，但在雷电过电压下电阻值较小。在正常工作电压下，火花间隙不会被击穿，因而可以隔断工频电流，但在雷电过电压时，火花间隙被击穿放电。

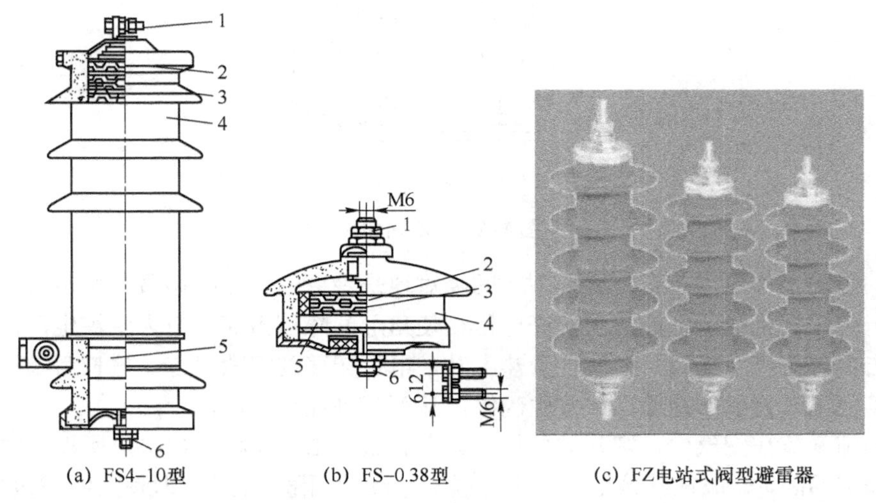

(a) FS4–10型　(b) FS–0.38型　(c) FZ电站式阀型避雷器

1—上接线端子；2—火花间隙；3—云母片垫圈；4—瓷套管；5—阀片；6—下接线端子

图 1–25　阀型避雷器

2）金属氧化物避雷器

金属氧化物避雷器又称压敏避雷器，其外观如图 1–26 所示。它是一种没有火花间隙只有压敏电阻片的阀型避雷器。压敏电阻片是氧化锌等金属氧化物烧结而成的多晶半导体陶瓷元件，具有理想的伏安特性。在工频电压下，它具有极大的电阻，能迅速有效地阻断工频电流，因此不需要火花间隙来熄灭由工频续流引起的电弧；在雷电过电压作用下，其电阻变得很小，能很好地泄放雷电流。

图 1–26　金属氧化物避雷器

3）保护间隙避雷器

与被保护物绝缘并联的空气火花间隙称为保护间隙（又叫空气间隙），按结构形式可分为棒形、球形和角形三种。目前 3～35 kV 线路广泛应用的是角形间隙。

角形间隙由两根直径为 10～12 mm 的镀锌圆钢弯成羊角形电极并固定在瓷瓶上，如图 1–27 所示。

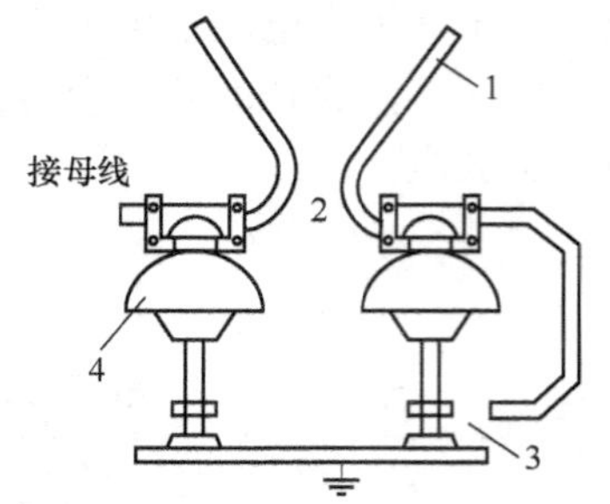

1—圆钢；2—主间隙；3—辅助间隙；4—绝缘子

图 1–27 保护间隙

保护间隙的工作原理：正常情况下，间隙对地是绝缘的。当线路遭到雷击时，就会在线路上产生一个正常绝缘所不能承受的高电压，使角形间隙被击穿，将大量雷电流泄入大地。角形间隙击穿时会产生电弧，因空气受热上升，电弧转移到间隙上方，拉长后熄灭，使线路绝缘子或其他电气设备的绝缘不致发生闪络，从而起到保护作用。

因主间隙暴露在空气中，容易被外物（如鸟、鼠、虫、树枝）短接，所以对本身没有辅助间隙的保护间隙，一般在其接地引线中串联一个辅助间隙，这样，即使主间隙被外物短接，也不致造成接地或短路。

保护间隙灭弧能力较小，雷击后，保护间隙很可能切不断工频续流而引发接地短路故障，引起线路开关跳闸或熔断器熔断，造成停电，所以保护间隙只适用于无重要负荷的线路上。

3. 引下线

引下线的作用是将接闪器上的雷电流引至接地装置。引下线一般采用直径不小于 8 mm 的圆钢或截面积不小于 48 mm²并且厚度不小于 4 mm 的扁钢，烟囱上的引下线宜采用直径不小于 12 mm 的圆钢或截面积不小于 100 mm²并且厚度不小于 4 mm 的扁钢。

引下线的安装方式可分为明敷设和暗敷设两种。明敷设是沿建筑物或构筑物外墙敷设，如外墙有落水管，可将引下线靠落水管安装，以利美观。暗敷设是将引下线砌于墙内或利用建筑物柱内的对角主筋可靠焊接而成。

建筑物上至少要设两根引下线，明设的引下线距地面 1.5～1.8 m 处装设断接卡子（一般不少于两处）。若利用柱内钢筋作引下线，可不装设断接卡子，但在距地面 0.3 m 处设连接板，以便测量接地电阻。明设的引下线从地面以下 0.3 m 至地面以上 1.7 m 处应套保护管。

4. 接地装置

接地装置的作用是接受引下线传来的雷电流，并以最快的速度将雷电流泄入大地。接地装置由接地线和接地体组成。

1）接地线

接地线是用于连接引下线和接地体的金属线，常用截面积不小于 25 mm×4 mm 的扁钢制成。接地线分为接地干线和接地支线两种，电气设备接地的部分就近通过接地支线与接地网的接地干线相连接。接地装置的导体截面，应符合热稳定和机械强度的要求。

2）接地体

接地体分为自然接地体和人工接地体两种。自然接地体是利用基础内的钢筋焊接而成；人工接地体是人工专门制作的，又分为水平接地体和垂直接地体两种。水平接地体是指接地体与地面平行，而垂直接地体是指接地体与地面垂直。水平敷设时，一般用扁钢或圆钢；垂直敷设时，一般用角钢或钢管。为减少相邻接地体的屏蔽作用，垂直接地体的间距不宜小于其长度的2倍，水平接地体的相互间距可根据具体情况确定，但不宜小于5 m。垂直接地体长度一般不小于2.5 m，埋深不应小于0.6 m，距建筑物出入口或人行道或外墙不应小于3 m。

3）避雷针（线）对接地装置的要求

避雷针（线）对接地装置的要求如下：

① 避雷针接地必须良好，接地电阻不宜超过10 Ω；

② 35 kV及以下变配电所的避雷针应单独装设支架，避雷针与被保护设备之间的空气距离不小于5 m；

③ 独立避雷针应有自己专用的接地装置，接地装置与变配电所接地网间的地中距离不应小于3 m；

④ 避雷针及接地装置与道路入口等的距离不小于3 m。

1.3.3 防雷保护

1. 架空线的防雷保护

架空线的防雷保护措施如下：

① 装设避雷线，在60 kV及以上的架空线路上全线装设，在35 kV的架空线路上一般只在进出变配电所的一段线路上装设，而10 kV及以下线路上一般不装设避雷线；

② 提高线路本身的绝缘水平；

③ 利用三角形排列的顶线兼作防雷保护线；

④ 加强对绝缘薄弱点的保护；

⑤ 采用自动重合闸装置；

⑥ 绝缘子铁脚接地等。

2. 变配电所的防雷保护

1）防直击雷

装设避雷针可保护整个变配电所建（构）筑物免遭直击雷。为防止“反击”事故的发生，应注意下列规定与要求：

① 独立避雷针与被保护物之间应保持一定的空间距离，通常不小于5 m；

② 独立避雷针应装设独立的接地装置，其接地体与被保护物的接地体之间也应保持一定的地中距离，通常不小于3 m；

③ 独立避雷针及其接地装置不应设在人员经常出入的地方。

2）进线防雷保护

35 kV电力线路的进线防雷保护，是在进线1～2 km段内装设避雷线，使该段线路免遭直接雷击，其示意图如图1–28所示。

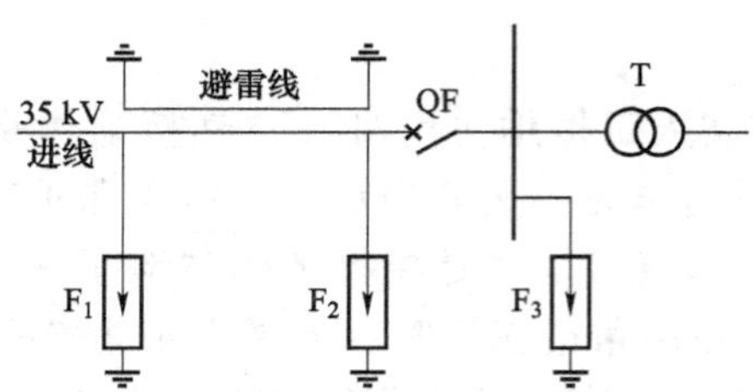

图 1–28　35 kV 电力线路的进线防雷保护示意图

3～10 kV 配电线路的进线防雷保护，是在每路进线终端装设 FZ 型或 FS 型阀型避雷器 F_1，以保护线路断路器及隔离开关。如果进线是电缆引入的架空线路，则在架空线路终端靠近电缆头处装设避雷器 F_2，其接地端与电缆头外壳相连后接地。变电所的每段母线应装避雷器 F_3。3～10 kV 配电线路的进线防雷保护示意图如图 1–29 所示。

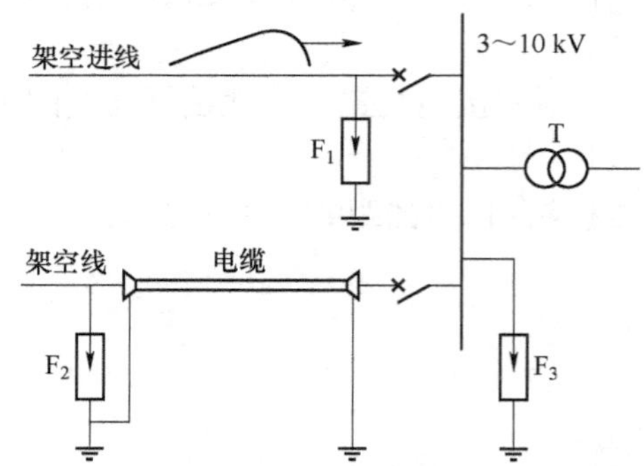

图 1–29　3～10 kV 配电线路的进线防雷保护示意图

3）配电装置防雷保护

为防止雷电冲击波沿高压线路侵入变电所，对所内设备造成危害，特别是价值高但绝缘相对薄弱的电力变压器，在变配电所每段母线上装设一组阀型避雷器 F，并应尽量使之靠近变压器，二者距离一般不应大于 5 m。避雷器的接地线应与变压器低压侧接地中性点及金属外壳连在一起接地，其示意图如图 1–30 所示。

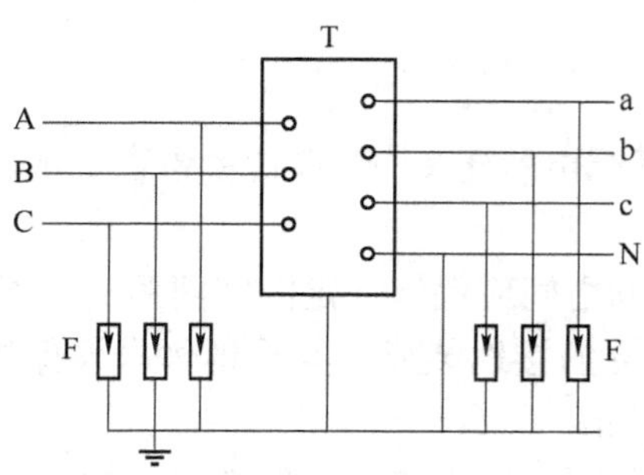

图 1–30　配电装置防雷保护示意图

3. 高压电动机的防雷保护

高压电动机的防雷保护，应采用能较好地专用于保护旋转电机的 FCD 型磁吹阀型避雷器，或采用具有串联间隙的金属氧化物避雷器，并尽可能靠近电动机安装。

对于定子绕组中性点能引出的高压电动机，在中性点装设避雷器。对于定子绕组中性点不能引出的高压电动机，可采用如图 1–31 所示的接线方式，在电动机前面加一段长度为 100～150 m 的引入电缆，并在电缆前的电缆头处安装一组管型或阀型避雷器 F_1；在电动机电源端安装一组并联有电容器（0.25～0.5 μF）的 FCD 型磁吹阀型避雷器 F_2。

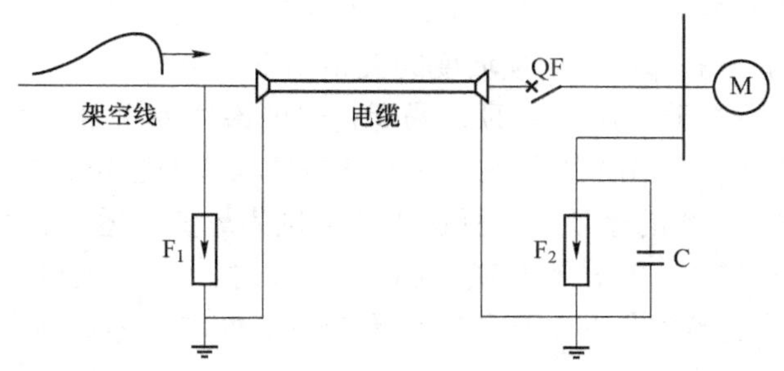

图 1–31　高压电动机的防雷保护示意图

4. 建筑物的防雷措施

1）建筑物防雷分类及防雷要求

建筑物根据其重要性、使用性质、发生雷电事故的概率和后果，将其对防雷的要求分成三类。

凡制造、使用或存放炸药、火药、起爆药、火工品等大量爆炸物质的建筑物，因电火花而引起爆炸，致使房屋毁坏和造成人身伤亡者，属第一类防雷建筑物。第一类防雷建筑物应有防直击雷、感应雷和雷电侵入波措施。

凡制造、使用或储存爆炸物质的建筑物，但电火花不易引起爆炸或不致引起巨大破坏或人身事故，或国家级重要建筑物，属第二类防雷建筑物。第二类防雷建筑物应有防直击雷和雷电侵入波措施，有爆炸危险的也应有防感应雷措施。

不属于第一、二类建筑物但需要实施防雷保护者，如住宅、办公楼、高度在 15 m 以上的烟囱、水塔等孤立高耸的建筑物属于第三类建筑物。第三类建筑物应有防直击雷和雷电侵入波措施。

2）建筑物防雷措施

（1）防直击雷

第一、二类建筑物装设独立避雷针或架空避雷线（网），使被保护的建筑物及风帽、放散管等突出屋面的物体均处于接闪器的保护范围内。

第三类建筑物宜采用装设在建筑物上的避雷针或避雷带或由这两种混合组装的接闪器；引下线不应少于两根；建筑物宜利用钢筋混凝土屋面板、梁、柱和基础钢筋作为接闪器、引下线和接地装置。高层建筑物装设避雷带和避雷网。

（2）防感应雷

对非金属屋面的建筑物，应敷设避雷网，室内一切金属管道和设备，均应良好接地，并且不得有开口环路，以防止感应过电压。

（3）防雷电侵入波

防雷电侵入波的措施如下：

① 低压线路采用全电缆直接埋地敷设；

② 架空线路采用电缆入户，电缆金属外皮与电气设备接地相连；

③ 对低压架空进出线，在进出处装设避雷器；

④ 架空金属管道、埋地或地沟内的金属管道，在进出建筑物处，应与防雷接地装置相连。

3）建筑物容易遭受雷击的部位与屋顶坡度的关系

建筑物容易遭受雷击的部位与屋顶坡度的关系如下：

① 平屋顶或坡度不大于 1/10 的屋顶，易受雷击的部位为檐角、女儿墙、屋檐；

② 坡度大于 1/10 而小于 1/2 的屋顶，易受雷击的部位为屋角、屋脊、檐角、屋檐；

③ 坡度大于或等于 1/2 的屋顶，易受雷击的部位为屋角、屋脊、檐角。

对一、二级防雷建筑物，当建筑物高度超过 30 m 时，30 m 及以上部分应采取防侧击雷和等电位措施，可利用建筑物外圈的楼层圈梁内的主筋做均压环防侧击雷，既节约材料，又可达到防雷的目的。

1.3.4 接地装置的运行与维护

1. 接地和接地装置

电气设备的某部分与大地之间做良好的电气连接称为接地。埋入地中并直接与土壤相接触的金属导体，称为接地体或接地极。电气设备接地部分与接地体（极）相连接的金属导体（线）称为接地线。接地体与接地线统称为接地装置。由若干接地体在大地中用接地线相互连接起来的一个整体，称为接地网，其示意图如图 1–32 所示。

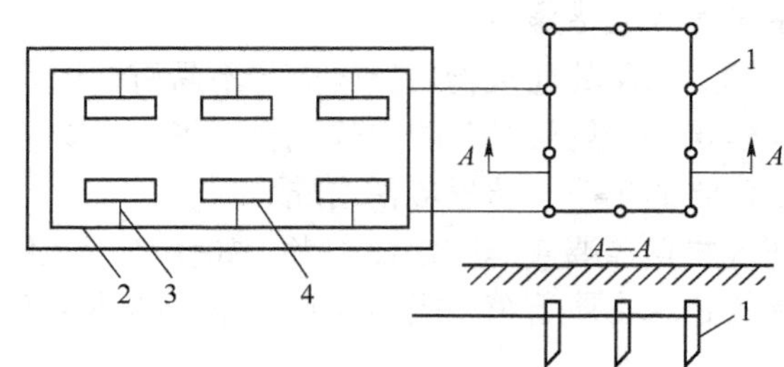

1—接地体；2—接地干线；3—接地支线；4—电气设备

图 1–32 接地网示意图

2. 接地电流和对地电压

当电气设备发生接地故障时，电流就通过接地体向大地半球形散开，这一电流，称为接地电流，接地电流对地电位分布曲线如图 1–33 所示。试验表明，在距单个接地体或接地故障点 20 m 左右的地方，实际上散流电阻已趋近于零，这个电位为零的地方称为电气上的“地”或“大地”。电气设备的接地部分与零电位的“地”（大地）之间的电位差，称为接地部分的对地电压。

3. 接地种类

1）工作接地

工作接地是为保证电力系统和电气设备达到正常工作要求而进行的一种接地，如电源中性点的接地、防雷装置的接地等。

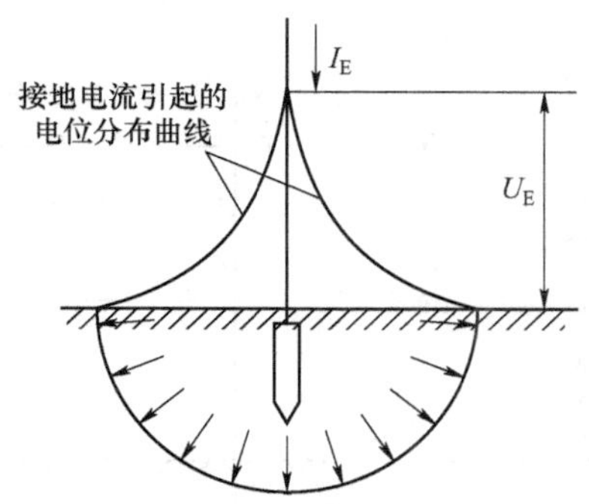

图 1–33　接地电流对地电位分布曲线

不同工作接地有各自的功能。例如，电源中性点直接接地，能在运行中维持三相系统中相线对地电压不变；电源中性点经消弧线圈接地，能在单相接地时消除接地点的断续电弧，防止系统出现过电压。至于防雷装置的接地，其功能更是显而易见，不进行接地就无法对地泄放雷电流，无法达到防雷的目的。

2）保护接地

由于绝缘的损坏，在正常情况下不带电的电力设备外壳有可能带电。为了保障人身安全，将电力设备正常情况不带电的外壳与接地体之间做良好的金属连接，称为保护接地。

低压配电系统的保护接地，按接地形式分为 TN 系统、IT 系统和 TT 系统三种。

（1）TN 系统

TN 系统的电源中性点直接接地，并引出中性线（N 线）、保护线（PE 线）或保护中性线（PEN 线），属于三相四线制或五线制系统。

系统中的 N 线与 PE 线全部合为 PEN 线，称为 TN–C 系统；系统中的 N 线与 PE 线全部分开，称为 TN–S 系统；系统中前一部分 N 线与 PE 线合为 PEN 线，而后一部分 N 线与 PE 线全部或部分地分开，称为 TN–C–S 系统。TN 系统接线方式如图 1–34 所示。

TN 系统中，设备外露可导电部分经 PE 线（在 TN–S 系统中）或 PEN 线（在 TN–C 系统中）接地，称为“保护接零”。

① TN–C 系统：中性线 N 与保护线 PE 是合在一起的，电气设备不带电金属部分与之相连，适用于三相负荷比较平衡且单相负荷不大的场所，在工厂低压设备接地保护中使用相当普遍。

② TN–S 系统：中性线 N 与保护线 PE 分开，电气设备的金属外壳接在保护线 PE 上，适用于环境条件较差、安全可靠性要求较高及设备对电磁干扰要求较严的场所。

③ TN–C–S 系统：是前两者的综合，电气设备大部分采用 TN–C 系统接线，在设备有特殊要求场合局部采用专设保护线，接成 TN–S 形式。

（2）IT 系统

IT 系统是对电源小电流接地系统的保护接地系统，电气设备的不带电金属部分直接经接地体接地。当电气设备因故障金属外壳带电时，接地电容电流分别经接地体和人体两条支路通过，只要接地装置的接地电阻控制在一定范围内，就会使流经人体的电流被限制在安全范围。IT 系统对电源小电流接地系统的保护示意图如图 1–35 所示。

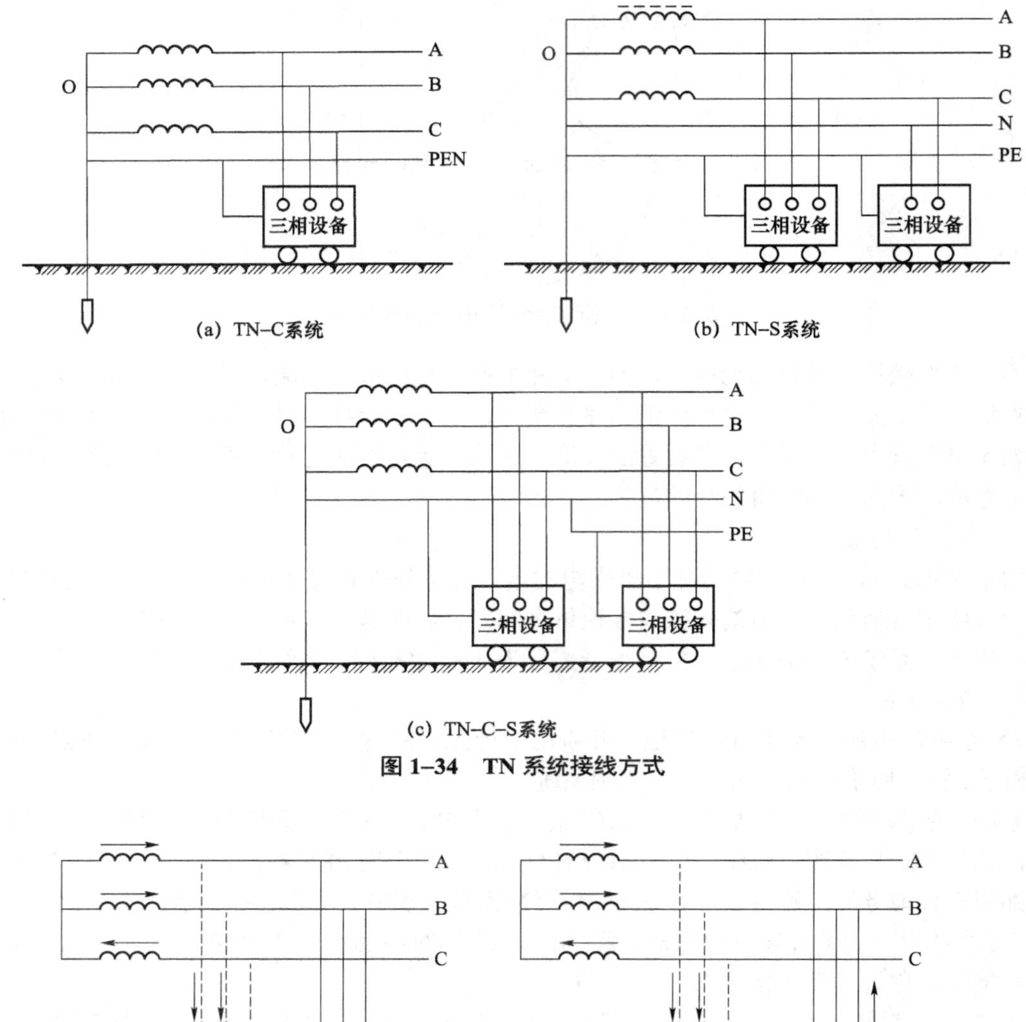

图 1–34　TN 系统接线方式

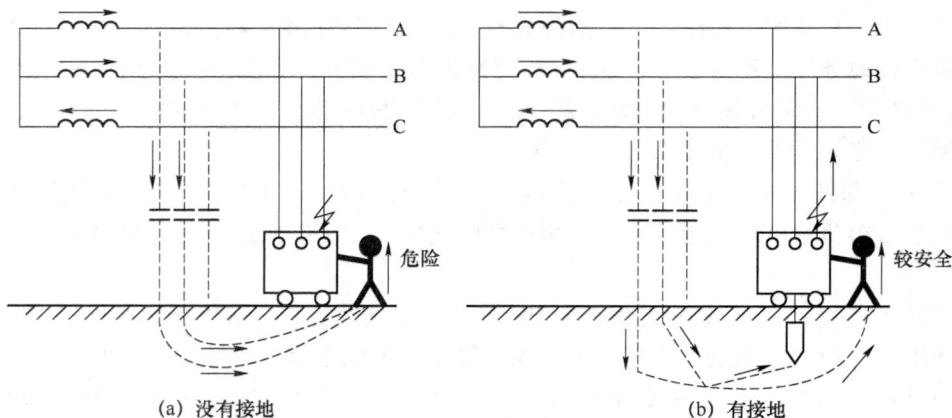

图 1–35　IT 系统对电源小电流接地系统的保护示意图

（3）TT 系统

TT 系统是针对大电流接地系统的保护接地系统。配电系统的中性线 N 引出，但电气设备的不带电金属部分经各自的接地装置直接接地，与系统接线不发生关系，如图 1–36 所示。

发生绝缘损坏故障时，故障电流较大。对小容量设备，可使其因熔丝熔断或自动开关跳闸而切断电源；但对大容量设备，无法确保一定能切断电源，无法保障人身安全，可通过加装漏电保护开关弥补。

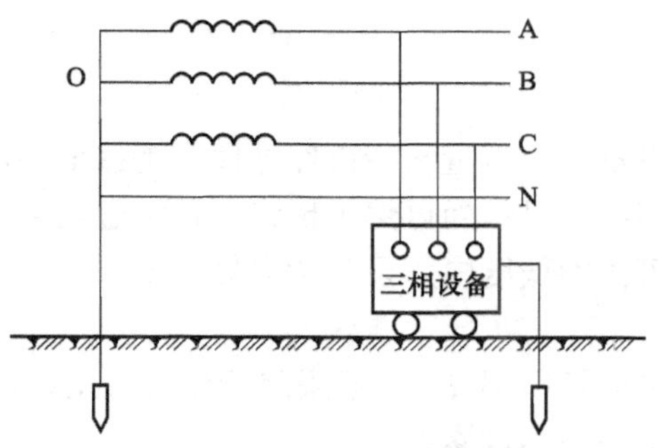

图 1–36 TT 系统接线方式

4. 保护接地和保护接零中的注意问题

保护接地和保护接零中的注意问题如下：

① 同一中性点接地系统中，不能一部分采取保护接地、另一部分采取保护接零，否则当采取保护接地的设备发生单相接地故障时，采取保护接零的设备外露，可导电部分将带上危险的电压；

② 中性点不接地系统中，凡有电联系的设备的保护接地装置应连为一体，因为当设备发生双碰壳时，将使所有设备外壳上出现危险的对地电压；

③ 在零线上不允许安装熔断器和开关，以防零线断线后失去保护接零的作用，为安全起见，中性线还必须重复接地，以保证接零保护的可靠性；

④ 不能把保护接地装置引下线作为单相设备的中性线；

⑤ 不能把中性线作为保护零线。

5. 接地装置的装设

1）接地体的装设

（1）自然接地体的利用

装设接地装置时，首先利用自然接地体，以节约投资。可作为自然接地体的有：与大地有可靠连接的建筑物的钢结构和钢筋、行车的钢轨、埋地的非可燃可爆的金属管等。对于变配电所来说，可利用其建筑物钢筋混凝土基础作为自然接地体。

利用自然接地体时，一定要保证良好的电气连接，在建筑物的结合处，除已焊接者外，凡用螺栓或其他连接的，都应采用跨接焊接，而且跨接线不得小于规定值。

（2）人工接地体的埋设

埋设人工接地体时，应注意不要埋设在垃圾、炉渣和有强烈腐蚀性土壤处，遇有这些情况应进行换土。人工接地体的埋设要求如图 1–37 所示。

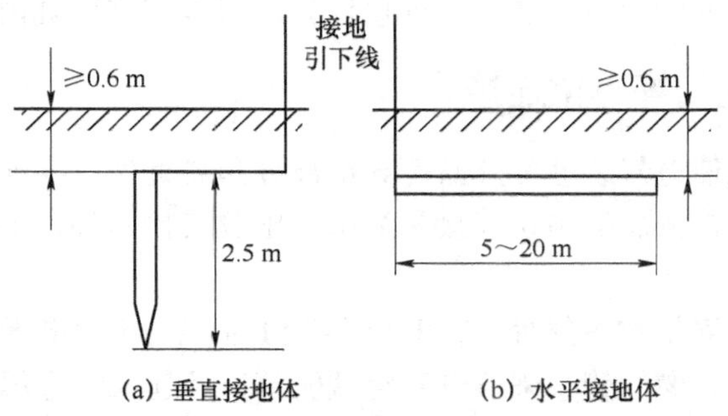

图 1–37 人工接地体的埋设要求

2）接地线

（1）自然接地线

为了节约金属，减少投资，应尽量选择自然导体作为接地线，如建筑物的金属构架、电梯竖井、电缆的金属外皮等都可以作为自然接地线。各种金属管道（可燃液体、可燃或爆炸性气体的金属管道除外）可作为低压电力设备的自然接地线。

（2）人工接地线

为了连接可靠并有一定的机械强度，一般采用钢作为人工接地线。对于接地体和接地线，截面积应符合我国电气规定的最小规格。

6. 接地电阻的要求

接地电阻是接地体的散流电阻与接地线和接地体电阻的总和。由于接地体和接地线的电阻相对较小，可略去不计。因此接地电阻可认为就是接地体的散流电阻。

对接地电阻的要求，按我国有关规定执行即可。一般接地电阻很小，通常为 4 Ω。

7. 接地装置的运行巡视

运行中的接地装置，其巡视与检查内容如下：

① 检查接地线或接零线与电气设备的金属外壳以及同接地网的连接处连接是否良好，有无松动、脱落等现象；

② 检查接地线有无损伤、碰断及腐蚀等现象；

③ 对于移动式电气设备的接地线，在每次使用前应检查其接地线情况，检查有无断股现象；

④ 定期测量接地装置的接地电阻值，测量接地电阻要在土壤电阻率最大的季节进行，即夏季土壤干燥期和冬季土壤冰冻期为最佳时期。

8. 接地装置的维护

接地装置的维护要点如下：

① 要经常观察人工接地体周围的环境情况，不应堆放具有强烈腐蚀性的化学物质；

② 对于接地装置与公路、铁路或管道等交叉的地方，应采取保护措施，以防碰伤、损坏接地线；

③ 接地装置在接地线引进建筑物的入口处，最好有明显的标志，以便为运行维护工作提供方便；

④ 明敷的接地线表面所涂的漆应完好；

⑤ 电气设备在每次大修后，应着重检查其接地线连接是否牢固；

⑥ 当发现运行中接地装置的接地电阻不符合要求时，可采取降低电阻的措施，如将接地体引至土壤电阻率较低的地方、装设引外接地体，或者在接地坑内填入化学降阻剂。

1.3.5 低压配电系统的等电位连接

等电位连接，就是使电气装置各外露可导电部分和装置外可导电部分电位基本相等的一种电气连接。等电位连接分总等电位连接和局部等电位连接两种，如图 1–38 所示。

1. 总等电位连接

总等电位连接是在建筑物进线处，将 PE 线或 PEN 线与电气装置接地干线、建筑物内的各种金属管道（如水管、燃气管、采暖管和空调管等）及建筑物金属构件等都接向总等电位连接端子板，使它们都具有基本相等的电位。

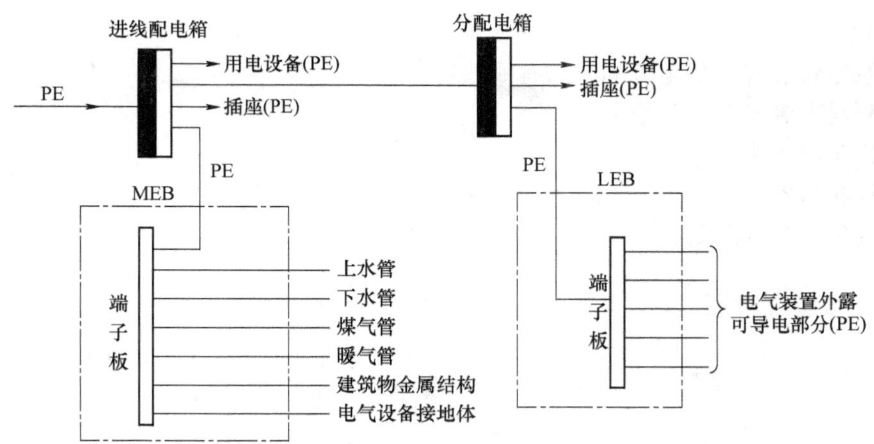

图 1–38　总等电位连接和局部等电位连接

MEB—总等电位连接；LEB—局部等电位连接

2. 局部等电位连接

局部等电位连接又称辅助等电位连接，是在远离总等电位连接处的非常潮湿处、有腐蚀性物质、触电危险性大的局部范围内进行的等电位连接，是总等电位连接的一种补充。通常，在容易触电的浴室、卫生间及安全要求极高的胸腔手术室等地，宜做局部等电位连接。

思考与练习 1

一、填空题

1. 根据触电对人体的伤害程度不同，分为（　　）和（　　）两种。

2. 触电对人体的伤害程度与通过人体的（　　）、（　　）、电流通过人体（　　）的长短、电流通过人体的（　　）、触电者的体质状况、人体的（　　）等因素有关。

3. 防止触电的主要技术有（　　）、（　　）、（　　）、（　　）、（　　）等。

4. 根据雷电过电压的产生方式不同，可分为（　　）、（　　）、（　　）、（　　）四种。

二、判断题

（　　）1. 中性点是保护接地。

（　　）2. 避雷针接地必须良好，接地电阻不宜超过 10 Ω 。

三、选择题

1. 临时电源线邻近高压输电线路时，应与高压输电线路保持足够的安全距离。35 kV 高压输电线的安全距离为（　　）。

A. 1 m　　B. 0.8 m　　C. 0.6 m

2. 避雷针与被保护设备之间的空气距离不小于（　　）。

A. 5 m　　B. 3 m　　C. 1 m

3. 在变配电所每段母线上装设一组阀型避雷器，并应尽量使之靠近变压器，距离一般不应大于（　　）。

A. 5 m　　B. 3 m　　C. 1 m

四、简答题

1. 使触电者脱离低压电源的方法有哪些?
2. 遇到触电者应怎样现场急救？
3. 怎样带电灭火？
4. 怎样防雷？
5. 架空线路怎样防雷？

项目 2　变压器的使用与维护

【项目描述】

变压器是在电力系统和电子线路中应用广泛的电气设备。电工作业人员的基本从业条件之一是掌握常用电气设备的安装、运行、维护、检修、调试等方法。

本项目通过常用变压器的使用与维护训练，主要介绍以下内容：变压器的结构、工作原理、铭牌中型号及额定值的意义；判别变压器绕组的极性及连接方法；变压器运行特性；常用变压器的用途及日常维护方法。

任务 2.1　变压器认知

【任务描述】

变压器是在电力系统和电子线路中应用广泛的电气设备，它可将一种交流电转变为另一种或几种频率相同而数值不同的交变电压。虽然变压器种类繁多，但结构和工作原理相同。我们以三相油浸式电力变压器为例，介绍变压器的工作原理、结构、种类及用途。通过本任务的学习，掌握变压器的结构、工作原理、种类、型号、铭牌数据的含义、运行特性，会判别变压器绕组的极性并进行连接，为正确使用和维护变压器奠定坚实基础。

【学习目标】

（1）了解变压器的结构、工作原理、种类、型号及铭牌数据的含义。

（2）掌握变压器的运行特性。

（3）掌握测量变压器参数的方法。

（4）能正确判断变压器绕组的极性，并能正确使用变压器。

2.1.1　变压器的结构

变压器的结构

变压器主要由铁心和绕组两大部分组成。铁心是变压器的磁路部分，绕组是变压器的电路部分，在大型电力变压器中还有其他辅助部件。

油浸式变压器在电力系统中使用最广，下面我们以三相油浸式电力变压器为例介绍变压器的结构及各部分的作用。

1. 铁心

1）铁心的材料

铁心是变压器的磁路部分。为了提高磁路的导磁性能，减小铁心损耗（简称铁损），铁心一般采用高磁导率的铁磁材料，通常由 0.35～0.5 mm 厚的硅钢片叠压而成。变压器用的硅钢片，含硅量比较高，硅钢片的两面均涂以绝缘漆，这样可使叠装在一起的硅钢片相互绝缘。

硅钢片分热轧硅钢片与冷轧硅钢片两类，冷轧硅钢片的磁性能较好，铁心损耗较小，为目前制作变压器铁心的主要材料。

2）铁心的形式

铁心由铁心柱和铁轭两部分组成，铁心柱上套有绕组，铁轭做闭合磁路之用。按照绕组套入铁心的形式下同，铁心可分为心式结构和壳式结构两种，其结构示意图如图 2–1 所示。

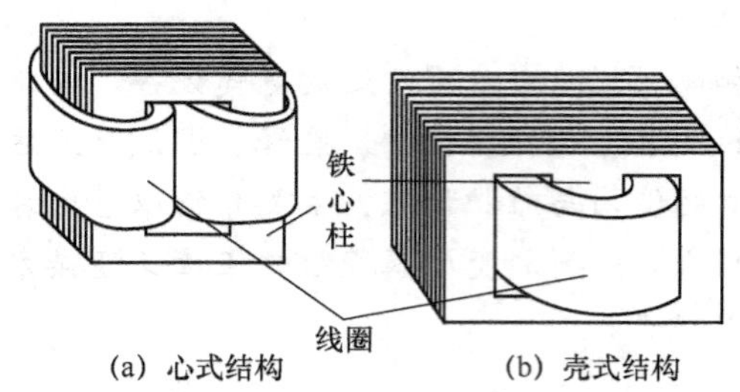

(a) 心式结构 (b) 壳式结构

图 2–1 变压器的铁心结构示意图

心式结构的变压器，其铁心被线圈包围；壳式结构的变压器，其铁心包围着线圈。心式铁心结构简单、省料，因此为大多电力变压器采用。

电力变压器的铁心主要采用心式结构，它是将 A、B、C 三相的绕组分别套在三个铁心柱上，三个铁心柱由上、下两个铁轭连接起来，构成闭合磁路。

3）铁心叠片的形式

大中型变压器一般采用硅钢片交错叠装方式，如图 2–2 所示。各层磁路接缝斜形错开，可减小气隙和磁阻。

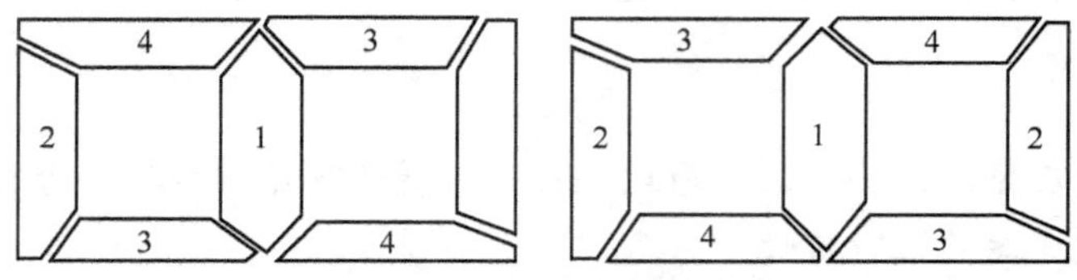

图 2–2 硅钢片交错叠装方式

小型变压器多采用 E、F 形铁心冲片交替叠装方式，如图 2–3 所示。

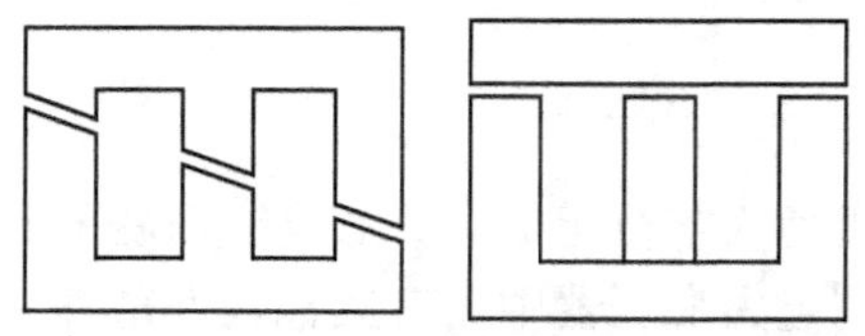

图 2–3 小型变压器的铁心冲片叠装方式

2. 绕组

绕组是变压器的电路部分，因此对它的电气、耐热、机械等性能均有严格的要求，以保证变压器的安全运行。绕组由铜或铝的绝缘导线绕制而成，按照线圈绕制的特点不同，绕组分为圆筒式、螺旋式、连续式、纠结式等几种结构。

变压器中，接到高压侧的绕组称为高压绕组，接到低压侧的绕组称低压绕组。按高低压绕组安放形式不同，绕组可分为同心式和交叠式两种。

1）同心式绕组

高低压线圈绕在同一铁心柱上，同心排列。为了便于绝缘，低压绕组靠近铁心柱，高压绕组套在低压绕组外面，两个绕组之间留有油道，如图 2–4 所示。变压器高、低压线圈间的绝缘，线圈与铁心间的绝缘，一般采用木质或钢纸板绝缘圆筒。

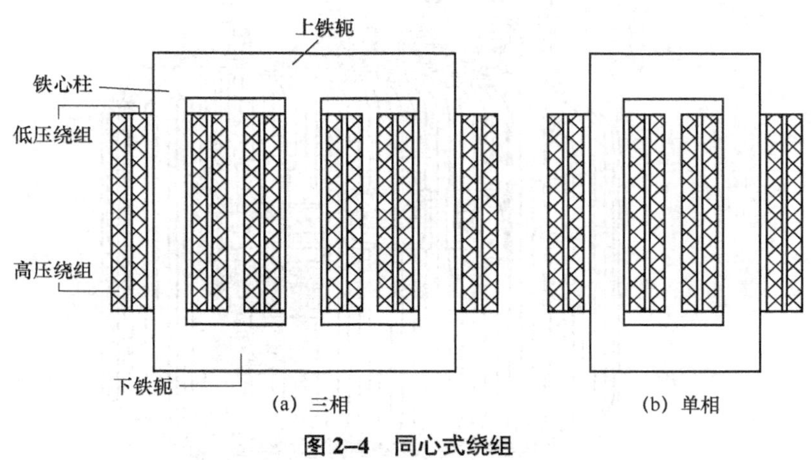

图 2–4　同心式绕组

2）交叠式绕组

交叠式绕组是把变压器的高、低压绕组分别绕成若干个“饼式”绕组，高、低压“饼式”绕组交替地套装在铁心柱上。为便于绝缘，铁心柱两端靠近铁轭处总是套装低压绕组。交叠式绕组结构比较牢固，电气上易构成多条支路并联，但绝缘较复杂，所以适用于低电压、大电流负载。

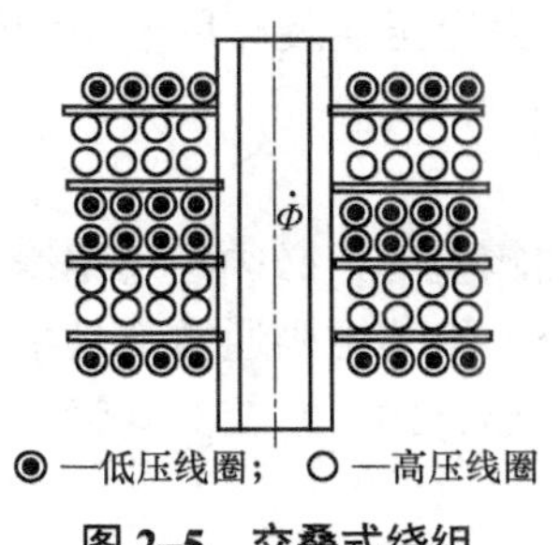

图 2–5　交叠式绕组

3. 其他部件

1）油箱及冷却方式

由于变压器铁心损耗与绕组损耗的存在，这些损耗会使铁心与绕组发热，影响变压器的安全工作。因此，通常将装好的变压器铁心、绕组浸入变压器油箱中进行冷却。另外，变压器油具有良好的绝缘作用。

油浸式电力变压器的构成如图 2–6 所示。

为了增加散热面积，容量较大的变压器，常采用带有钢管散热器的外壳帮助散热，故称油浸自冷式。另外两种常见散热方式是：装有散热风扇协助散热的，称为油浸风冷式；装设油泵强迫油在冷却器中循环冷却的，称为强迫油循环冷却式。

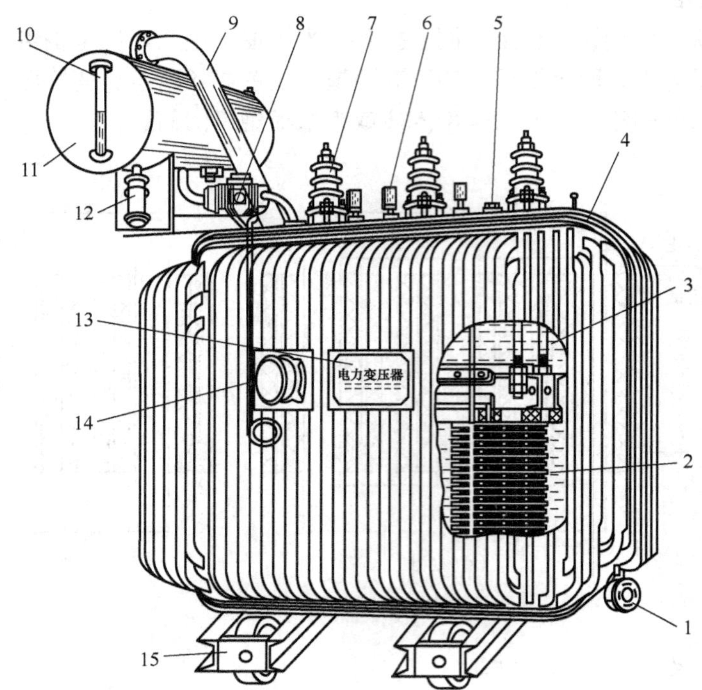

1—油阀；2—绕组；3—铁心；4—油箱；5—分接开关；6—低压套管；7—高压套管；8—气体继电器；
9—防爆筒；10—油位器；11—油枕；12—吸湿器；13—铭牌；14—温度计；15—小车

图 2-6　油浸式电力变压器的构成

2）分接开关

为了保证用户电压的稳定，电力变压器装有用于微调的分接开关，调节范围为±5%，通过改变高压侧绕组匝数来实现。

3）高、低压套管

变压器的引线从油箱内穿过油箱盖时，必须经过绝缘套管，从而使高压引线和接地的油箱绝缘。绝缘套管有高、低压之分，但其结构通常都是中心导电杆外面用瓷套管绝缘。为了增加爬电距离，套管外做成多级伞形。10～35 kV 套管一般采用充油结构，电压越高，其外形尺寸越大。

4）气体继电器

气体继电器安装在油箱和储油柜的连接管道中间，是变压器内部故障的保护装置。当变压器内部绝缘被击穿或匝间短路时，变压器油和其他绝缘物分解气体，气压增大，冲击气体继电器，使其接点动作，通过控制保护回路，及时发出故障信号或切除电源。

5）安全气道

安全气道又称防爆筒，其排气管的低端连接油箱，顶端装有薄玻璃，当变压器内部发生故障，压力达到一定程度时，就把薄玻璃冲破，释放变压器内部压力，防止变压器爆炸。

6）吸湿器

吸湿器内装有吸水性很强的硅胶，可吸取储油柜中空气的水分，以保证变压器油良好的绝缘度。

2.1.2　变压器的分类

变压器通常有以下几个分类方法：

① 按用途分，变压器分为电力变压器、特种变压器、仪用互感器等；

② 按绕组结构分，变压器分为双绕组变压器、三绕组变压器、多绕组变压器、自耦变压器等；

③ 按相数分，变压器分为单相变压器、三相变压器、多相变压器等；

④ 按冷却方式分，变压器分为干式变压器、油浸式变压器、油浸风冷式变压器、强迫循环导向冷却式变压器等；

⑤ 按变压器容量分，变压器分为中小型变压器（小于 6 300 kVA）、大型变压器（8 000～63 000 kVA）、特大型变压器（大于 63 000 kVA）。

2.1.3　变压器的工作原理

变压器的基本工作原理是电磁感应原理，也就是“动电生磁、动磁生电”的过程。

1. 各物理量的参考方向

变压器的主要部件是铁心和套在铁心上的绕组。变压器的绕组分为原边绕组（称一次绕组）和副边绕组（称二次绕组）。与电源相连的线圈，接收交流电能，称为一次绕组。用 U_1、I_1、E_1、N_1 表示；与负载相连的线圈，送出交流电能，称为二次绕组，用 U_2、I_2、E_2、N_2 表示，如图 2–7 所示。

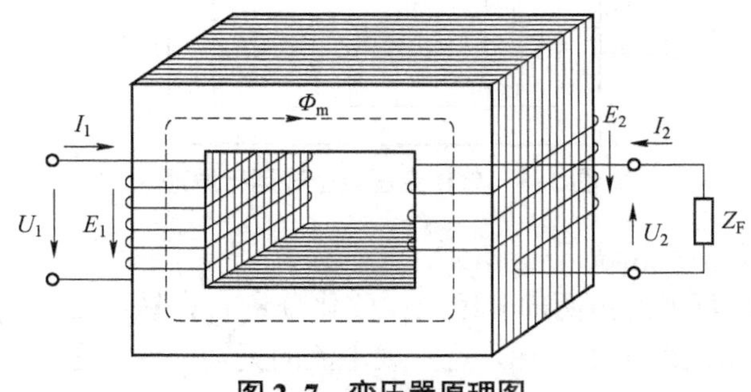

图 2–7　变压器原理图

注意：一、二次绕组只有磁耦合，没有电联系。各物理量的参考方向按电工惯例规定，具有以下特点：

① 在同一支路中，电压和电流的正方向一致；

② 磁通正方向与电流正方向符合右手螺旋法则；

③ 由交变磁通量产生的电动势正方向与产生该磁通量的电流正方向一致，并有 $e=-(\mathrm{d}\Phi/\mathrm{d}t)$ 的关系。

2. 变压器的空载运行

变压器的一次绕组接在电源上，二次绕组开路，此运行状态称为空载运行。

1）实际变压器的空载运行

一次侧加上交流电压后产生的交流电流 I_0 叫空载电流；线圈匝数为 N_1 时 I_0 在一次绕组中产生的磁动势为空载磁动势：

$$F_0 = N_1 I_0$$

于是在铁心磁路中就产生了交变磁通，空载电流的励磁通绝大部分通过铁心而闭合，同时交链一、二次绕组，该磁通量称为主磁通，其幅值用Φ_m表示，根据法拉第电磁感应定律可知，主磁通将在一次侧绕组和二次侧绕组中都产生感应电动势，其大小分别为：

$$e_1 = -N_1 \frac{d\Phi_m}{dt}$$

$$e_2 = -N_2 \frac{d\Phi_m}{dt}$$

还有另一部分只与一次绕组交链的磁通，叫漏磁通，用$\Phi_{1\sigma}$表示，它在一次绕组中产生漏磁感应电动势，用$e_{1\sigma}$表示，漏磁通很小，只有主磁通的千分之几，相应的漏磁感应电动势也很小，漏磁通不传递能量，在理想变压器中忽略不计。

$$e_{1\sigma} = -N_1 \frac{d\Phi_{1\sigma}}{dt}$$

单相变压器空载运行原理如图 2–8 所示。

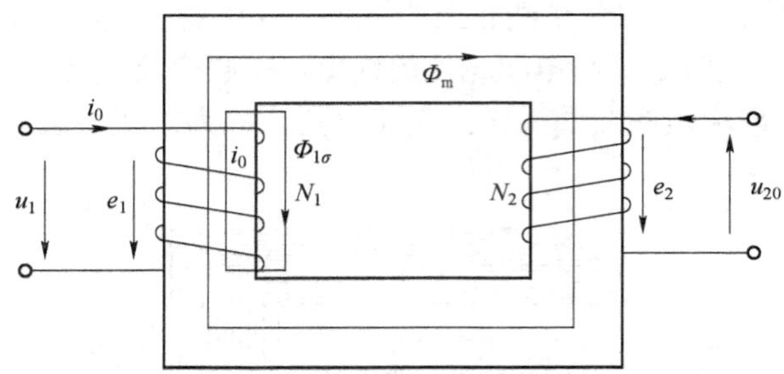

图 2–8 单相变压器空载运行原理

（1）空载电流的大小和相位

变压器的空载电流可视为由两部分组成：磁化分量i_{0r}，铁耗分量i_{0a}。

磁化分量i_{0r}的作用是产生主磁通，是空载电流的无功分量，它与主磁通同相位。铁耗分量i_{0a}是用来供给铁耗的有功电流，是空载电流的有功分量，它与电压降（$-E_1$）同相位。空载电流向量如图 2–9 所示。

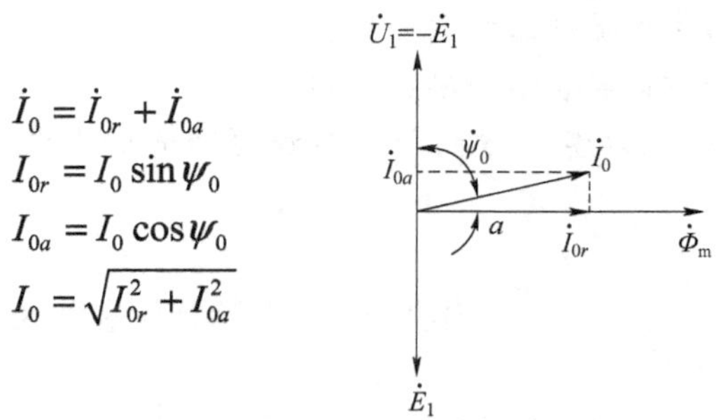

图 2–9 空载电流向量

（2）一次绕组电压平衡方程式

空载电流产生的电压降 $r_1\dot{I}_0$、感应电动势 $\dot{E}_1$ 及漏磁电动势 $\dot{E}_{1\sigma}$ 与电源电压 $\dot{U}_1$ 相平衡，根据基尔霍夫第二定律得一次绕组电压平衡方程式：

$$U_1 = -\dot{E}_1 - \dot{E}_{1\sigma} + r_1\dot{I}_0$$

2）理想变压器的空载运行

不计一次绕组、二次绕组的电阻和铁耗，磁路不饱和，没有漏磁通，其间耦合系数为 1 的变压器称为理想变压器。

由于 $r_1\dot{I}_0$、$\dot{E}_{1\sigma}$ 都很小，可忽略不计，所以理想变压器空载运行时，满足

$$\dot{U}_1 = -\dot{E}_1$$

$$\dot{U}_2 = \dot{E}_2$$

理想变压器空载运行时的相量图如图 2–10 所示。

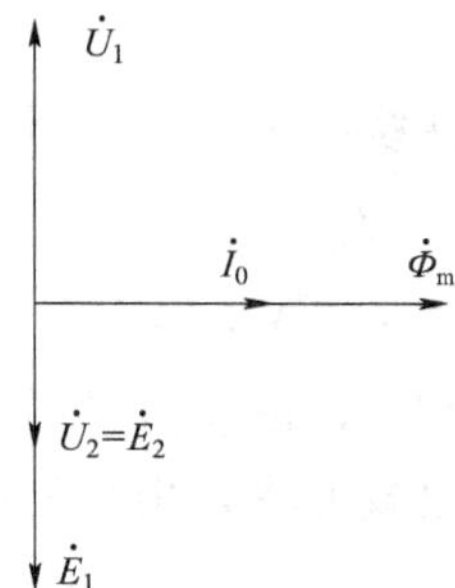

图 2–10　理想变压器空载运行时的相量图

令：$\Phi=\Phi_m \sin \omega t$

$$e_1 = -N_1' \frac{d\Phi}{dt} = -N_1\Phi_m \omega\cos\omega t = N_1\Phi_m\omega\sin\left(\omega t - \frac{\pi}{2}\right) = E_{1m}\sin\left(\omega t - \frac{\pi}{2}\right)$$

用相量表示其电动势有效值为：

$$\dot{E}_1 = \frac{\dot{E}_{1m}}{\sqrt{2}} = -j\frac{\omega N_1\dot{\Phi}_m}{\sqrt{2}} = -j\frac{2\pi}{\sqrt{2}} fN_1\dot{\Phi}_m = -j4.44 fN_1\dot{\Phi}_m$$

同理：

$$\dot{E}_2 = -j\frac{\omega N_2\dot{\Phi}_m}{\sqrt{2}} = -j4.44 fN_2\dot{\Phi}_m$$

式中：f——交流电的频率，Hz。

这样，理想变压器一次绕组、二次绕组中的感应电动势的有效值 $\dot{E}_1$、$\dot{E}_2$ 可按上式求得：

$$E_1 = 4.44 fN_1\Phi_m$$

$$E_2 = 4.44 fN_2\Phi_m$$

$$U_1 = E_1 = 4.44 fN_1\Phi_m$$

$$U_2 = E_2 = 4.44 fN_2\Phi_m$$

由上式可知：若电源电压 U_1 保持不变，则主磁通 Φ_m 基本保持不变。

在变压器中，原边电动势 E_1 和副边电动势 E_2 之比称为变压器变比，用 k 表示。当变压器空载运行时，由于理想变压器不计一次绕组、二次绕组的电阻和铁耗，所以原边 $U_1 \approx E_1$，副边空载时的电压 $U_{20} \approx E_2$，故可近似地用原、副边的电压之比作为变压器的变比，即

$$k = \frac{E_1}{E_2} = \frac{N_1}{N_2} = \frac{U_1}{U_{20}}$$

当 $N_2 > N_1$ 时，$k < 1$，则 $U_2 > U_1$，为升压变压器；当 $N_2 < N_1$ 时，$k > 1$，则 $U_2 < U_1$，为降压变压器。若改变电压比 k，即改变一次绕组或二次绕组匝数，则可达到改变二次绕组输出电压的目的。

对三相变压器来说，变比是指相电动势的比值，近似为相电压的比值，这点务必注意！

3. 变压器的负载运行

变压器一次绕组接在额定频率、额定电压的交流电源上，二次绕组接上负载的运行状态，称为负载运行。

1）变压器的变流作用

变压器负载运行时，主磁通由一次绕组和二次绕组的磁动势共同建立，满足以下关系：

$$\dot{F}_0 = \dot{F}_1 + \dot{F}_2$$

即

$$N_1\dot{I}_1 + N_2\dot{I}_2 = N_1\dot{I}_0$$

主磁通的大小与空载运行时近似相等，磁动势也近似相等。

当变压器在额定负载下运行时，空载电流 $\dot{I}_0$ 相对于额定电流来说是很小的，数量上可以忽略不计，因此有

$$N_1\dot{I}_1 + N_2\dot{I}_2 = 0$$

由上式可以得到一次绕组、二次绕组间的电流关系如下：

$$\frac{I_1}{I_2} = \frac{N_2}{N_1} = \frac{1}{k}$$

2）一次绕组、二次侧绕组电压平衡方程式与相量图

二次侧接上负载后，在 $\dot{E}_2$ 的作用下，二次侧绕组流过负载电流 $\dot{I}_2$，并产生相应的磁动势 $\dot{F}_2 = N_2\dot{I}_2$，产生新的磁通来削弱 $\dot{I}_0$ 产生的磁通，将会使 $\dot{E}_1$ 减小。当 $\dot{U}_1$ 不变时，$\dot{E}_1$ 的减少会导致一次侧电流的增加，由 $\dot{I}_0$ 增加到 $\dot{I}_1$，最终使磁通保持原来的大小。这时一次绕组、二次绕组电压平衡方程式为

$$\dot{U}_1 = -(\dot{E}_1 + \dot{E}_{1\sigma}) + \dot{I}_1 r_1 = -\dot{E}_1 + \dot{I}_1 r_1 + \mathrm{j}\dot{I}_1 x_1 = -\dot{E}_1 + \dot{I}_1 Z_1$$

$$\dot{U}_2 = (\dot{E}_2 + \dot{E}_{2\sigma}) - \dot{I}_2 r_2 = \dot{E}_2 - \dot{I}_2 r_2 - \mathrm{j}\dot{I}_2 x_2 = \dot{E}_2 - \dot{I}_2 Z_2$$

$$\dot{U}_2 = \dot{I}_2 Z_L$$

实际变压器负载运行时的相量图如图 2–11 所示。

3）变压器的阻抗变换作用

在电子设备中，往往要求负载能获得最大功率。负载若要获得最大功率，必须满足负载阻抗与电源阻抗相等这一条件，这称为阻抗匹配。但是负载阻抗是一定的，不能随意改变，因此负载阻抗与电子电路的输出阻抗往往不相等，负载上得不到最大功率。利用变压器的阻

抗变换功能，把它接在电源与负载之间，适当选择变压器的变比，就可以实现阻抗匹配，从而使负载获得最大功率，其原理图如图 2–12 所示。

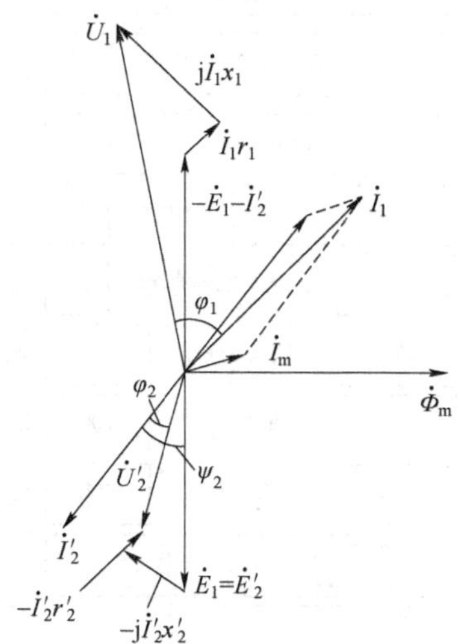

图 2–11　实际变压器负载运行时的相量图

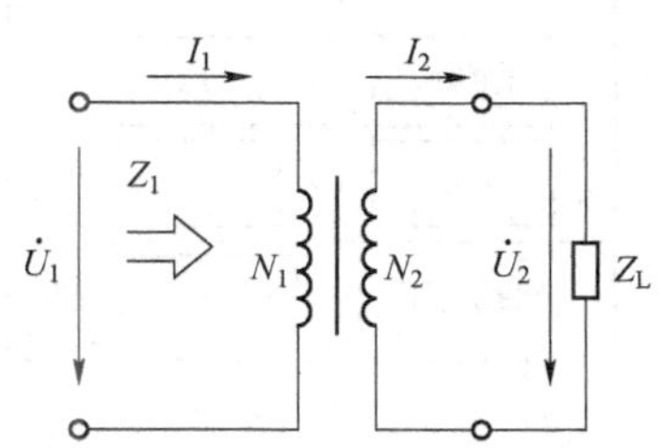

图 2–12　变压器的阻抗变换原理图

令 Z_L 为负载阻抗，Z_1 为变压器的等效阻抗，当变压器的次级负载阻抗 Z_L 发生变化时，初级阻抗 Z_1 会立即受到次级的反射而变化。这种阻抗的变化关系，可以通过下面公式的推导得出：

$$\frac{Z_1}{Z_L}=\frac{\dfrac{U_1}{I_1}}{\dfrac{U_2}{I_2}}=k^2$$

从上面的公式推导可以得出，变压器的等效阻抗与负载阻抗之比等于变比的平方。因此，变压器可以通过改变初级线圈、次级线圈的匝数起到变换阻抗的作用。

2.1.4　变压器的铭牌数据

变压器的铭牌数据

为了使变压器安全、经济、合理地运行，在每台变压器上都安装有一块铭牌，上面标明了变压器的型号及各种额定值，以作为正确使用变压器的依据。图 2–13 所示为电力变压器的铭牌示例。变压器的额定值主要有额定容量、额定电压、额定电流和额定频率。因为额定值通常标注在变压器的铭牌上，故称铭牌值。

1. 额定值

1）额定容量

额定容量是在铭牌上所规定的额定状态下二次绕组的视在功率，其单位为 kVA。对于单相变压器而言，额定容量即变压器二次绕组的额定电压 U_{2N} 与额定电流 I_{2N} 的乘积。

单相变压器的额定容量为：$S_N=\dfrac{U_{2N}I_{2N}}{1\,000}$

三相变压器的额定容量为：$S_N=\dfrac{\sqrt{3}U_{2N}I_{2N}}{1\,000}$

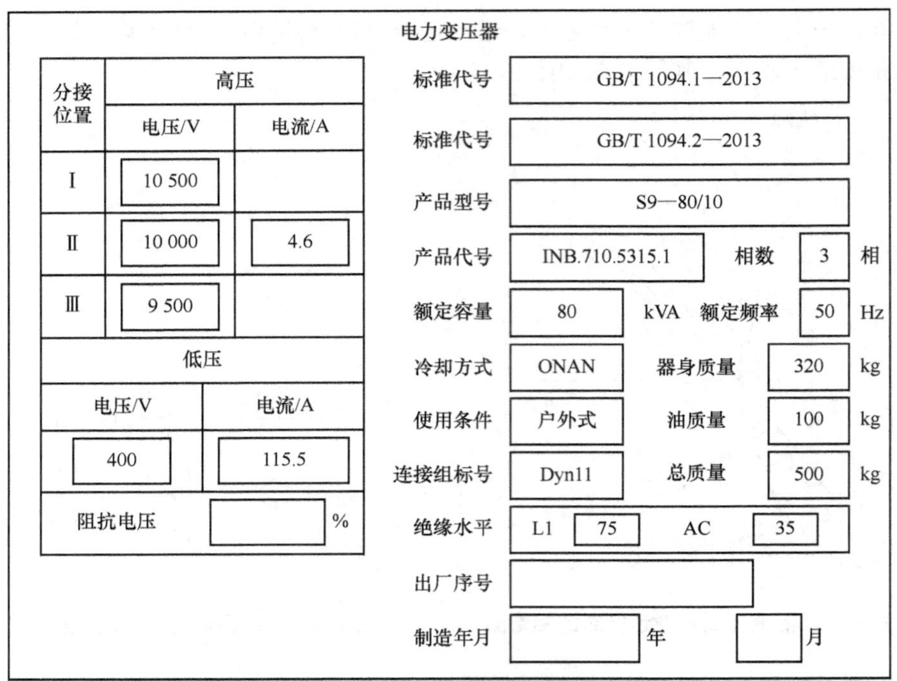

电力变压器
分接位置
高压
电压/V
电流/A
I
10 500
Ⅱ
10 000
4.6
Ⅲ
9 500
低压
电压/V
电流/A
400
115.5
阻抗电压
%
标准代号
GB/T 1094.1—2013
标准代号
GB/T 1094.2—2013
产品型号
S9—80/10
产品代号
INB.710.5315.1
相数
3
相
额定容量
80
kVA
额定频率
50
Hz
冷却方式
ONAN
器身质量
320
kg
使用条件
户外式
油质量
100
kg
连接组标号
Dyn11
总质量
500
kg
绝缘水平
L1
75
AC
35
出厂序号
制造年月
年
月

图 2–13　电力变压器铭牌示例

2）额定电压

（1）一次绕组额定电压

一次绕组额定电压是指变压器在额定运行情况下，加在一次绕组上的正常工作电压，它是根据变压器绝缘等级和允许温升条件规定的。

变压器在额定运行情况下，根据变压器绝缘程度和允许温升所规定的电压，变压器长期运行所能承受的工作电压称为一次侧额定电压，一般用 U_{1N} 表示。

（2）二次绕组额定电压

二次绕组额定电压是指在一次绕组上加额定电压后，二次绕组空载时的电压值，一般用 U_{2N} 表示。在三相变压器中指的是线电压。

3）额定电流

额定电流是指在额定容量下，允许长期通过的电流。它是根据变压器发热条件而规定的满载电流值，一般用 I_{1N} 和 I_{2N} 表示。在三相变压器中，额定电流指的是线电流。

4）额定频率 f_N

额定频率为标定的工业频率，各国标定是有所不同的，我国标定的额定频率为 50 Hz。

2. 产品型号

产品型号表示一台变压器的结构、额定容量、电压等级、冷却方式等内容，其标识方法如图 2–14 所示。

例如，OSFPSZ–250000/220 表示自耦三相强迫油循环风冷三绕组铜线有载调压、额定容量 250 000 kVA、高压侧额定电压 220 kV 的电力变压器。

3. 短路电压

短路电压也称阻抗电压，即一个绕组短路，另一个绕组流过额定电流时的电压值，此值可以在变压器短路试验中测得，通常用额定电压的百分比表示。

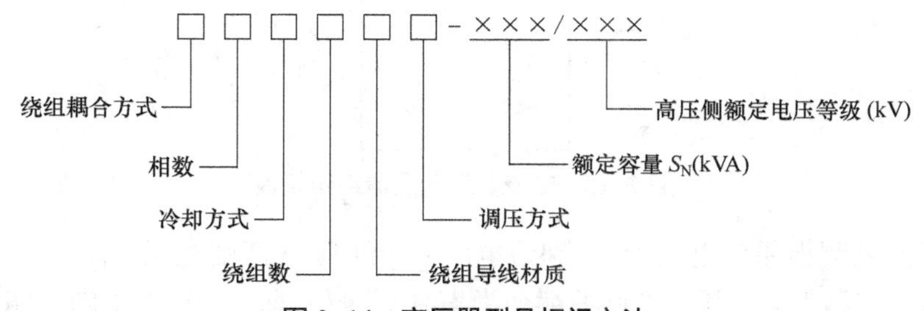

图 2–14　变压器型号标识方法

4. 连接组标号

连接组标号是指三相变压器一、二次绕组的连接方式。Y 指高压绕组做星形连接，y 指低压绕组做星形连接，D 指高压绕组做三角形连接，d 指低压绕组做三角形连接，N 指高压绕组做星形连接时的中性线，n 指低压绕组做星形连接时的中性线。

2.1.5　单相变压器的绕组极性及判定

变压器的绕组极性是指变压器一、二次绕组中的感应电动势的相位关系。如果极性接反，就会把变压器烧毁。因此，我们要学会判定变压器的绕组极性。

1. 单相变压器绕组极性

变压器绕组的极性是指变压器一、二次绕组在同一磁通的作用下所产生的感应电势之间的相位关系。

同极性端（同名端）指的是任何瞬间两绕组中电势极性相同的两个端钮，用星号“*”或黑点“•”表示，如图 2–15 所示。

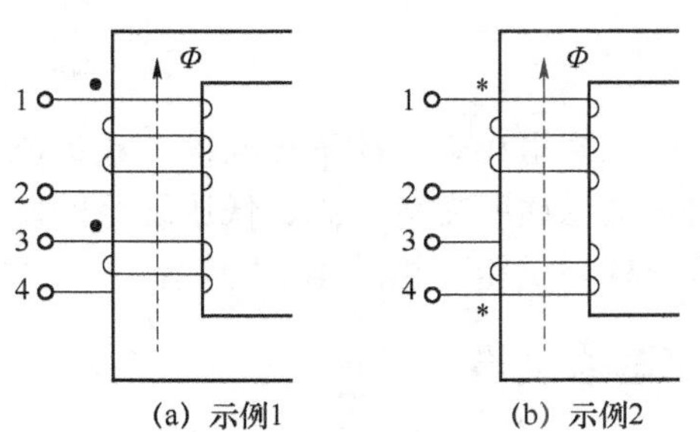

图 2–15　变压器绕组的极性

2. 单相变压器绕组极性的判别

1）分析法

对一、二次绕组的方向，当电流从 1 和 3 流入时，它们所产生的磁通方向相同，因此 1、3 端是同名端，如图 2–15（a）所示。同样，2、4 端也是同名端。当电流从 1、4 流入时，则 1、4 是同名端，如图 2–15（b）所示。

2）交流法（电压表法）

将 2 端和 4 端连起来，如图 2–16 所示。在它的一次绕组上加适当的交流电压，二次绕组开路。工厂中常用 36 V 照明变压器输出的 36 V 交流电压进行测试，测试时方便又安全。

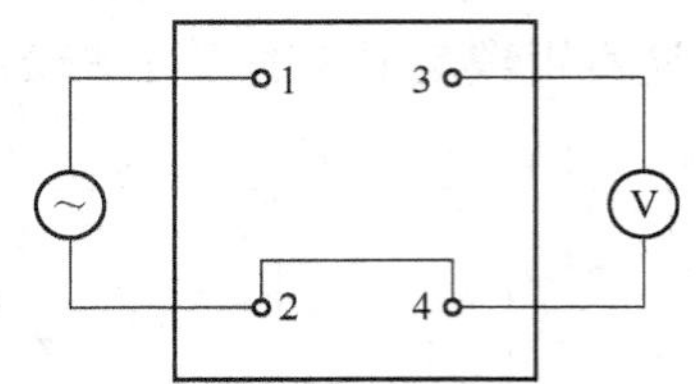

图 2–16 交流法测变压器绕组极性

用电压表分别测出原边电压 U_{12}、副边电压 U_{34} 和 1—3 两端电压 U_{13}。

当 $U_{13}=U_{12}-U_{34}$ 时，1 和 3 是同名端；当 $U_{13}=U_{12}+U_{34}$ 时，1 和 4 是同名端。

注意：采用这种方法，应使电压表的量限大于 $U_{12}+U_{34}$。

3）直流法

直流法测变压器绕组极性的接线图如图 2–17 所示。

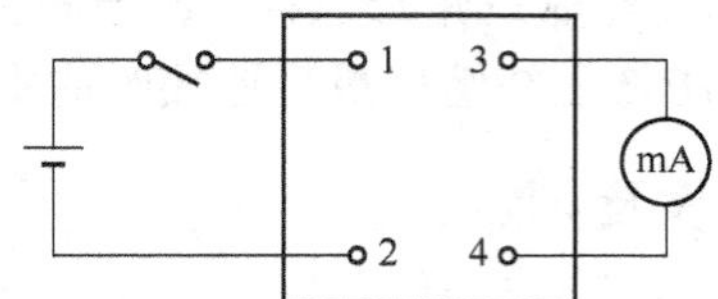

图 2–17 直流法测变压器绕组极性接线图

接通开关，在通电瞬间，注意观察电流计指针的偏转方向。如果电流计的指针往正方向偏转，则表示变压器接电池正极的端头和接电流计正极的端头为同名端（1、3）；如果电流计的指针向负方向偏转，则表示变压器接电池正极的端头和接电流计负极的端头为同名端（2、4）。

采用这种方法，应将高压绕组接电池，以减少电能的消耗；将低压绕组接电流计，以减少对电流计的冲击。

3. 同名端的说明

无论单相变压器的高、低压绕组还是三相变压器同一相的高、低压绕组，都是绕在同一铁心柱上的，因此它们被同一主磁通所交链，高、低压绕组的感应电动势的相位关系只能有两种可能，一种为同相，另一种为反相（相差 180°）。

2.1.6 变压器空载试验和短路试验

1. 空载试验

1）目的

通过测量空载电流和一、二次电压及空载功率来计算变比 k、空载电流 I_0、铁损 P_0 和励磁阻抗 Z_m。

2）接线图

空载试验接线图如图 2–18、图 2–19 所示。

3）参数测量

（1）测变比

在变压器一、二次绕组两边均接上电压表，调节调压器使一次绕组电压达到一次额定电压 U_{1N}，这时二次绕组的开路电压为 U_{2N}。由此可得变压器的变比 k。

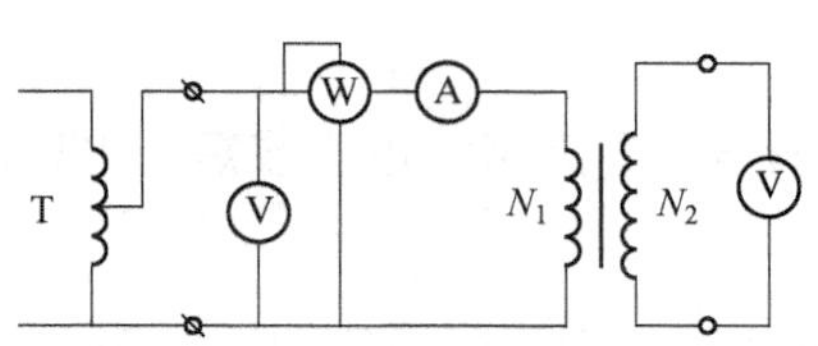

图 2–18　单相变压器空载试验接线图

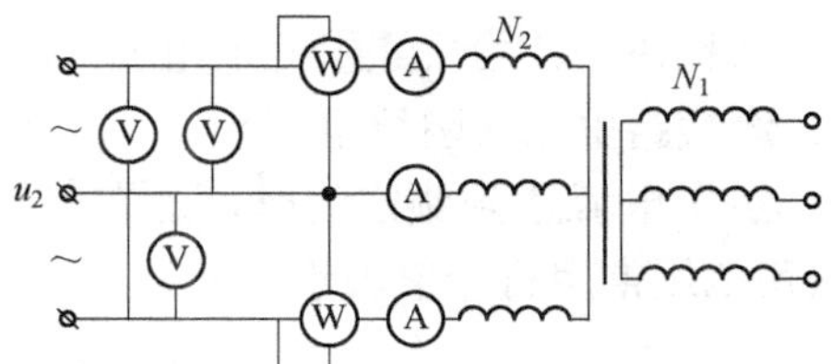

图 2–19　三相变压器空载试验接线图

$$k = \frac{U_{1N}}{U_{2N}}$$

（2）测空载电流 I_0 和铁损 P_0

在一次额定电压 U_{1N}、额定频率作用下，测出 U_{20}、I_0、P_0。因为一次绕组 I_0 很小，铜损可以忽略不计，因此，变压器的输入功率 P_0，可以认为是变压器的全部铁损 P_{Fe}。这时，铁心中的功率损耗达到了额定工作状态下的数值。这样电路图中功率表测得的功率 P_0，就是变压器的空载损耗即铁损 P_{Fe}。

（3）计算励磁阻抗 Z_m

变压器空载运行时产生空载电流 I_0，在铁心中产生交变磁通，交变磁通在一次绕组中产生感应电动势，在铁心中产生铁损，对应交变磁通的电抗和对应铁损的等效电阻之和即为励磁阻抗：

$$Z_m = \frac{U_{1N}}{I_0}$$

2. 短路试验

变压器短路试验的条件：将变压器的低压侧短路，在高压侧加适当的电压值，使其电流为额定电流值。

1）目的

通过测量短路电流、短路电压及短路功率来计算变压器的短路电压百分数、铜损和短路阻抗。

2）短路试验的接线图

短路试验的接线图如图 2–20、图 2–21 所示。

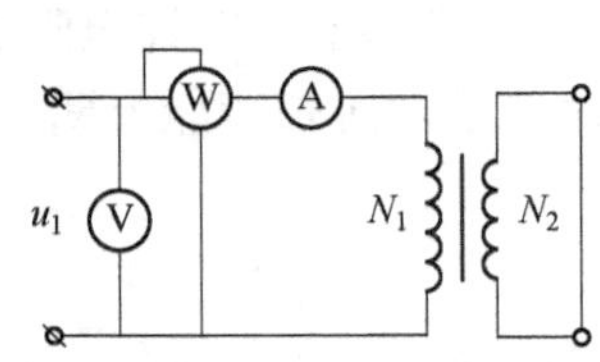

图 2–20　单相变压器短路试验接线图

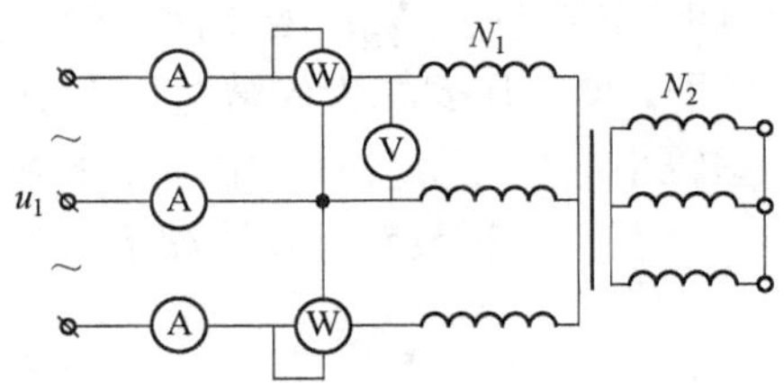

图 2–21　三相变压器短路试验接线图

3）参数测量

（1）测铜损 P_{Cu}

短路试验时，在一次侧所加的电压必须降低，通常使一、二次侧电流达到额定值为止。因为试验电压很低，主磁通很小，可忽略励磁电流和铁损，可以认为变压器从电源输入的功

率 P_1 完全消耗在一、二次绕组的电阻上，即铜损 P_{Cu}。

（2）测短路电压（阻抗电压）

当绕组中电流达到额定值时，加在一次绕组上的电压称为阻抗电压或短路电压，记作 U_K。短路电压常用百分值表示

$$U_K\% = \frac{U_K}{U_{1N}} \times 100\%$$

短路电压的大小直接反映短路阻抗的大小，而短路阻抗又直接影响变压器的运行性能。从正常运行角度看，希望它小些，这样可使副边电压随负载波动小些；从限制短路电流角度，希望它大些，这样短路电流就小些。

（3）计算短路阻抗 Z_K

短路试验时，当一次绕组中电流达到额定值 I_{1N} 时，加在一次绕组上的电压为 U_K；短路阻抗 $Z_K = \frac{U_K}{I_{1N}}$。

2.1.7 变压器的运行特性

1. 变压器的外特性

当变压器一次侧加额定频率的额定电压，且负载功率因数一定时，二次侧端电压 U_2 随负载电流 I_2 的变化关系，即 $U_2=f(I_2)$ 曲线，称为变压器的外特性，如图 2–22 所示。

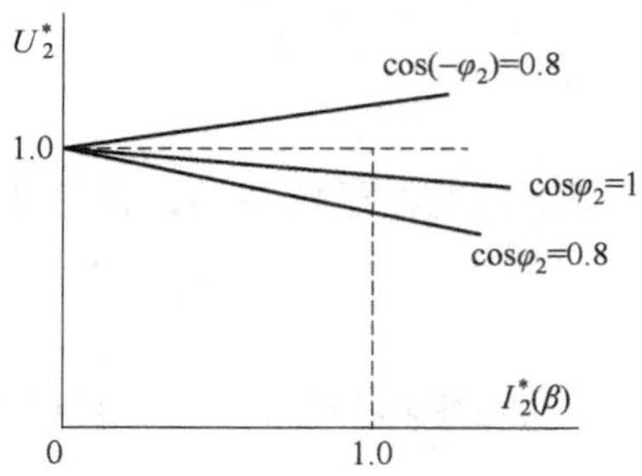

图 2–22 变压器的外特性曲线

当变压器一次绕组接额定电压、二次绕组开路时，二次绕组的端电压即为空载电压 U_{20}，亦是二次侧的额定电压 U_{2N}；若二次侧带上负载，一、二次侧电流分别通过一、二次侧漏阻抗产生内压降，使变压器二次侧端电压有所变化，且随负载的大小而变化。在纯电阻负载时，端电压下垂较小；感性负载时，端电压下垂厉害；容性负载时，端电压却可能上翘。

图中，β 表示负载系数，算法如下：

$$\beta = \frac{I_2}{I_{2N}}$$

2. 电压调整率（$\Delta U\%$）

一般情况下，当负载波动时，变压器的输出电压是波动的。从负载用电的角度来看，希望电源电压尽量稳定。当负载变化时，变压器的输出电压的变化程度可以用电压调整率来描述。

变压器调整率一般是指一次侧加 50 Hz 额定电压，负载功率因数为一定值时，二次侧空载电压 U_{2N} 与带负载后在某功率因数下的二次电压 U_2 之差与二次额定电压的百分比，用$\Delta U\%$表示。

$$\Delta U\%=\frac{U_{2N}-U_2}{U_{2N}}\times 100\%$$

电压调整率表征了电网电压的稳定性，反映了电能的质量，是变压器的主要性能之一。

2.1.8　变压器的损耗、效率及效率特性

1. 变压器的损耗

变压器的损耗主要包括铁损耗（简称铁损）和铜损耗（简称铜损）两种。

1）铁损

铁损包括基本铁损耗和附加铁损耗。基本铁损耗为磁滞损耗和涡流损耗。附加损耗包括由铁心叠片间绝缘损伤引起的局部涡流损耗、主磁通在结构部件中引起的涡流损耗等。

铁损与外加电压大小有关，而与负载大小基本无关，故也称为不变损耗。

2）铜损

铜损也包括基本铜损耗和附加铜损耗。基本铜损耗是指电流在一、二次绕组直流电阻上的损耗；附加损耗包括因集肤效应引起的损耗，以及漏磁场在结构部件中引起的涡流损耗等。

铜损大小与负载电流的平方成正比，故也称为可变损耗。

2. 效率及效率特性

1）效率

效率是指变压器的输出功率 P_2 与输入功率 P_1 的比值，用 η 表示，算式如下：

$$\eta=\frac{P_2}{P_1}\times 100\%$$

效率反映的是变压器运行的经济性能，是表征变压器运行性能的重要指标之一。

$$\eta=1-\frac{\sum P}{P_1}=1-\frac{P_{Fe}+P_{Cu}}{P_2+P_{Fe}+P_{Cu}}$$

变压器效率的大小与负载的大小、功率因数及变压器本身的参数有关。

2）效率特性

在功率因数一定时，变压器的效率与负载电流之间的关系 $\eta=f(\beta)$，称为变压器的效率特性。

变压器的效率特性曲线如图 2–23 所示。

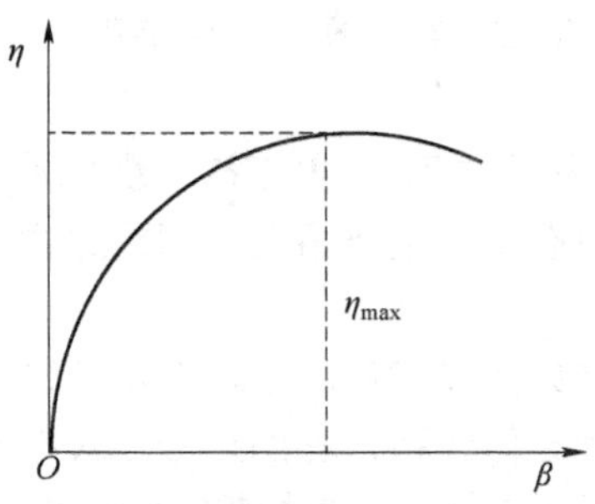

图 2–23　变压器的效率特性曲线

从图 2–23 可以看出，当铜损等于铁损（可变损耗等于不变损耗）时，变压器效率最大。为了提高变压器的运行效益，设计变压器时应使变压器的铁损小些。

任务 2.2 常用变压器的使用与维护

【任务描述】

实际生产中，除了进行电力变换的变压器外，我们还经常用到一些其他用途的变压器，如电流互感器、电压互感器、自耦变压器等。本任务中，通过常用变压器的使用与维护训练，引导学生：了解常用变压器的结构特点及工作特性；掌握常用变压器的使用与维护方法。

【学习目标】

（1）了解电流互感器和电压互感器的结构特点、性能、型号、符号，并掌握其用途、连接方法及使用注意事项。

（2）掌握自耦变压器的结构特点、性能、型号、符号，并掌握其用途、连接方法及使用注意事项。

（3）掌握常用变压器的检测、运行和维护方法。

（4）能对变压器进行日常维护。

（5）能根据故障现象分析和诊断出故障原因并排除故障。

2.2.1 互感器

电力系统中，高电压和大电流不便测量，通常用特殊结构的专用变压器把高电压和大电流变成低电压和小电流后再进行测量。这种用途的变压器称为电压互感器、电流互感器。互感器是电流互感器和电压互感器的合称。

互感器的主要功能如下：

① 可使仪表和继电器标准化，如电流互感器二次绕组的额定电流都是 5 A；电压互感器二次绕组的电压通常都规定为 100 V；

② 可使测量仪表、继电器等二次侧设备与一次侧主电路隔离，从而降低仪表及继电器的绝缘水平，简化仪表构造，同时保证工作人员的安全；

③ 可以避免短路电流直接流过测量仪表及继电器的线圈。

1. 电流互感器

电流互感器

电流互感器简称 CT（文字符号为 TA，单二次绕组电流互感器图形符号为“⏀#”）。这是一种变换电流的设备，主要用在电网线路中的大电流测量。

1）工作原理和接线方式

电流互感器的基本结构原理如图 2–24 所示，它由一次绕组、铁心、二次绕组组成。其结构特点是：一次绕组匝数少且导体较粗，有的型号还没有一次绕组，而是利用穿过其铁心的一次电路作为一次绕组（相当于 1 匝）；二次绕组匝数多，导体较细。

电流互感器的一次绕组串接在一次侧电路中，根据测量的目的不同，二次绕组连接电流表或电度表的电流线圈或与电流继电器的电流线圈串联，形成闭合回路。由于这些电流线圈阻抗很小，所以电流互感器相当于短路运行的升压变压器。工作时，电流互感器二次回路接近短路状

态，副绕组的电动势很小，一般只有几伏特，所以铁心内的磁通也很少。根据电流比公式 $I_1N_1 = I_2N_2$ 得

$$I_1 = \frac{N_2}{N_1} I_2 = k_N I_2$$

式中：k_N 称为电流互感器的额定电流比，标在电流互感器的铭牌上。

使用中，一次绕组串联在被测电路中，流过被测电流。电流测量值等于电流互感器的读数乘以电流比。原边额定电流为 10～15 000 A，副边额定电流均采用 5 A。例如，若电流表的读数为 4 A，额定电流比为 40/5，则被测电流为 $I_1=k_N I_2=40/5\times4=32$（A）。

在实际应用中，与电流互感器配套使用的电流表中的电流已换算成一次绕组的电流，可以直接读出测量数据，不必再进行换算。

电流互感器的图形符号如图 2–25 所示。

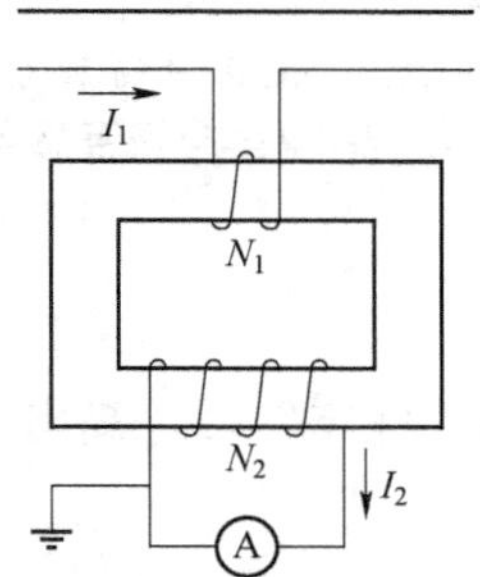

图 2–24　电流互感器的基本结构原理

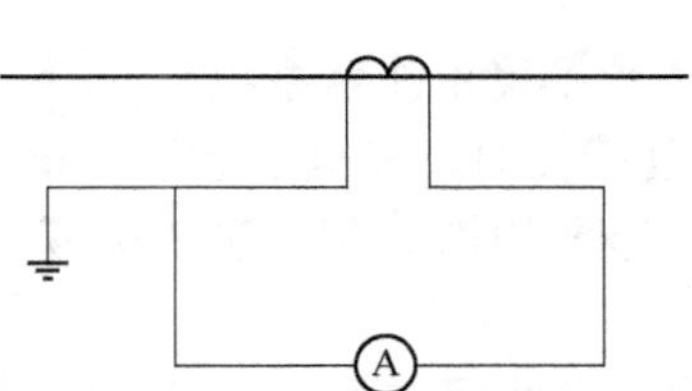

图 2–25　电流互感器图形符号

2）电流互感器种类和型号

① 按一次电压分，有高压和低压两大类；

② 按一次绕组匝数分，有单匝（包括母线式、心柱式、套管式）和多匝式（包括线圈式、绕环式、串级式）；

③ 按用途分，有测量用和保护用两大类；

④ 按绝缘介质类型分，有油浸式、环氧树脂浇注式、干式、SF_6 气体绝缘式等。

3）电流互感器的型号

电流互感器的型号表示和含义如下：

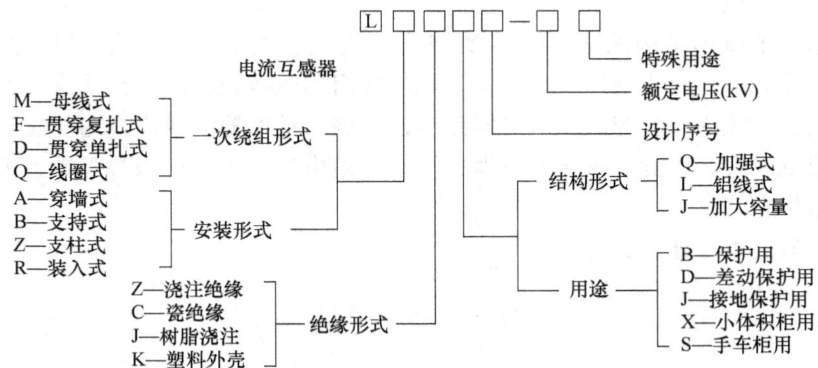

图 2–26、图 2–27 所示是两种典型电流互感器的外形图。

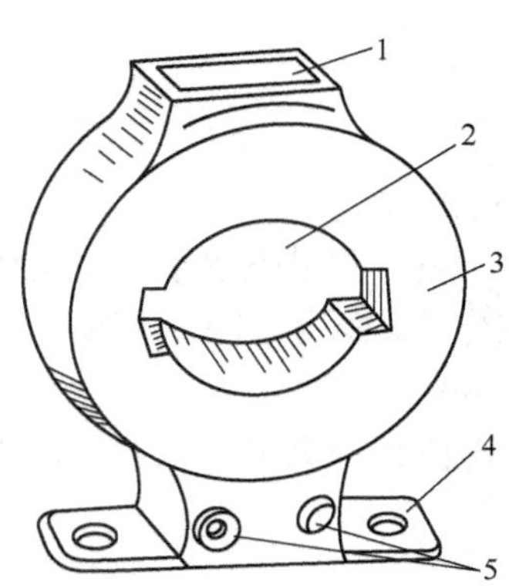

1—铭牌；2—一次母线穿孔；3—铁心（外绕二次绕组）；4—安装板；5—二次绕组接线端子

图 2–26 LMZJ1–0.5 型电流互感器的外形图

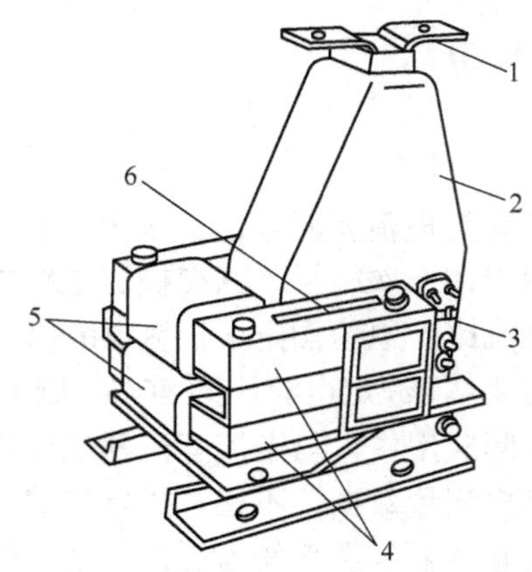

1—一次接线端子；2—一次绕组；3—二次接线端子；4—铁心；5—二次绕组；6—警示牌（二次不得开路）

图 2–27 LQZ–10 型电流互感器的外形图

4）电流互感器使用注意事项

使用电流互感器时，需要注意以下事项：

① 电流互感器的铁心和二次绕组应可靠接地，以防止绝缘击穿后，高电压危及人员和设备安全；

② 二次绕组回路阻抗不应超过规定值，以免增加误差；

③ 电流互感器在接线时，必须注意其端子的极性；

④ 使用过程中，电流互感器二次绕组绝对不能开路。因为二次绕组开路时，互感器处于空载运行状态，此时一次绕组中流过的被测电流全部为励磁电流，使铁心中的磁通急剧增大，造成铁心过热，烧坏绕组。同时，二次绕组匝数多，将感应出很高的电压，危及测量人员和设备安全。所以，在电流互感器工作时，若要检修或拆装电流表或功率表的电流线圈，应先将二次绕组短路。

2. 电压互感器

电压互感器

电压互感器简称 PT。这是一种变换电压的设备，文字符号为 TV，单相式电压互感器图形符号为“∞”。

1）工作原理和接线方式

电压互感器的基本结构原理如图 2–28 所示，它由一次绕组、二次绕组、铁心组成。一次绕组并联在线路上，一次绕组匝数较多，二次绕组的匝数较少，相当于降低变压器。二次绕组的额定电压一般为 100 V。二次侧回路中，仪表、继电器的电压线圈与二次绕组并联，这些线圈的阻抗很大。因此，电压互感器的二次绕组电流很小，近似等于零。工作时二次绕组近似于开路状态。

根据变压器的电压比公式：

$$U_1 = \frac{N_1}{N_2} U_2 = k_u U_2$$

式中：k_u 是电压互感器的变比，一般标在电压互感器的铭牌上。

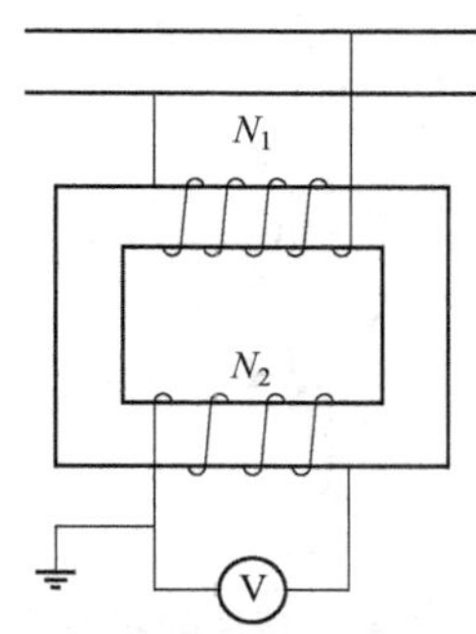

图 2–28　电压互感器的基本结构原理

只要读出二次绕组的电压，一次绕组的电压就可以由上式求出。在实际应用中，与电压互感器配套使用的电压表中的电压已换算成一次绕组的电压，可以直接读出测量数据，不必再进行换算。电压互感器的图形符号如图 2–29 所示。

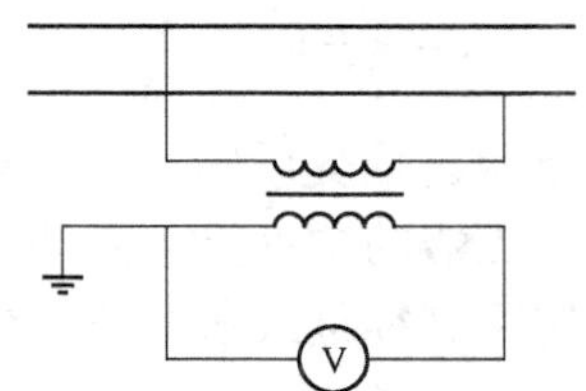

图 2–29　电压互感器的图形符号

2）使用电压互感器时的注意事项

使用电压互感器时的注意事项如下：

① 电压互感器运行时，二次绕组绝不许短路，否则将产生很大的短路电流，导致电压互感器烧坏；

② 为了保证设备和人员安全，电压互感器的铁心和二次绕组有一端必须可靠接地；

③ 电压互感器有一定的额定容量，二次侧回路不宜接入过多仪表，以免影响测量精度；

④ 接线时，必须注意电压互感器端子的极性。

电压互感器有单相和三相两大类。在成套装置内，单相电压互感器较为常见。

2.2.2　自耦变压器

自耦变压器是输入和输出共用一组线圈的特殊变压器。普通双绕组变压器只有磁的耦合，没有电的直接联系，但在自耦变压器的原、副边，这两种联系同时存在，因为自耦变压器的原、副边共用一组线圈，绕在闭合的铁心上，带有可滑动抽头，如图 2–30 所示。由于调节电压方便，自耦变压器在实验、试验中，被广泛使用。

当 AX 间外加交流电压 U_1 时，由于主磁通的作用，在 AX 间产生感应电动势 $E_1=4.44fN_1\Phi_m$，而在 ax 间产生感应电动势 $E_2=4.44fN_2\Phi_m$，如不计算漏磁阻压降，则

$$k=\frac{E_1}{E_2}=\frac{N_1}{N_2}=\frac{U_1}{U_2}$$

当有负载时，假定一次绕组电流为 I_1，负载电流为 I_2，则有以下磁势平衡关系：

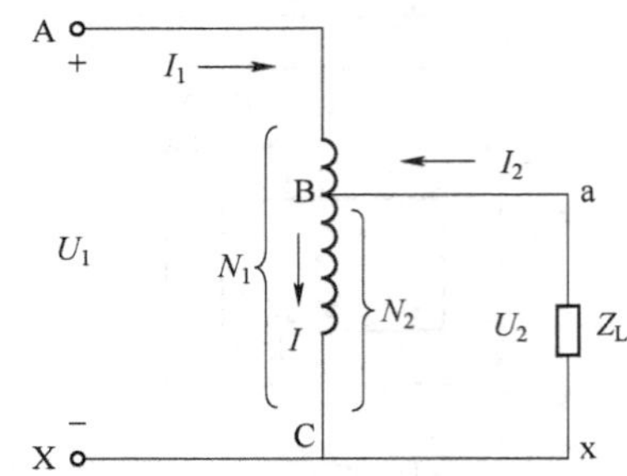

图 2–30 自耦变压器的基本结构原理

$$I_1N_1 + I_2N_2 = I_0N_1$$

因为空载电流 I_0 很小，可以忽略，即 I_0=0。则有

$$I_1N_1 + I_2N_2 = 0$$

整理得

$$I_1 = \frac{N_2}{N_1}I_2 = -\frac{I_2}{k}$$

使用时，要求接线正确，对于单相自耦变压器，要求把一、二次绕组的公用端接零线。这样使用起来较为安全。三相自耦变压器的中性点也必须可靠接地。另外，自耦变压器连接电源之前，一定要把输出电压手柄转回到零位或所需要的电压挡位上。

2.2.3 三相变压器

1. 三相变压器组

由三个单相变压器组成的三相变压器组，属于彼此无关一类，它们的三相主磁通相互独立，互不影响，其基本结构原理如图 2–31 所示。

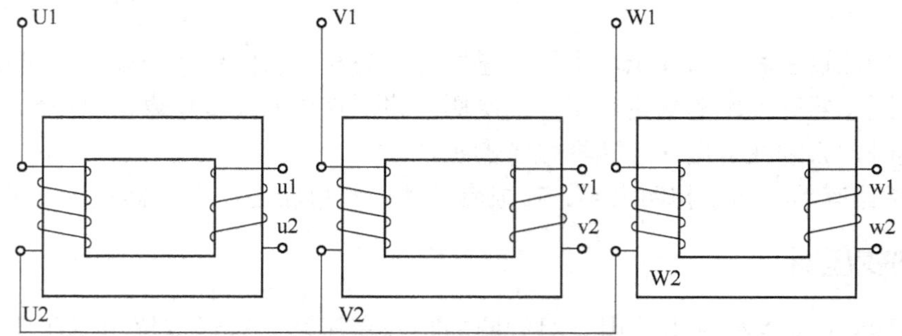

图 2–31 三相变压器组的基本结构原理

2. 三相心式变压器

三相心式变压器将三个单相铁心并成一体，其磁路系统如图 2–32（a）所示。当三相变压器外加三相对称交流电压时，三相主磁通之和为零。因此，中间的铁心无磁通流过，故可取消中间铁心，如图 2–32（b）、图 2–32（c）所示。于是，三相心式变压器就成了目前广泛使用的三相变压器。

三相心式变压器磁路不独立，有共同的磁轭，各相磁通要借助于另外两相磁路闭合。三相磁路是不对称的，中间磁路较两边磁路短，所以中间相的励磁电流较另两相小些，通常为：

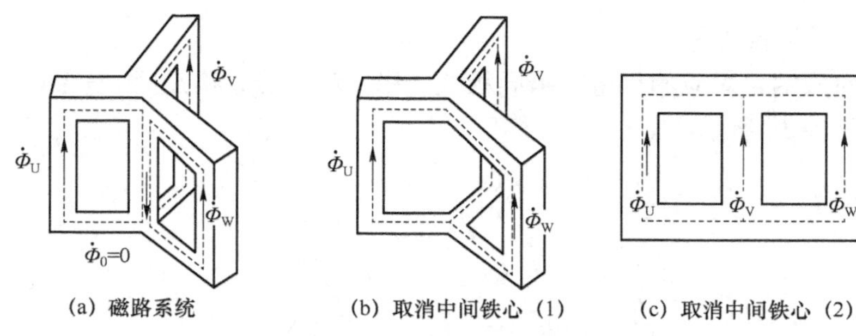

(a) 磁路系统　　(b) 取消中间铁心 (1)　　(c) 取消中间铁心 (2)

图 2–32　三相心式变压器磁路系统

$$I_{0U}=I_{0W}=(1.2\sim1.5)I_{0V}$$

由于空载电流在变压器空载运行时只占其额定电流的很小一部分，因此空载励磁电流的不对称影响就可忽略不计。工程上的空载电流取三相励磁电流的平均值：

$$I_0=\frac{1}{3}(I_{0U}+I_{0V}+I_{0W})$$

由于磁路结构不同，三相心式变压器较三相变压器组用的硅钢片少，效率高，价格便宜，占地面积小，维护简单，因而在各类变压器中被广泛使用。

3. 三相变压器的连接组别

连接组别反映三相变压器连接方式及一、二次绕组线电动势（或线电压）的相位关系。连接组别不仅与绕组的绕向和首末端标志有关，而且还与三相绕组的连接方式有关。

理论和实践证明，无论采用怎样的连接方式，一、二次绕组线电动势的相位差总是 30°的整数倍。因此可以采用时钟表示法——$\dot{E}_{UV}$ 作为时钟的分针，指向 12 点，$\dot{E}_{uv}$ 作为时钟的时针，其指向的数字就是三相变压器的组别号。组别号的数字乘以 30°，就是二次绕组的线电动势滞后于一次绕组线电动势的相位角。连接组别可以用相量图来判断。

1)（Y，y）连接规律

同名端在对应端，对应的相电动势同相位，线电动势 $\dot{E}_{UV}$ 和 $\dot{E}_{uv}$ 也同相位，连接组别为（Y，y0），如图 2–33 所示。

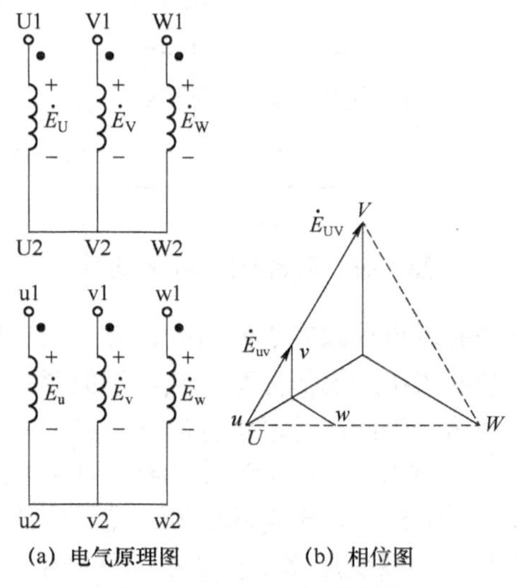

(a) 电气原理图　　(b) 相位图

图 2–33 （Y，y0）连接组

2）（Y，d）连接规律

同名端在对应端，对应的相电动势同相位，线电动势 $\dot{E}_{UV}$ 和 $\dot{E}_{uv}$ 相差 330°，连接组别为（Y，d_{11}），如图 2–34 所示。

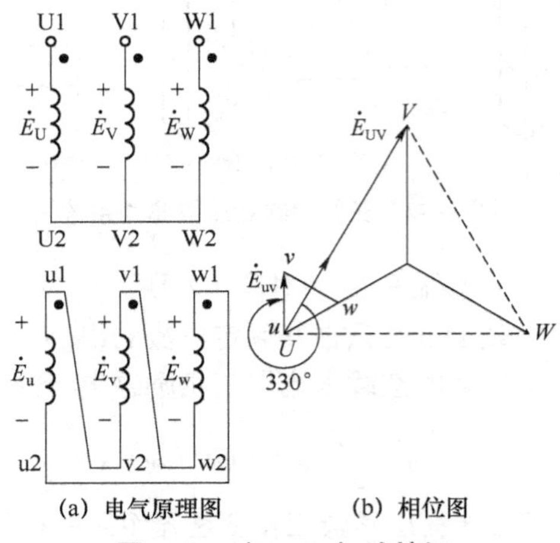

（a）电气原理图　　（b）相位图

图 2–34 （Y，d_{11}）连接组

4. 三相变压器的并联运行

在电力系统中，变压器的并联运行被广泛采用。所谓并联运行，即一、二次绕组分别并在进、出端的公用母线上，如图 2–35 所示。这种并联方式不但可以提高运行的效率和供电的可靠性，而且还可以减小设备容量和总投资。

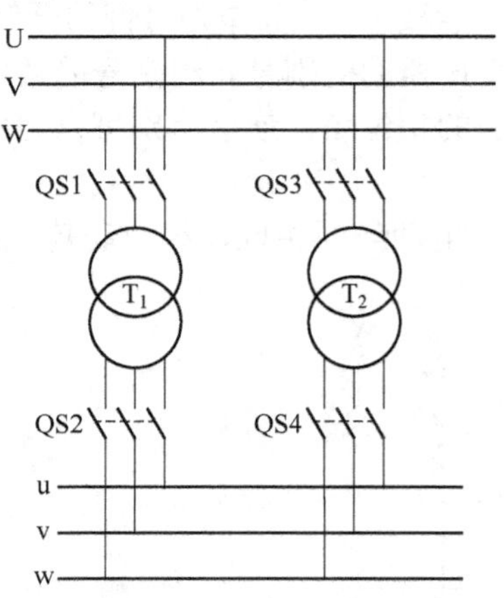

图 2–35 两台变压器并联运行

变压器并联的理想状态是并联母线未带上负载时，各并联变压器之间无环流。带上负载后，各并联变压器能按其容量的大小成比例分配负载，不但要确保变压器的运行安全，还应使变压器的容量得到充分的利用。为此，并联运行的变压器，应满足下列三个条件：

① 各并联变压器的一、二次侧额定电压必须相同，即变比要相等。并联变压器的一、二次侧都接到了相同的母线上，输出端接于电网电源，是固定的，若变比不等，就意味着二次绕组感应电动势不等，于是在并联变压器二次绕组间就产生了较大的环压（电势差），就会在并联变压器中产生大的环流，导致变压器的过热损坏。

② 并联变压器的连接组别必须相同。变压器的组别实质反映了一、二次侧输入电压的相位差，一次侧接的是同一电网电压，说明输入电压是同相的，若组别不同，二次侧输出相位不同，在并联变压器上出现环压。

③ 各并联变压器的阻抗电压要相等。如果两台变压器的变比相等，连接组别相同，但阻抗电压不等。由电工原理可知，并联变压器的负载电流分配是与其阻抗电压值成反比分配的，所以阻抗降压大的变压器分配的负载电流小，阻抗电压小的变压器分配的负载电流大。这就造成了并联变压器负载分配不均，承担重负载的变压器会过热，严重时会损坏。所以，并联变压器阻抗必须相等，允许误差不得超过 10%。

2.2.4　变压器的维护及故障分析处理

1. 变压器的维护

① 检查套管的清洁程度并及时清理，保持磁套管及绝缘子的清洁，防止发生闪络。

② 冷却装置运行时，应检查冷却器进、出油管的蝶阀在开启位置；散热器进风通畅，入口干净无杂物；检查潜油泵转向正确，运行中无异响及明显振动；风扇运转正常；冷却器控制箱内，分路电源自动开关闭合良好，无振动及异常声音；冷却器无渗漏油现象。

③ 保证电气连接的紧固可靠。

④ 定期检查分接开关，并检查触头的紧固性、转动灵活性及接触的定位，以及是否有灼伤、疤痕。

⑤ 每 3 年对变压器的线圈、套管及避雷器进行检测。

⑥ 每年检查避雷器接地的可靠性。避雷器接地必须可靠，而引线应尽可能短。旱季应检测接地电阻，其值不应超过 5 Ω。

⑦ 及时更换呼吸器的干燥剂。

⑧ 定期试验消防设施。

2. 变压器的故障分析处理

1）绝缘降低

运行中，变压器往往会出现绝缘降低的现象。绝缘降低最基本的特点，是绝缘电阻下降，造成运行泄漏电流增加，发热严重，温升增高，从而进一步促进绝缘老化。若延续下去，后果非常严重。绝缘下降的原因之一是绝缘受潮；原因之二是绝缘老化，一些年久失修的老变压器，最容易出现这类故障；原因之三是油质劣化，绝缘性变差。

2）温升过高

温升过高最明显的特征是电流表指针超过了预定界限。温升过高的原因如下：

① 电流过大，负荷过重，超过变压器容量允许限度；

② 通风不良。

3）变压器内部损坏

变压器内部损坏包括线圈损坏、短路、油质不良等，应当针对损坏情况进行处理。

4）声响异常

变压器运行正常时，发出连续匀称的嗡嗡声。变压器发出“吱吱”声时，说明表面有闪络，应检查套管。变压器有“哔剥”声时，说明有击穿现象，可能发生在线圈间或铁心与夹件间。

5）气体继电器动作

气体继电器动作的原因如下：

① 油位降低，属二次侧回路故障，从外部检查即可确定；

② 滤油、加油或冷却系统不严密，使空气进入变压器。

6）变压器自动装置跳闸

此时应检查外部有无短路、过负荷和二次线路故障。如故障原因不在外部，则需要检查绝缘电阻。若失火，则需要拉闸放油，使油面低于着火处，并进行灭火。

3. 试验、故障原因及检查

变压器的试验、故障原因及检查方法如表 2–1 所示。

表 2–1　变压器的试验、故障原因分析及检查方法

试验项目	试验结果	故障原因	检查方法
线圈—线圈，线圈—地绝缘电阻测量（用 2 500 V 摇表）	绝缘电阻为零	线圈对地或线圈与线圈之间有击穿现象	解体检查线圈和绝缘
	绝缘电阻值较前一次测量降低 4%以上（温度换算后）	绝缘受潮	用 2 500 V 摇表测量吸收比“R_{60}/R_{15}”（要求大于 1.3）
线圈—线圈、线圈—地绝缘电阻测量（用 2 500 V 摇表）	线圈间及每相间的绝缘电阻不相等	可能是套管损坏	将套管与线圈间的引线拆除，单独测线圈对油箱或套管对箱盖的绝缘电阻
线圈直流电阻试验	分接开关接触不同分接位置时直流电阻相差很大	分接开关接触不良，触头有污垢，分接头与开关的连接位置有错误（未经拆卸检修的变压器，不可能发生这种情况）	吊出器身，检查分接开关与分接头的连接状况，以及分接开关的接触状况
	每相电阻之差与三相电阻平均值之比超过 4%	线圈出头与引线的连接处焊接不良、接触不良，匝间有短路，引线与套管间的连接不良	分段测量直流电阻，若匝间短路，可由空载试验发现，此时空载耗损显著增大
空载试验	空载耗损与电流值非常大	铁心螺杆或铁轭螺杆与铁心有短路处，接地片装得不正确构成短路，匝间短路	吊出器身，检查接地情况及匝间短路处，用 1 000 V 摇表测铁轭螺杆的绝缘电阻，检查夹件的绝缘状况
	空载耗损非常大	铁心片间绝缘不良	用直流电压、电流法测片间漆膜绝缘电阻
	空载电流很大	铁心接缝装配不良，硅钢片不足量	吊出器身检查，观察铁心接缝及测量铁轭截面
短路试验	阻抗电压很大	各部分接触不良（如套管与开关等）	分段测量直流电阻
	短路耗损过大	并联导线中有断裂，换位不正确，导线截面较小	将低压短路，当高压 Y 接线时，分别在 AB、BC、CA 线端施压，进行三次短路试验，对每次测量的结果加以分析比较；当高压接线时，应分别短接一相
线圈连接组测量	所得结果同任一连接组均不相符（未经拆卸检修的变压器不可能发生这种情况）	某相线圈中有一个线圈方向反了	进行连接组测量，找出线圈接错部位

4. 变压器故障分析

表 2–2 给出的是变压器的故障现象、产生原因及检查方法。

表 2–2　变压器故障、原因分析及检查方法

故障	现象	产生原因	检查方法
1. 铁心部分			
铁心片间绝缘损坏	空载损耗增大； 油质变坏（油的闪燃点降低，酸价增高，击穿电压降低）	铁心片间绝缘老化，有局部损坏	吊出器身进行外观检查，可用直流电压、电流法测片间绝缘电阻
铁心片局部短路和铁心局部烧毁	① 浮子继电器内有气体； ② 信号回路动作； ③ 油的闪燃点降低； ④ 油色变黑并有特殊气味	① 铁心或铁轭螺杆的绝缘损坏； ② 故障处有金属件将铁心片短路； ③ 片间绝缘损坏严重； ④ 接地方法不正确构成短路	吊出器身进行外观检查，可用直流电压、电流法测片间绝缘电阻
接地片断裂	当高压升高时，内部可能发生轻微放电声		吊出器身，检查接地片
不正常的响声或噪声		① 铁心迭片中缺片或多片； ② 铁心油道内或夹件下面有未夹紧的自由端； ③ 铁心紧固件松动	① 应补片或抽片，确保铁心夹紧； ② 将自由端用纸板塞紧压住； ③ 检查紧固件并予以加固
2. 绝缘油			
油质变坏		油中有气体溶解	分析油质
3. 线圈			
匝间短路	① 浮子继电器内气体呈灰白色或蓝色； ② 跳闸回路动作	由于自然损坏、散热不良或长期过负载，使匝间绝缘老化	吊出器身，外观检查
匝间短路	① 油温增高； ② 油有时发生“咕嘟”声； ③ 一次电流略增高； ④ 各相直流电阻不平衡； ⑤ 故障严重时，差动保护动作，如在供电侧装有过电流保护装置时也要动作	① 由于变压器短路或其他故障，使线圈受到震动与变形，损伤匝间绝缘； ② 线圈绕制时未发现的缺陷（如导线有毛刺、导线焊接不良和导线绝缘不完善），或者线匝排倒与换位、线圈压装等不正确，使绝缘受到损伤	① 测直流电阻； ② 将器身置于空气中，在线圈上施加不超过 15 kV 的电压做空载试验，如有损坏点，则会冒烟或者损坏显著增大
线圈断线	断线处发生电弧，使油分解，促使浮子继电器动作	① 由于连接不良或短路应力使引线断裂； ② 导线内部焊接不良、匝间短路，使线匝烧断	吊出器身检查。如线圈为三角接法，可用电流表检查线圈的相电流或测直流电阻；如有一相断线，则在三相三次测量中，有两次测得电阻值相近似，而另一次为前两次的两倍，即表明该相有故障；如未完全断线，则第三次测的结果仅比前两次略大。如为星形接法，可测直流电阻或用摇表检查
对地击穿	浮子继电器动作	① 主绝缘因老化而有破裂、折磨等缺陷； ② 绝缘油受潮； ③ 线圈内有杂物落入； ④ 过电压的作用； ⑤ 短路时线圈变形损坏	① 用摇表测线圈对油箱的绝缘电阻； ② 将油进行简化试验（试验油的击穿电压）； ③ 吊出器身检查
线圈相间短路	① 浮子继电器差动保护、过电流保护均发生动作； ② 安全气道爆炸	原因与对地击穿相似，也可能由于引线间短路或套管间短路等引起	吊出器身检查
4. 分接开关			
触头表面熔化和灼伤	浮子继电器动作，有时差动保护和过电流保护装置也动作	结构与装配上存在缺陷，如接触不可靠、弹簧压力不够、短路时触头过热	① 用摇表检查有无断裂处； ② 吊出器身做外部检查； ③ 测量分接时的直流电阻

续表

故障	现象	产生原因	检查方法
相间触头放电或各分接头放电	① 浮子继电器动作； ② 安全气道爆炸	① 过电压作用； ② 变压器内部有灰尘或受潮； ③ 绝缘受潮	① 用摇表检查； ② 吊出器身检查
5. 浮子继电器			
信号回路动作		① 继电器中有气体； ② 油面下降； ③ 变压器线端短路时油面有振荡	分析气体的数量、颜色、气味和可燃性等
跳闸回路动作		① 油面急剧下降； ② 变压器内有严重故障； ③ 产生大量可燃性气体	① 分析气体性质，将油进行简化试验； ② 分析油面急剧下降的原因
6. 套管			
对地击穿	外部保护装置动作	瓷件表面较脏或有裂纹	用摇表检查
套管间放电	外部保护装置动作	套管间有杂物存在	外部检查

思考与练习 2

一、填空题

1. 变压器的基本结构主要由（　　　）和（　　）组成。
2. 变压器的铁损耗主要是指铁心中的（　　　）和（　　　）。
3. 变压器一、二次绕组的电压与匝数成（　　　），一、二次电流与匝数成（　　　）。

二、判断题

（　　）1. 变压器是利用电磁感应原理，将电能从一次绕组传输到二次绕组的。

（　　）2. 电流互感器的二次绕组不允许短路。

（　　）3. 变压器匝数少的一侧电流大，电压高。

（　　）4. 变压器的铁损耗主要是指电流在一、二次绕组的电阻上产生的损耗。

（　　）5. 变压器一次侧与二次侧均开路的工作方式称为空载运行。

（　　）6. 自耦变压器的一次绕组与二次绕组之间只有磁的耦合，而没有电的直接联系。

（　　）7. 变压器是利用电磁感应原理将一种电压等级的直流电能转变为另一种电压等级的直流电能。

（　　）8. 变压器的二次绕组就是低压绕组。

（　　）9. 变压器的额定容量指的是在额定工作状态下，二次绕组的视在功率。

（　　）10. 变压器的铁心为了提高导电性能，一般由薄铜片堆叠而成。

（　　）11. 变压器既可以变换电压、电流和阻抗，又可以变换频率和功率。

（　　）12. 电压互感器的二次绕组允许短路。

三、选择题

1. 变压器空载运行状态指的是（　　）。

A. 一次绕组接电网，二次绕组开路　　B. 一次绕组接电网，二次绕组接负载

C. 一次绕组开路，二次绕组接负载　　D. 一次绕组开路，二次绕组也开路

2. 变压器的铁心采用硅钢片制成，这是为了（　　）。

A. 减轻重量　　B. 减少铁损　　C. 减小尺寸　　D. 拆装方便

3. 变压器容量，即（　　）功率，其单位是（　　）。

A. 有功/kW　　B. 视在/kvar

C. 视在/kVA　　D. 无功/kVA

4. 如图 2-36 所示，利用直流法测量单相变压器的同名端。1、2 为一次绕组的抽头，3、4 为二次绕组的抽头。当开关闭合时，直流电流表正偏。这说明（　　）。

A. 1、3 同名　　B. 1、4 同名　　C. 1、2 同名　　D. 3、4 同名

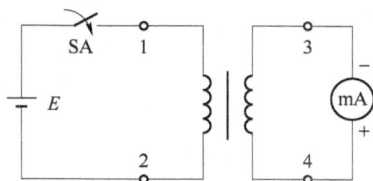

5. 某三相变压器的连接组标号为 D，yn11，该变压器的连接方式为（　　）。

A. 高压绕组为三角形连接，低压绕组为带中性线的星形连接

B. 高压绕组为三角形连接，低压绕组为星形连接

C. 高压绕组为星形连接，低压绕组为三角形连接

D. 高压绕组为带中性线的星形连接，低压绕组为三角形连接

6. 将变压器的一次侧绕组接交流电源，二次侧绕组与负载连接，这种运行方式称为（　　）运行。

A. 空载　　B. 过载　　C. 负载　　D. 满载

7. 为保证互感器的安全使用，要求互感器（　　）。

A. 只金属外壳接地即可

B. 只二次绕组接地即可

C. 只铁心接地即可

D. 必须铁心、二次绕组、金属外壳都接地

8. 变压器的基本工作原理是（　　）。

A. 电磁感应　　B. 电流的磁效应

C. 楞次定律　　D. 磁路欧姆定律

9. 变压器接交流电源，空载时也会有损耗，这种损耗的大部分是（　　）。

A. 铜损耗　　B. 铁损耗　　C. 负载损耗　　D. 摩擦损耗

四、计算题

1. 有一台扩音机，输出电路的输出阻抗为 Z_1=512 Ω，接入的扬声器阻抗为 Z_2=8 Ω，现加接变压器，使两者实现阻抗匹配，求：

（1）变压器的变比 k？

（2）若该变压器一次侧绕组匝数 N_1=560 匝，问二次侧绕组匝数 N_2 为多少？

2. 有一台三相异步电动机，额定电压为 380 V，额定电流为 150 A，现在有 k_N=100/5、

200/5、1 000/5 等规格的电流互感器可供选择，试：

（1）选择电流互感器的规格；

（2）计算流过电流表的实际电流。

3. 低压照明变压器一次侧绕组电压 U_1=220 V，一次侧绕组的匝数 N_1=660 匝，现在要求二次侧绕组输出电压 U_2=36 V，求：

（1）该变压器的变压比 k；

（2）二次侧绕组的匝数 N_2。

项目 3　电动机的使用与维护

【项目描述】

电动机是工厂和日常生活中应用广泛的电气设备。电工作业人员从业的基本条件之一是掌握常用电气设备的安装、运行、维护、检修、调试等方法。

本项目通过常用电动机的使用与维护训练，主要介绍交、直流电动机的结构、工作原理、铭牌中型号及额定值的意义、运行特性，以及常用电动机的用途、运行及维护方法。

任务 3.1　三相异步电动机的运行与维护

【任务描述】

电动机是工厂和日常生活中应用广泛的电气设备，它可将电能转变为机械能。电动机种类繁多，我们以应用较广的三相异步电动机、直流电动机为例，来介绍电动机的工作原理、结构、种类及用途。本任务主要介绍三相交流异步电动机的结构、工作原理、种类、型号、铭牌数据的含义、运行特性，为正确使用和维护电动机打基础。

【学习目标】

（1）了解三相异步电动机的结构、工作原理、种类、型号及铭牌数据的含义。

（2）掌握三相异步电动机的运行特性。

（3）掌握三相异步电动机的机械特性。

（4）掌握三相异步电动机的起动、调速、制动方法。

（5）能正确使用三相异步电动机，并能正确处理三相异步电动机的常见故障。

3.1.1　电动机简介

电动机介绍

1. 电动机的分类

电动机应用广泛，种类繁多，主要有以下几种分类方法。

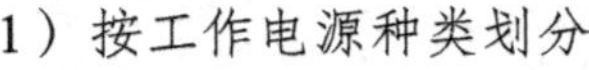
1）按工作电源种类划分

按工作电源种类划分，可分为直流电动机和交流电动机。直流电动机又划分为串励直流电动机、并励直流电动机、他励直流电动机和复励直流电动机。交流电动机分为单相电动机和三相电动机。

2）按结构和工作原理划分

按结构和工作原理划分，可分为直流电动机、异步电动机、同步电动机。异步电动机的转子转速总是略低于旋转磁场的同步转速。同步电动机的转子转速与负载大小无关，始终保持为同步转速。

3）按起动与运行方式划分

按起动与运行方式划分，可分为电容起动式单相异步电动机、电容运转式单相异步电动机、电容起动运转式单相异步电动机和分相式单相异步电动机。

4）按转子的结构划分

按转子的结构划分，可分为笼型感应电动机（旧标准称为鼠笼型异步电动机）和绕线转子感应电动机（旧标准称为绕线型异步电动机）。

2. 异步电动机的应用及优缺点

异步电动机广泛应用于工农业生产中，例如机床、水泵、冶金、矿山设备与轻工机械等都用它作为原动机，其容量从几千瓦到几千千瓦不等。日益普及的家用电器，例如洗衣机、风扇、电冰箱、空调器中均采用单相异步电动机，其容量从几瓦到几千瓦不等。

异步电动机也可以作为发电机使用，如小型水电站、风力发电机也可采用异步电动机。异步电动机之所以得到广泛应用，主要由于它有以下优点：结构简单、运行可靠、制造容易、价格低廉、坚固耐用，而且有较高的效率和相当好的工作特性。

异步电动机的主要缺点是：目前尚不能经济地在较大范围内平滑调速，而且它必须从电网吸收滞后的无功功率。虽然异步电动机的交流调速已有长足进展，但成本较高，尚不能广泛使用。在电网负载中，异步电动机所占的比重较大，这个滞后的无功功率对电网而言是一个相当重的负担，它增加了线路损耗，妨碍了有功功率的输出。在负载要求电动机单机容量较大而电网功率因数又较低的情况下，最好采用同步电动机来拖动。

3.1.2 三相异步电动机的结构

三相异步电动机的结构

三相异步电动机主要由固定不动的定子和旋转的转子两部分组成，定子、转子之间有气隙，在定子两端有端盖支撑转子。异步电动机的定子相数有单相、三相两类。三相异步电动机转子结构有笼型和绕线式两种，单相异步电动机转子都是笼型。三相笼型异步电动机的结构如图 3–1 所示。

1. 定子

定子是电动机固定不动的部分，作用是产生旋转磁场。它主要由定子铁心、定子绕组和机座等组成。

1）定子铁心

定子铁心的作用有两个，一是作为电动机磁路的一部分；二是嵌放定子绕组。

为了减少交变磁场在铁心中引起的损耗，铁心一般用互相绝缘、导磁性能良好、损耗小、厚度为 0.5 mm 的低硅钢片（冲片）叠成圆筒形状，如图 3–2 所示。

为了嵌放定子绕组，在定子冲片中均匀地冲制若干个形状相同的槽。槽形有三种：半闭口槽、半开口槽、开口槽，如图 3–3 所示。不同的槽适用于不同的应用，具体如下：

① 半闭口槽适用于小型异步电机，其绕组是用圆导线绕成的；

② 半开口槽适用于低压中型异步电机，其绕组是成型线圈；

③ 开口槽适用于高压大中型异步电机，其绕组是用绝缘带包扎并浸漆处理过的成型线圈。

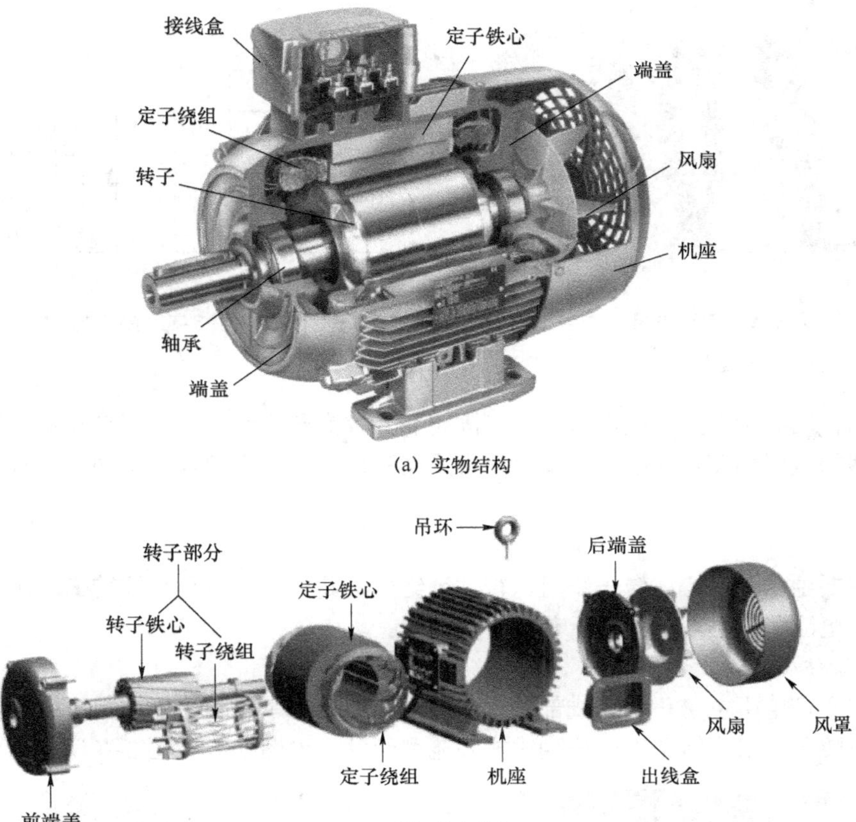

(a) 实物结构

(b) 组成结构

图 3–1　三相笼型异步电动机的结构图

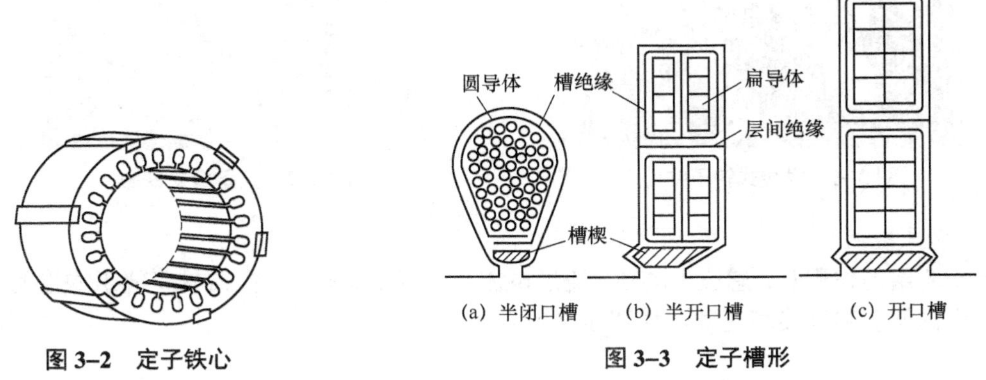

(a) 半闭口槽　(b) 半开口槽　(c) 开口槽

图 3–2　定子铁心　　**图 3–3　定子槽形**

2）定子绕组

定子绕组是电机的电路，其作用是感应电动势、流过电流、实现机电能量转换。定子绕组由许多线圈连接而成，线圈由带有绝缘的铜导线或铝导线绕制而成，如图 3–4 所示。定子绕组在槽内部分必须与铁心可靠绝缘，绝缘材料及其厚度由电机耐热等级和工作电压决定。

三相定子绕组的三个首端和三个末端分别接在电动机出线盒的 6 个接线柱上，其连接方式根据实际需要确定，通常接成星形或“D”形，如图 3–5 所示。

图 3–4 定子绕组

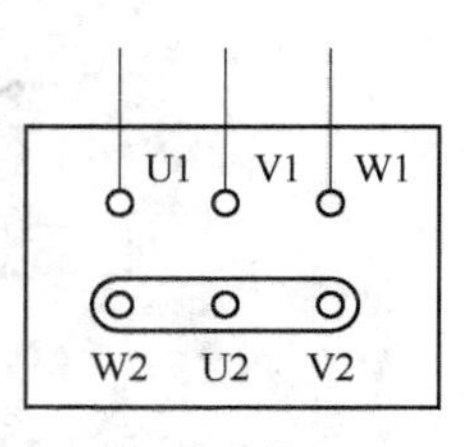

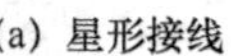

(a) 星形接线

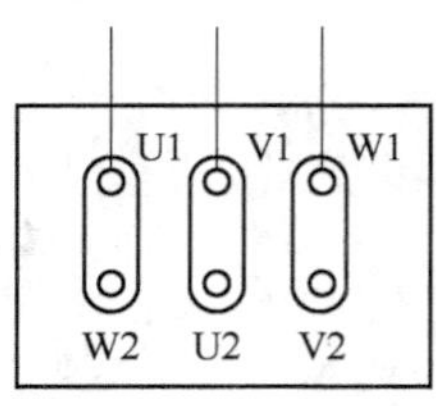

(b) “D”形接线

图 3–5 接线盒

3）机座

机座的作用有两个，一是用来安装、固定和支撑定子铁心；二是固定端盖。因此，要求机座有足够的机械强度，中小型异步电动机采用铸铁机座，大型异步电动机一般采用钢板焊接机座。

2. 转子

转子主要由转子铁心、转子绕组、转轴等组成，其主要作用是在旋转磁场作用下感应电动势、流过电流和产生电磁转矩，获得转动力矩。

1）转子铁心

转子铁心是电机主磁路的组成部分，一般由 0.5 mm 厚的硅钢片冲制后叠压而成，用于放置或浇注转子绕组。转子铁心分绕线式和笼型两种，如图 3–6 和图 3–7 所示。

图 3–6 绕线式转子铁心

图 3–7 笼型转子铁心

2）转子绕组

转子绕组的作用是：感应电动势、流过电流和产生电磁转矩。按照转子绕组构造的不同，转子分为鼠笼型和绕线型两种，如图 3–8 所示。

(a) 鼠笼型转子 (b) 绕线型转子

图 3–8 三相异步电动机的转子

（1）鼠笼型转子绕组

在转子铁心均匀分布的每个槽内各放置一根导体，在铁心两端放置两个端环，分别把所有的导体伸出槽外部分与端环连接起来。如果去掉转子铁心，则剩下来的绕组的形状就像一个松鼠笼子，如图 3–9 所示，因而称为鼠笼型转子绕组。鼠笼型转子绕组可以用铜条焊接而成，也可以用铝浇铸而成（见图 3–10）。

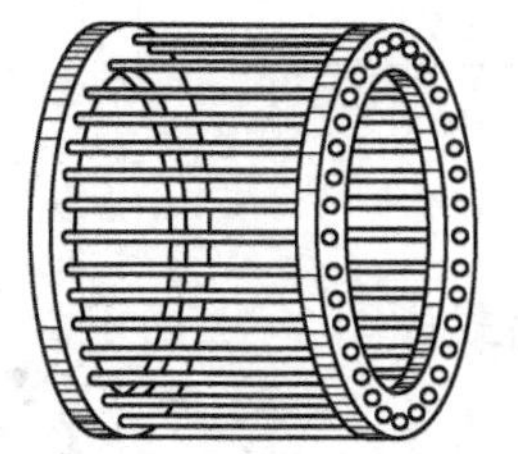

图 3–9　去掉铁心的鼠笼型转子绕组

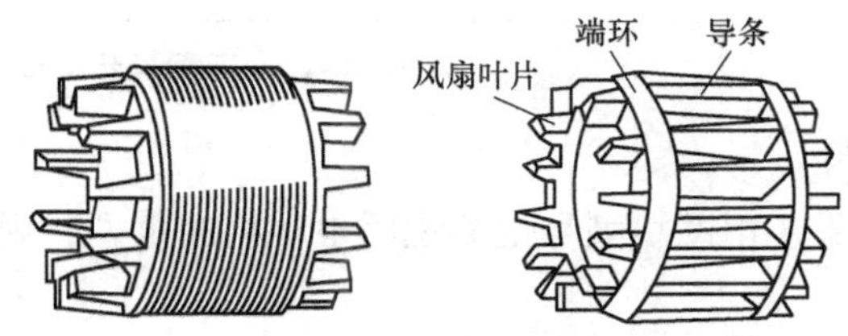

图 3–10　鼠笼型铸铝转子绕组

（2）绕线型转子绕组

绕线型转子绕组是与定子绕组相似的对称三相绕组，一般接成星形，将三个出线端分别接到转轴的三个滑环上，再通过电刷引出电流，如图 3–11（a）所示。绕线型转子绕组的特点是可以通过滑环电刷在转子回路中接入附加电阻，以改善电动机的起动性能、调节其转速，其外形和接线示意图如图 3–11（b）、图 3–11（c）所示。

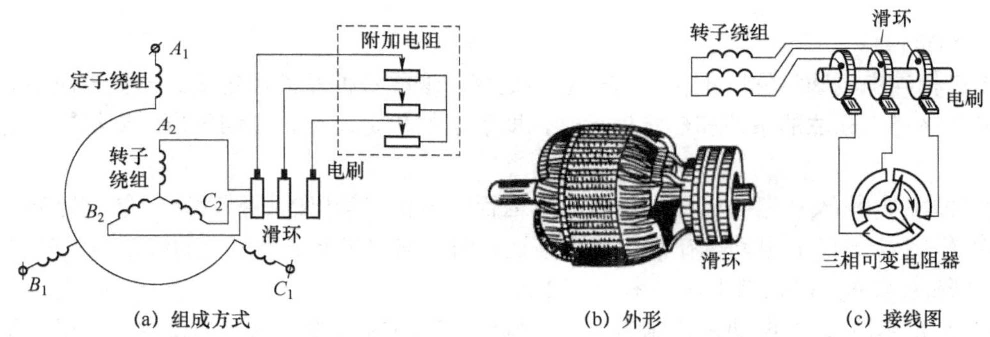

图 3–11　绕线型转子绕组

3）转轴

转轴由低碳钢或合金钢制成，起支撑转子铁心和输出机械转矩的作用。

4）气隙

异步电动机定子、转子之间气隙很小，对于中小型异步电动机，气隙一般为 0.2～1.5 mm。

气隙大小对异步电动机的性能影响很大。为了降低电动机的空载电流和提高电动机的功率，气隙应尽可能小，但气隙太小又可能造成定子、转子在运行中发生摩擦，因此异步电动机气隙长度应为定子、转子在运行中不发生机械摩擦所允许的最小值。

3.1.3　三相异步电动机铭牌上的数据

电动机铭牌上标示的有关电量和机械量的数值，是厂家依据国家的有关标准制定的，称为额定值。三相异步电动机的铭牌如图 3–12 所示。

三相异步电动机					
型号	Y160L-4	功率	15 kW	频率	50 Hz
电压	380 V	电流	30.3 A	接法	△
转速	1 440 r/min	温升	80 ℃	绝缘等级	B
工作方式	连续	重量	45 kg		
		年　月　日	编号	××电机厂	

图 3–12　三相异步电动机的铭牌

1. 型号

三相异步电动机型号主要说明电动机的机型、规格，其格式如图 3–13 所示。

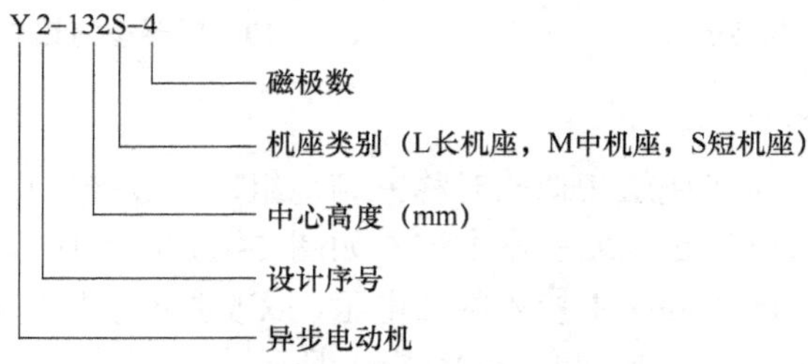

图 3–13　三相异步电动机的型号格式

2. 额定值

在三相异步电动机铭牌上标注有一系列数据，这些数据即为额定值。一般情况下，电动机都按其铭牌上标注的条件和额定值运行，即所谓的额定运行。三相异步电动机的额定值主要有：

① 额定功率 P_N：电动机在额定情况下运行，由轴端输出的机械功率，单位为 W、kW。

② 额定电压 U_N：电动机在额定情况下运行时，施加在定子绕组上的线电压，单位为 V。

③ 额定频率 f_N：我国电网频率为 50 Hz。

④ 额定电流 I_N：电动机在额定电压、额定频率下轴端输出额定功率时，定子绕组的线电流，单位为 A。

⑤ 额定转速 n_N：电动机在额定电压、额定频率、轴端输出额定功率时，转子的转速，单位为 r/min。

对于三相异步电动机，额定功率为：

$$P_N = \sqrt{3} U_N I_N \eta_N \cos\varphi_N$$

式中：η_N 为额定运行时的效率；$\cos\varphi_N$ 为额定功率因数，即电动机额定状态运行时，定子回路的功率因数。

额定输出转矩为：

$$T_{2N} = 9\,550 \frac{P_N}{n_N}$$

3. 连接方法

连接方法简称接法，指的是三相定子绕组的接线方法。电动机出线盒中有 6 个接线柱，分上下两排，用金属连接板可以把三相定子绕组接成星形（Y形）或三角形（△形）。星形接法是把三个末端连接在一起，三角形接法是首尾相接，如图 3–14 所示。

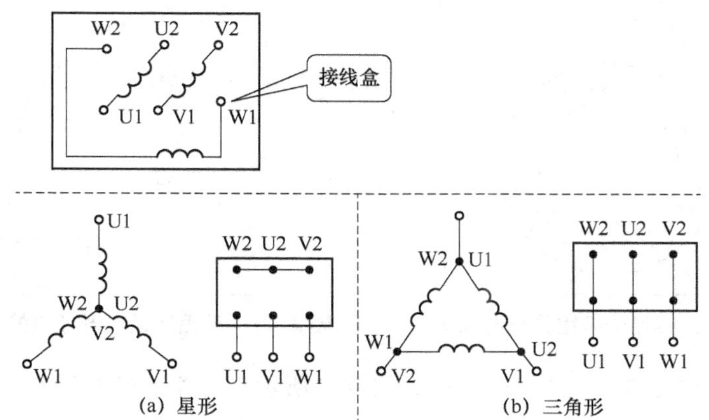

图 3–14 三相异步电动机定子绕组接法

电动机定子三相绕组与交流电源的连接方法，小型电动机（3 kW 以下）大多数采用星形（Y）接法，大中型电动机（4 kW 以上）大多采用三角形（△）接法。

定子绕组接成星形还是三角形，根据定子每相绕组的额定电压和电源电压确定。例如，380/220 V、Y/△是指：线电压为 380 V 时，采用星形连接；线电压为 220 V 时，采用三角形连接。

4. 绝缘等级和温升

绝缘等级是指电动机所用绝缘材料的耐热等级，分 AE、B、F 等级，常用的 B 级绝缘材料允许的最高温度为 120 ℃。

允许温升是指电动机的温度与周围环境温度相比升高的限度。例如，B 级绝缘的电动机允许温升为 80 ℃（环境温度以 40 ℃为标准）。

5. 工作方式

工作方式即电动机的运行方式，分连续、短时、断续三种。

3.1.4 三相异步电动机的工作原理

1. 三相异步电动机的基本工作原理

当三相异步电动机定子绕组接到三相电源上时，定子绕组中将流过三相对称电流，在气隙中建立以同步转速 n_1 旋转的基波旋转磁场，这个基波旋转磁场在短路的转子绕组（若是鼠笼型转子绕组，则其本身就是短路的；若是绕线型转子绕组，则通过电刷短路）中感应电动势并在转子绕组中产生相应的电流，该电流与气隙中的旋转磁场相互作用而产生电磁转矩，实现异步电动机的运行。三相异步电动机的工作原理如图 3–15 所示。

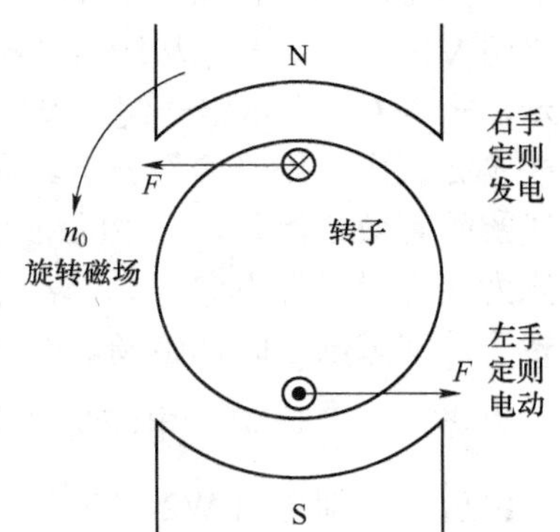

图 3–15 三相异步电动机的工作原理

2. 旋转磁场的产生

最简单的三相定子绕组分布剖面图，如图 3–16 所示。

三个线圈的绕组结构完全相同，空间位置上互差 120° 电角度。三相定子绕组星形连接的电路图，如图 3–17 所示，三相定子绕组的首端接三相电源，末端连接在一起，图中还标出了电流的参考方向。

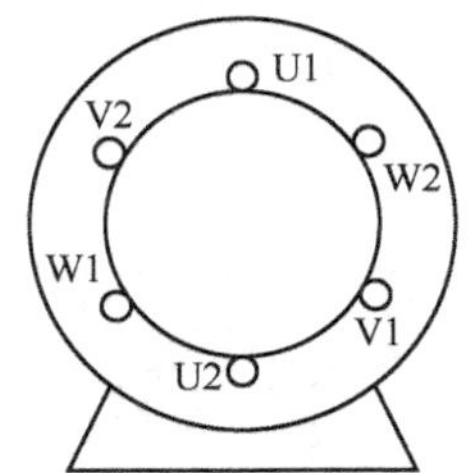

图 3–16 三相定子绕组分布剖面图

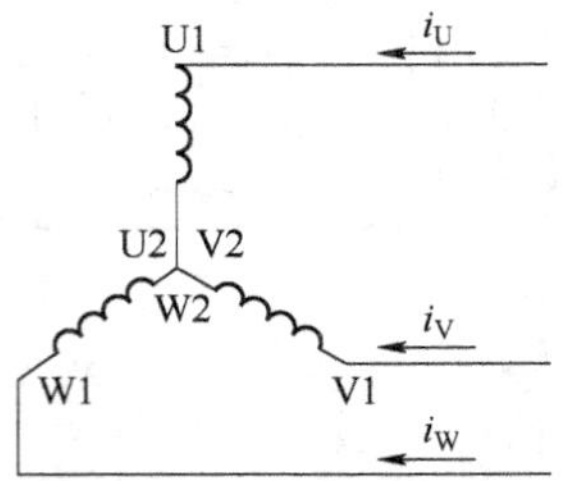

图 3–17 三相绕组星形连接的电路图

定子绕组流入的三相交流电流波形如图 3–18 所示，各相电流的瞬时值表达式分别为：

$$i_U = I_m \sin\omega t \quad i_V = I_m \sin(\omega t - 120^\circ) \quad i_W = I_m \sin(\omega t + 120^\circ)$$

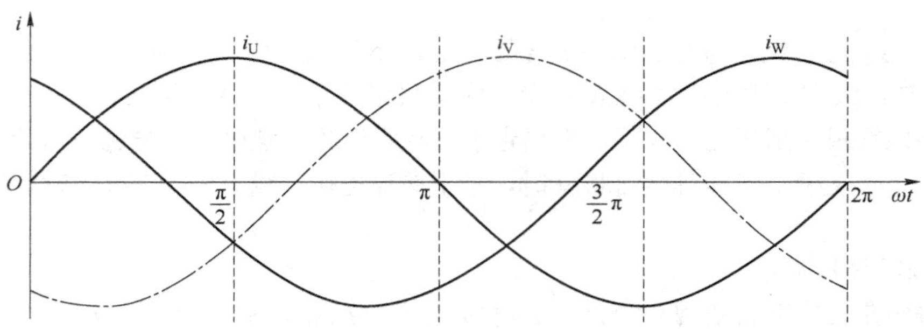

图 3–18 定子绕组流入的三相交流电波形图

1）旋转磁场的组成

在三相鼠笼型异步电动机定子绕组中，通入三相对称交流电流，其旋转磁场的形成过程如图 3–19 所示。选用交流电流一个周期的五个特定瞬间，分析三相交流电流通入三相定子绕组后电动机气隙磁场的变化情况。为了分析问题方便，规定“⊕”表示电流向纸面流进，“⊙”表示电流从纸面流出。电流为正时，电流由绕组首端流入，末端流出；电流为负时，电流由绕组末端流入，首端流出。

当 $\omega t = 0$ 的瞬间，$i_U = 0$，定子绕组 U1—U2 中电流为 0，无电流通过；$i_V < 0$ 表示定子绕组 V1—V2 中电流从绕组末端 V2 流入，用“⊕”表示，从绕组首端 V1 流出，用“⊙”表示，$i_W > 0$，表示定子绕组 W1—W2 中电流从绕组首端 W1 流入，用“⊕”表示，从绕组末端 W2 流出，用“⊙”表示。通电导体产生的磁场方向可用安培定则判断：电流从 W1、V2 线圈的有效边流入，产生的磁力线为顺时针方向，电流从 W2、V1 线圈有效边流出，产生的磁力线为逆时针方向。V、W 两相电流的合成磁场应如图 3–19（a）所示。磁力线穿过定子、转子的间隙部位时，磁场恰好合成一对磁极，上方是 N 极，下方是 S 极。

当 $\omega t = \dfrac{\pi}{2}$ 时，i_U 电流达到正最大值，i_V、i_W 电流为负值，实际电流方向从 Ul 流入、U2 流出后，分别再由 W2、V2 流入，W1、V1 流出，电流合成磁场方向如图 3–19（b）所示，可见，磁场方向已较 $\omega t = 0$ 时顺时针转过 90°。

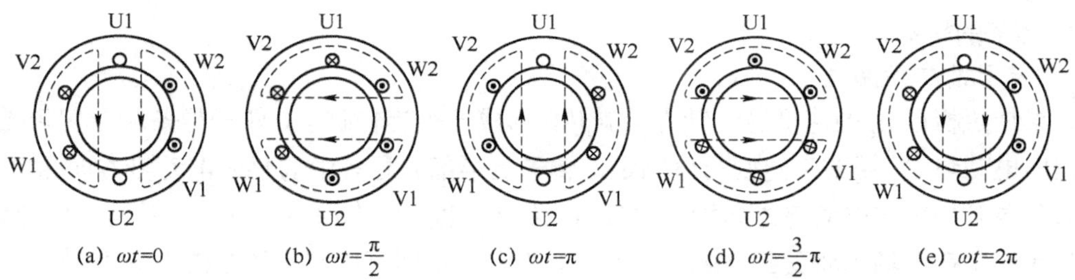

图 3–19　三相定子绕组旋转磁场的形成过程

用同样的方法可以分别画出 $\omega t=\pi$ 、$\omega t=\frac{3\pi}{2}$、$\omega t=2\pi$ 时三相定子绕组产生的合成磁场，如图 3–19（c）～图 3–19（e）所示。从这几个图中可以看出，随着交流电一周的结束，三相合成磁场刚好顺时针旋转了一周。

2）*旋转磁场产生的条件*

旋转磁场产生的条件如下：

① 三相绕组必须对称，在定子铁心空间上互差 120° 电角度；

② 通入三相对称绕组的电流也必须对称，且大小、频率相同，相位相差 120° 。

电动机的转向是由接入三相绕组的电流相序决定的，只要调换电动机任意两相绕组所接的电源接线（相序），旋转磁场即反向旋转，电动机也随之反转。

依次画出几个瞬间通入定子绕组的三相电流共同产生的合成磁场，从图 3–19 可以看出，当 ωt 变化时，磁场的指向是不同的，即电流经过一个周期变化时，磁场在空间转过一周。这样可以推知，电流周而复始地通过绕组，磁场就会连续旋转，所以通入定子绕组的三相电流共同产生的合成磁场随着电流的交变而在空间不断地旋转，称为旋转磁场。

3）*旋转磁场的转速*

旋转磁场的旋转速度称为同步转速。旋转磁场的转速为：

$$n_1=\frac{60f_1}{P}$$

式中：n_1——旋转磁场转速（也称同步转速），r/min；

f_1——三相交流电频率，Hz；

P——磁极对数。

4）*旋转磁场的旋转方向*

旋转磁场的旋转方向与绕组中电流的相序有关。相序 A、B、C 顺时针排列，磁场顺时针方向旋转，若把三根电源线中的任意两根对调，例如将 B 相电流通入 C 相绕组中，C 相电流通入 B 相绕组中，则相序变为：C、B、A，则磁场必然逆时针方向旋转。利用这一特性我们可很方便地改变三相电动机的旋转方向。

定子绕组产生旋转磁场后，转子导条（鼠笼条）将切割旋转磁场的磁力线而产生感应电流，转子导条中的电流又与旋转磁场相互作用产生电磁力，电磁力产生的电磁转矩驱动转子沿旋转磁场方向以 n 的转速旋转起来。

若要使电动机转子反向转动，只需将接于三相电源的三相绕组中的任意两根对调位置，使旋转磁场反向旋转即可。

3. 转子的转动

1）转子的转动原理

如果使磁极以 n_1 的速度逆时针方向旋转，形成一个旋转磁场，转子导条就会切割磁力线而感应出电动势 e。用右手定则可以判定，转子上半部分导条中的感应电动势方向为“⊕”，下半部分导条的感应电动势方向为“⊙”。在感应电动势的作用下，导条中就有电流流通。

载流导条在磁场中将受到电磁力的作用，由左手定则可以判定该电磁力 F 在转子轴上形成电磁转矩 T，使异步电动机的转子以转速 n 旋转，转子的旋转方向与磁场的旋转方向相同。因此，要改变三相异步电动机的旋转方向，只需改变旋转磁场的转向即可。这就是感应电动机转子转动的原理，如图 3–20 所示。

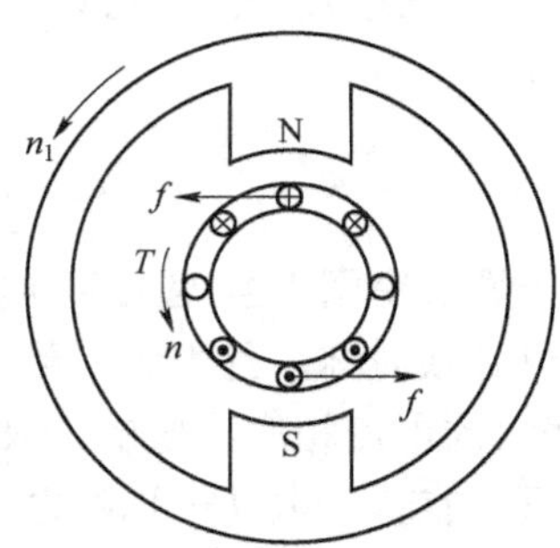

图 3–20　转子转动的原理

2）转差率

一般情况下，电动机的实际转速 n 低于旋转磁场的转速 n_1。因为如果假设 $n=n_1$，则转子导条与旋转磁场就没有相对运动，就不会切割磁力线，也就不会产生电磁转矩，所以转子的转速 n_1 必然低于 n。为此，我们称三相电动机为异步电动机。

电动机转速与旋转磁场的转速差异是保证电动机旋转的必要条件。三相异步电动机转子的转速 n 低于旋转磁场的转速 n_1，其相差的程度常用转差率 S 表示，转差率为转子转速 n 与同步转速 n_1 之差与同步转速 n_1 之比值，即：

$$S=\frac{n_1-n}{n_1}$$

转差率是异步电机的一个基本物理量，它反映电机的各种运行情况。转子未转动时 $n=0$，则 $S=1$；电动机理想空载时，$n=n_1$，$S=0$。作为电动机，n 在 0～n_1 之间，转差率在 0～1 范围内变化。额定运行时，转差率取值范围一般为 0.01～0.06，即电机转速接近同步速。所以，可以根据 n_N 倒推 n_1，由 n_1 可求出电机的极对数 P。

［例 3–1］　一台三相异步电动机，接到 50 Hz 的交流电源上，额定转速为 n_N=730 r/min，求该电动机的极对数 P、同步转速 n_1 及额定负载时的转差率 S_N。

解：由 n_N=730 r/min，可知同步转速为：

$$n_1=750\ \text{r/min}$$

极对数

$$P=\frac{60f_{\mathrm{N}}}{n_1}=\frac{60\times 50}{750}=4$$

额定转差率

$$S_{\mathrm{N}}=\frac{n_1-n_{\mathrm{N}}}{n_1}\times 100\%$$
$$=\frac{750-730}{750}\times 100\%\simeq 2.67\%$$

3.1.5 三相异步电动机的运行原理

1. 三相异步电动机的空载运行

电动机空载运行是指电动机轴上没有带任何负载的运行状态。空载运行时，转子转速很高，接近于同步转速，定子、转子之间相对速度几乎为 0，可以认为旋转磁场不切割转子绕组，转子绕组中的感应电动势和感应电流接近于 0，转子电路相当于开路，所以 $\dot{E}_2\approx 0,\ \dot{I}_2\approx 0, \dot{F}_2=0$。

1）定子绕组中产生的感应电动势

定子绕组中产生的感应电动势为：

$$\dot{E}_1=-\mathrm{j}4.44f_1N_1k_1\dot{\Phi}_{\mathrm{m}}$$

式中：N_1——定子绕组每相串联匝数；

k_1——小于 1 的绕组系数；

f_1——电源频率；

$\dot{\Phi}_{\mathrm{m}}$——旋转磁场产生的主磁通。

由于存在气隙，异步电动机漏抗比变压器的大。定子绕组中产生的漏感电动势为：

$$\dot{E}_{1\sigma}=-\mathrm{j}\dot{I}_0X_{1\sigma}$$

式中：$X_{1\sigma}$——定子绕组每相漏电抗。

2）定子绕组电压平衡方程式

与变压器一样，根据基尔霍夫电压定律，可列出空载时定子每相电压方程式如下：

$$\dot{U}_1=-\dot{E}_1-\dot{E}_{1\sigma}+\dot{I}_0R_1=-\dot{E}_1+\mathrm{j}\dot{I}_0X_1+\dot{I}_0R_1=-\dot{E}_1+Z_{1\sigma}\dot{I}_0$$

当 $\dot{E}_1\gg\dot{I}_0Z_{1\sigma}$ 时，$\dot{E}_1\simeq-\dot{U}_1$ 或 $U_1=E_1=4.44f_{1N_1}N_1k_1\Phi_{\mathrm{m}}$。

当电源电压为额定值时，每极磁通基本是一恒定值，负载变化时，其值基本不变。

2. 三相异步电动机的负载运行

当电动机轴上带上机械负载后，在开始的那一瞬间，转子所产生的电磁转矩小于负载转矩，转子减速旋转，但由于旋转磁场的同步转速 n_1 是恒定的，随着转子转速 n 的下降，转子与旋转磁场间的转速差（n_1-n）增大，转子导体中的感应电动势和转子电流也将增大，于是电动机的电磁转矩随之增大，直至电磁转矩等于负载转矩时，转子就不再减速，而在较低转速下稳定运行。

1）转子感应电动势的频率 f_2

感应电动势的频率正比于导体与磁场的相对切割速度，由于定子、转子的转向一致，所以定子、转子之间相对速度为 n_1-n 时，转子绕组感应电动势及转子电流的频率 f_2 为：

$$f_2 = \frac{P_2(n_1 - n)}{60} = \frac{n_1 - n}{n_1} \times \frac{P_1 n_1}{60} = Sf_1$$

式中：P_2——转子绕组极对数，其值恒等于定子极对数P_1。

2）转子感应电动势E_2

转子不转时的感应电动势：$E_{20} = 4.44 f_1 N_2 k_2 \Phi_m$

转子旋转时的感应电动势：$E_2 = 4.44 f_2 N_2 k_2 \Phi_m = SE_{20}$

式中：k_2——转子绕组系数；N_2——转子绕组每相串联匝数。

3）转子电抗X_2

转子不转时漏电抗最大为：$X_{20} = 2\pi f_1 L_2$

转子旋转时漏电抗最大为：$X_2 = 2\pi f_2 L_2 = 2\pi S f_1 L_2 = SX_{20}$

式中：L_2——转子绕组的每相漏电感。

4）转子电流$\dot{I}_2$

转子电流为：
$$\dot{I}_2 = \frac{\dot{E}_2}{\sqrt{R_2^2 + X_2^2}} = \frac{S\dot{E}_{20}}{\sqrt{R_2^2 + (SX_{20})^2}}$$

5）转子电路的功率因数$\cos\varphi_2$

$$\cos\varphi_2 = \frac{R_2}{\sqrt{R_2^2 + X_2^2}} = \frac{R_2}{\sqrt{R_2^2 + (SX_{20})^2}}$$

6）负载运行时的基本方程式

磁通势平衡方程式为：

$$F_1 = F_0 + (-F_2)$$

电动势平衡方程式为：

$$\dot{U}_1 = -\dot{E}_1 + \dot{I}_1 R_1 + \mathrm{j}\dot{I}_1 X_1 = -\dot{E}_1 + \dot{I}_1(R_1 + \mathrm{j}X_1) = -\dot{E}_1 + \dot{I}_1 Z_1$$

异步电动机运转时，转子回路是闭合的，所以转子电压$\dot{U}_2 = 0$，此时转子电路的电动势平衡方程为：

$$\dot{E}_{2S} = \dot{I}_{2S}(R_2 + \mathrm{j}X_{2S}) = \dot{I}_{2S} Z_{2S}$$

3.1.6 三相异步电动机的运行特性

1. 三相异步电动机的能量转换

1）电源输入的电功率P_{I}

电源输入电动机的电功率P_{I}为：$P_{\mathrm{I}} = \sqrt{3} U_N I_N \cos\varphi_N$

2）定子绕组铜耗P_{Cu1}

定子绕组铜耗P_{Cu1}为：$P_{\mathrm{Cu1}} = 3I_1^2 R_1$

3）铁心损耗

铁心损耗简称铁耗，铁耗包括磁滞损耗和涡流损耗，电动机正常运行时转子的感应电动势势频率很低，为 2～3 周/s，所以铁耗主要集中在定子中，转子铁耗可忽略。铁耗为：

$$P_{\mathrm{Fe}} = 3I_0^2 R_1$$

4）电磁功率 P_{em}

电磁功率为通过电磁感应从定子侧传递到转子侧的功率，即电源输入的电功率 P_1 减去定子绕组铜耗和铁耗后余下的功率，具体如下：

$$P_{em} = P_1 - P_{Cu1} - P_{Fe}$$

5）转子铜耗 P_{Cu2}

转子铜耗为：

$$P_{Cu2} = 3I_2^2 R_2$$

6）电机输出的总机械功率 P_m

电磁功率 P_{em} 扣除转子铜耗 P_{Cu2} 后，余下的功率即为电机输出的总机械功率，即：

$$P_m = P_{em} - P_{Cu2}$$

7）机械损耗 P_{js}

机械损耗指的是轴承及风阻等产生的摩擦损耗，用 P_{js} 表示。

8）附加损耗 P_{ad}

附加损耗是因定子、转子开槽而使定子、转子磁动势中的谐波磁动势等产生的损耗，用 P_{ad} 表示。此损耗不易计算，往往根据经验估算。

9）电动机输出功率 P_2

电动机输出功率为：

$$P_2 = P_1 - P_{Cu1} - P_{Fe} - P_{Cu2} - P_{js} - P_{ad}$$

10）几个重要关系

$$\frac{P_{Cu2}}{P_{em}} = S \qquad \frac{P_m}{P_{em}} = 1 - S$$

2. 三相异步电动机的转矩特性

1）电磁转矩

三相异步电动机转子电流受到旋转磁场的电磁力作用而产生的转动力矩称为电动机的电磁转矩，电磁转矩的物理表达式如下：

$$T = C_T \Phi_m I_2 \cos\varphi_2$$

式中：C_T ——与电动机结构有关的常数。

上式表明，三相异步电动机的电磁转矩是由主磁通与转子电流的有功分量 $I_2\cos\varphi_2$ 相互作用产生的。

由

$$I_2 = \frac{SE_{20}}{\sqrt{R_2^2 + (SX_{20})^2}}$$

$$E_{20} = 4.44 f_1 N_2 k_2 \Phi_m$$

$$\Phi_m = \frac{E_1}{4.44 f_1 N_1 k_1} = \frac{U_1}{4.44 f_1 N_1 k_1}$$

$$\cos\varphi_2 = \frac{R_2}{\sqrt{R_2^2 + (SX_{20})^2}}$$

得

$$T = C_T \frac{U_1^2}{f_1} \frac{SR_2}{R_2^2 + (SX_{20})^2} = k \frac{SR_2}{R_2^2 + (SX_{20})^2} U_1^2$$

上式表明，电磁转矩与电源参数（U_1、f_1）、结构参数（R_2、X_2）和运行参数（S）有关。若电动机转速不变，在给定电源频率 f_1 情况下，电磁转矩正比于相电压的平方。

2）额定转矩 T_N

额定转矩是电动机在额定负载时的转矩，它可从电动机铭牌上的额定功率（输出机械功率）和额定转速求得，即：

$$T_N = \frac{P_N}{\frac{2\pi n_N}{60}} = 9\,550\frac{P_N}{n_N}$$

式中：额定电磁转矩的单位是 N·m，额定功率的单位是 kW，额定转速的单位是 r/min。

3. 三相异步电动机的机械特性

1）三相异步电动机的机械特性曲线

在一定的电源电压和转子电阻下，电动机转速与电磁转矩的关系曲线 $n=f(T)$ 称为电动机的机械特性曲线，如图 3–21 所示。

电动机在旋转时，作用在轴上的转矩主要有两种，一种是电动机的电磁转矩 T，另一种是生产机械作用于轴上的负载转矩 T_L，其他摩擦转矩忽略不计。当 $T > T_L$ 时，电动机速度增加，当 $T = T_L$ 时，电动机便以相应的速度稳定运行；当 $T < T_L$ 时电动机速度减小。通常，三相异步电动机都工作在机械特性曲线的 ab 段。当负载转矩增大时（如起重机吊起物体的重量的加大、车削时吃刀量的加大等），在最初瞬间电动机的转矩 $T < T_L$，所以它的转速 n 开始下降。随着转速的下降，电动机的转矩增加。当转矩增加到 $T = T_L$ 时，电动机在新的稳定状态下运行，这时转速较前有所降低。

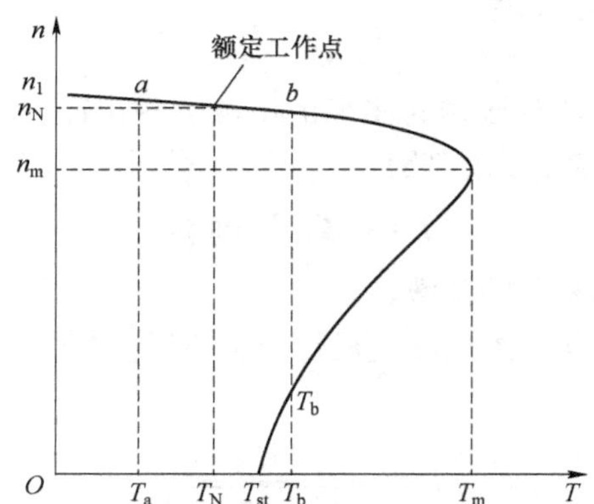

图 3–21 三相异步电动机的机械特性曲线

ab 段比较平坦，当负载在空载与额定值之间变化时，电动机的转速变化不大。这种特性即为硬机械特性。三相异步电动机的这种硬机械特性非常适用于一般金属切削机床。

电动机的机械特性曲线上有四个重要特殊点：同步点、额定工作点、最大点与起动点，这 4 个特殊点的定义如下：

理想空载运行点：$n=n_1, T=0$

额定运行点：$n=n_N, T=T_N$

最大转矩点：$n=n_m, T=T_m$

起动点：$n = 0, T = T_{st}$

2）三相异步电动机的最大转矩

从机械特性曲线上看，转矩有一个最大值 T_{max}，称为最大转矩或临界转矩。对应于最大转矩的转差率为 S_m。最大转矩又叫停转转矩，对应转差率 S_m 为稳定运行最大转差率，称为临界转差率。

当负载转矩超过最大转矩时，电动机将发生所谓“闷车”现象。发生闷车后，电动机的电流立即升高 6～7 倍，电动机严重过热，以致烧坏。电动机的最大过载转矩可以接近最大转矩。只要过载时间较短，电动机不会立即过热，这是允许的。因此，最大转矩也表示电动机短时允许过载能力。

最大转矩与额定转矩之比称为过载系数，用λ表示如下：

$$\lambda = T_{max}/T_N$$

一般情况下，三相异步电动机的过载系数的取值范围为 1.8～2.2。

在选用电动机时，必须考虑可能出现的最大负载转矩。然后根据所选电动机的过载系数算出电动机的最大转矩，其值必须大于最大负载转矩，否则就要重选电动机。电动机转矩和最大转矩的计算方法如下：

$$T = k\frac{SR_2}{R_2^2 + (SX_{20})^2} \cdot U_1^2$$

$$T_{max} = kU_1^2\frac{1}{2X_{20}}$$

注意：

① 三相异步电动机的最大转矩与电压的平方成正比，所以对电压的波动很敏感，使用时要注意电压的变化。

② 工作时，一定令负载转矩 $T_L < T_{max}$，否则电动机将停转，致使电动机因严重过热受损。

3）三相异步电动机的起动转矩 I_{st}

电动机刚起动（n=0，S=1）时的转矩称起动转矩。起动转矩与相电压的平方成正比。在刚起动时，转子电流比较大，但起动转矩实际上并不大。要增大起动转矩，可在转子回路串联电阻，随所串联电阻的增大，起动转矩也增加。但是，随着转子电阻增加，转差率也随之增大，转子铜耗也随之增大。

起动转矩与额定转矩之比称为起动转矩倍数，用λ_{st} 表示：$\lambda_{st}=T_{st}/T_N$，三相异步电动机的λ_{st}取值范围为 1.0～2.0。

注意：一般机床的主电动机都是空载起动，对起动转矩没有什么要求。但对于诸如起重用的电动机，因为是在带负载的情况下起动，所以应采用起动转矩较大一点的。

［例 3–2］ 某普通机床的主轴电机（Y132M–4 型）的额定功率为 7.5 kW，转差率 S=4%，转子的转速为 1 500 r/min，求其额定转速和额定转矩。

解：

$$n_N = (1 - S)n = (1 - 0.04) \times 1\,500 = 1\,440 \text{（r/min）}$$

$$T_N = 9\,550\frac{P_N}{n_N} = 9\,550 \times \frac{7.5}{1\,440} = 49.7 \text{（N} \cdot \text{m）}$$

3.1.7 三相异步电动机的工作特性

三相异步电动机的工作特性是指在f_1=f_N及定子、转子绕组不串联任何阻抗的情况下，电动机的转速 n、定子电流 I_1、电磁转矩 T、功率因数、效率与输出功率 P_2 的关系曲线，如图 3–22 所示。

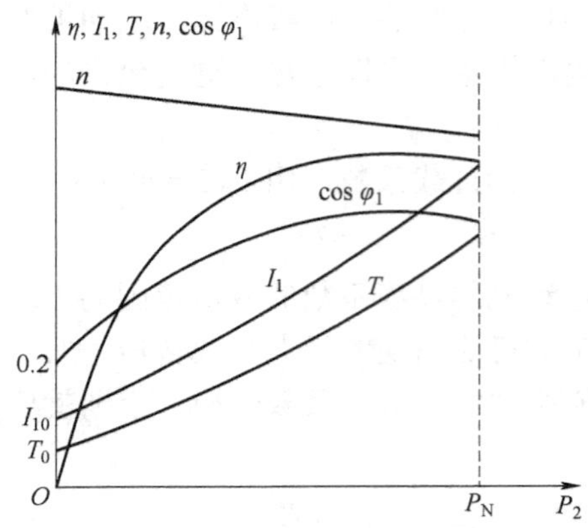

图 3–22 三相异步电动机工作特性曲线

1. 转速特性

在 $U = U_N$ 和 $f = f_N$ 时，$n = f(P_2)$。

2. 转矩特性

在 $U = U_N$ 和 $f = f_N$ 时，$T_2 = f(P_2)$。

3. 定子电流特性

在 $U = U_N$ 和 $f = f_N$ 时，$I_1 = f(P_2)$。

4. 定子功率因数特性

在 $U = U_N$ 和 $f = f_N$ 时，$\cos\varphi_1 = f(P_2)$。

5. 效率特性

在 $U = U_N$ 和 $f = f_N$ 时，$\eta = f(P_2)$。

3.1.8 三相异步电动机的起动

1. 三相异步电动机的起动要求

三相异步电动机的起动要求如下：

① 有足够大的起动转矩 T_{st}，使电动机起动时间短；

② 起动电流 I_{st} 尽可能小，避免起动时大电流引起电网的压降，影响接在电网上的其他电气设备和电动机的正常运行；

③ 起动所需的控制设备尽量简单，价格低，操作和维护方便；

④ 起动过程中的能量损耗应尽量小。

2. 三相异步电动机的起动方法和特点

三相异步电动机的起动方法主要有直接起动和降压起动两种。

1）直接起动

电动机起动时，将定子三相绕组直接接在三相电源上的起动方法称为直接起动。

（1）直接起动的适用范围

直接起动适于小容量轻载电动机的起动，一般 7.5 kW 以下的小容量鼠笼型异步电动机都可以直接起动。

电动机容量满足下面经验公式的可以直接起动：

$$\frac{I_{st}}{I_N} < \frac{3}{4} + \frac{S_N}{4P_N}$$

式中：I_{st}——电动机的起动电流，A；I_N——电动机的额定电流，A；S_N——电源变压器总容量，kVA；P_N——电动机的额定功率，kW。

（2）直接起动时存在的问题

三相异步电动机的直接起动，存在两种矛盾：

① 电动机起动电流大，但供电网络承受冲击电流能力有限；

② 电动机起动转矩小，但负载要求有足够的转矩才能起动。

因此，三相异步电动机直接起动时存在的问题是电流大但转矩并不大。

2）降压起动

降压起动是指电动机起动时，降低加在定子三相绕组上的电压 U_1，起动结束后加额定电压运行的起动方法。

（1）降压起动存在的问题

三相异步电动机降压起动时，存在的主要问题是起动电流也随之降低，这是因为起动电流与起动电压的关系如下：

$$I_{st} = \frac{U_1}{\sqrt{(R_1 + R_2')^2 + (X_{1\sigma} + X_{2\sigma}')^2}}$$

从上式可以看出，起动电流与定子电压成正比，降压起动时，加在三相绕组上的电压降低，起动电流也随之减小。注意，起动转矩与电压平方成正比，故降压起动后，起动转矩比起动电流降低得更厉害。所以，待转速升高到一定值时，必须恢复全电压运行。

（2）常用的降压起动方法

常用的降压起动方法有 3 种：定子串电阻（电抗）降压起动；自耦变压器降压起动；Y–△降压起动。

① Y–△降压起动。

Y–△降压起动是指，正常运行时接成三角形的鼠笼电动机，在起动时接成星形，起动完毕后再接成三角形，如图 3–23 所示。

Y接法起动时，起动转矩减小到△接法起动时的三分之一：

$$\frac{I_{stY}}{I_{st\triangle}} = \left(\frac{U_N}{\sqrt{3}Z_K}\right) \Big/ \frac{\sqrt{3}U_N}{Z_K} = \frac{1}{3}$$

Y–△降压起动的优点是所需设备较少、价格低，因此得到较为广泛的应用。在我国，凡功率在 4 kW 及以上的电动机，正常运行时都采用Y–△降压起动。

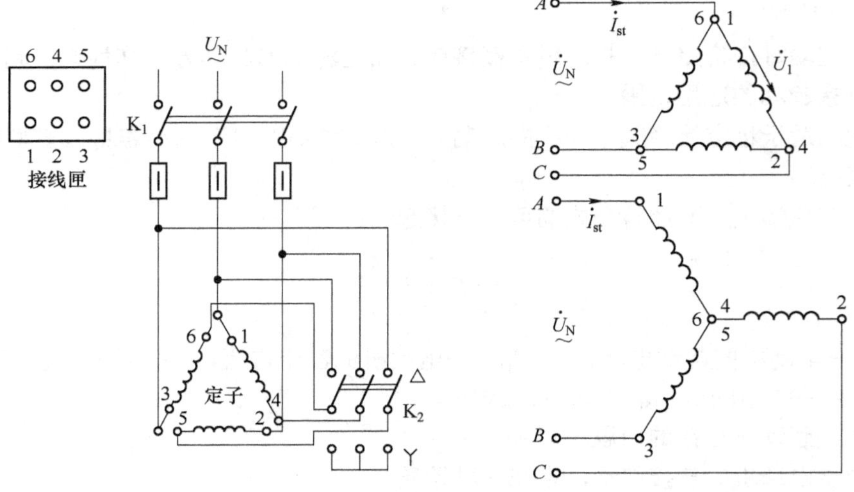

图 3–23 Y–△降压起动

② 定子串电阻（电抗）降压起动。

定子串电阻（电抗）降压起动是指，起动时在定子绕组中串电阻降压（见图 3–24），起动结束后再用开关将电阻短接，全压运行。

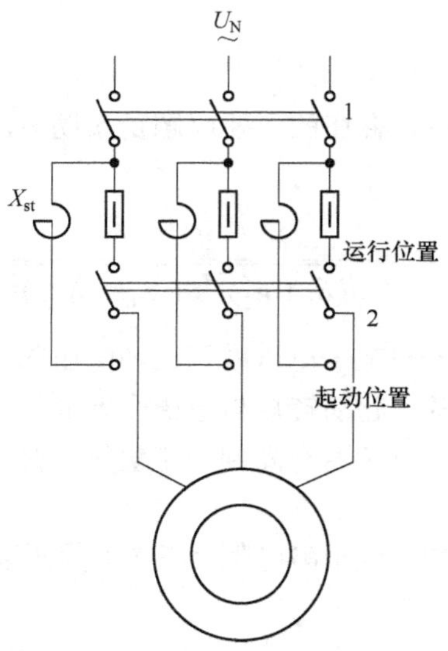

图 3–24 定子串电阻降压起动

定子串电阻（电抗）降压起动的优点：起动平稳，工作可靠，设备线路简单，起动时功率因数高。

定子串电阻（电抗）降压起动的缺点：由于串电阻起动时在电阻上有能量损耗，使电阻发热，温升高，故一般不宜用于频繁起动。有时，为减少能量损耗，也可用电抗代替。

③ 自耦变压器降压起动。

自耦变压器降压起动是指，按允许的起动电流和所需要的起动转矩来选择变压器的不同抽头，以此来实现降压起动，如图 3–25 所示。

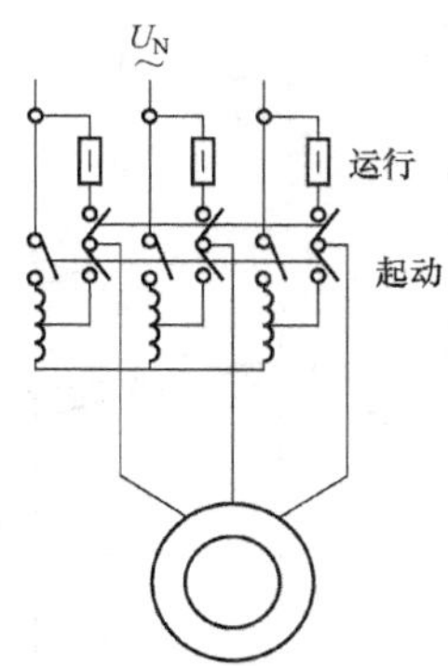

图 3–25　自耦变压器降压起动

自耦变压器降压起动的优点是：不论电动机定子绕组采用的是星形连接还是三角形连接，都可以用于降压起动；缺点是：设备体积大，价格较贵。

④ 绕线型异步电动机转子串电阻起动。

绕线型异步电动机转子串三相对称电阻起动时，一般采用分级切除起动电阻的方法。这是因为随着转子转速的增高，转子电流、电机转矩将逐渐降低。为了充分利用电动机的起动转矩，应当随着转速的增高，逐渐减少转子回路电阻，使电动机维持较高的起动电流和转矩。若使转子回路电阻 R_2 与转差率 s 成正比，则电动机在加速过程中可以获得恒定的起动电流和起动转矩。

在绕线型异步电动机起动时，只要在转子回路串入适当的电阻，就可以起到既限制起动电流又增大起动转矩的作用。它的缺点是，在起动过程中，需要逐级将电阻切除。

起动电阻的使用原则：目前国内广泛使用的起动电阻是金属电阻，它是由一组电阻片构成的。电阻值的改变是靠开关电器将金属电阻一段段地短接来实现的，所以电阻值的变化不连续，每短接一段电阻，起动电流和起动转矩便突变一次。起动电阻分级数越少，则在起动过程中每次短接电阻所引起的起动电流冲击幅度就大，轴上转矩的突变也大。从起动电流对供电电网的冲击和机械的受力考虑，起动电阻的分级数目不能太少，一般为 5～8 级。对容量较大的电动机，起动电阻分级要更多些。

对于大、中型容量的电动机，当需要重载起动时，不仅需要限制起动电流，而且要有足够大的起动转矩。为此，选用三相绕线型异步电动机时，往往在其转子回路串入三相对称电阻或频敏变阻器来改善起动性能。

a）转子串电阻起动。

图 3–26 所示为绕线型异步电动机转子串电阻起动原理图和起动特性图。起动时，合上电源开关 QS，按下起动按钮 SB2，KM4 线圈得电并自锁，电动机定子接通三相电源，转子串入全部电阻接成星形起动。三个接触器 KM1、KM2、KM3 处于断开状态，转子串入全部电阻 R1、R2、R3 起动，对应于人为机械特性曲线 4 上的 a 点，电动机转速沿特性曲线 4 上升，T_{st} 下降，到达 b 点时，接触器 KM1 触头闭合，将电阻 R1 切除，转子串入电阻变为 R2、R3，电动机切换到人为机械特性曲线 3 上的 c 点，电动机转速沿特性曲线 3 上升，T_{st} 下降，到达 d 点时，接触器 KM2 触头闭合，将电阻 R2 切除，转子串入电阻变为 R3，电动机切换到人为机械特性曲线 2 上的 e 点，电动机转速沿特性曲线 2 上升，T_{st} 下降，到达 f 点时，接触器 KM3 触头闭合，将电阻 R3 切除，这样逐段切除转子串入的电阻，电动机的起动转矩始终在 T_{st1} 和 T_{st2} 之间变化，直至在固有机械特性曲线的 h 点上，电动机稳定运行。为了保证起动过程平稳快速，通常 T_{st1} 和 T_{st2} 的取值范围如下：

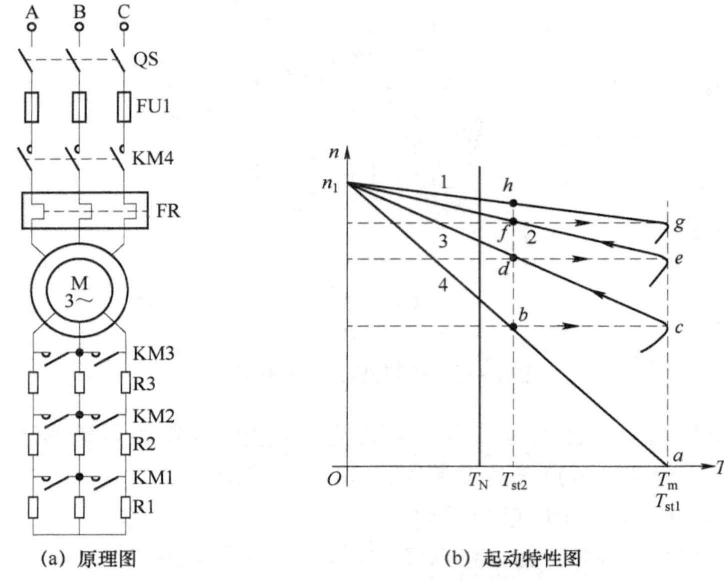

(a) 原理图 (b) 起动特性图

图 3–26 绕线型异步电动机转子串电阻起动

$$T_{st1}=(1.5\sim2)T_N$$
$$T_{st2}=(1.1\sim1.2)T_N$$

b）串频敏变阻器起动。

频敏变阻器的特点：磁路较饱和，电抗较小，铁耗随频率变化。

转子串频敏变阻器起动时，随着转子转速的逐渐上升，转子绕组中的电流频率逐渐降低，频敏变阻器铁心中的损耗逐渐减小，反映铁耗的电阻也跟着减小。当转速接近额定转速时，频率极低，R_m 和 X_m 很小，相当于将起动电阻全部切除。

转子串频敏变阻器起动（见图 3–27）的优点：结构简单，成本较低，使用寿命长，维护方便，能使电动机平滑起动，基本上可以获得恒转矩的起动特性；缺点：由于有电感的存在，使功率因数较低。

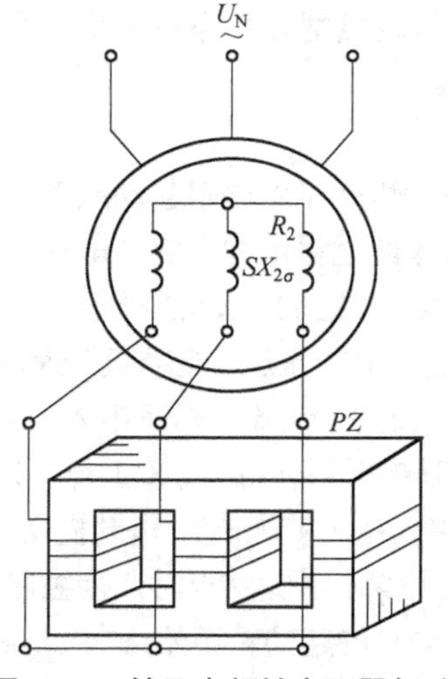

图 3–27 转子串频敏变阻器起动

因此，对于绕线型转子电动机，轻载起动时常采用串频敏变阻器的方法，重载起动时一般采用串电阻起动的方法。

3）起动方法的选择

起动方法的选择，不仅取决于电动机本身的大小，还与电网容量和供电线路长短有关（要求母线降落不大于10%），需要考虑以下因素：

① 电动机容量与供电变压器的比值；

② 起动是否频繁；

③ 供电线路距离；

④ 同一台变压器其他用户的要求。

4）实际应用

实际应用中，异步电动机的起动分以下4种情况：

① 小容量轻载起动，选用直接起动法；

② 中、大容量轻载起动，选用降压起动法；

③ 中、大容量重载起动，采用绕线型转子电动机转子串电阻的方法，既增大起动转矩，又减小起动电流；

④ 小容量电动机重载起动，需要选用容量大一号的电动机或特殊电动机。

常见特殊电动机有双鼠笼型和深槽式两种。特殊电动机获得高起动转矩的原因主要是转子电阻的影响，转子参数自动随转速的变化而变化。

深槽式电动机的高度是宽度的10～12倍，堵转时，电阻达额定运行的3倍，随着转速升高，频率降低，电流分布趋向均匀，转子电阻自动减小。

双鼠笼型电动机有两套绕组，这两套绕组的材料不同，截面也不同。外笼为起动笼，截面小，材料的电阻系数大；内笼为工作笼，截面大，电阻系数小。

3.1.9　三相异步电动机的调速

根据 $n=(1-S)\cdot n_1=\dfrac{60f_1}{P}(1-S)$ 可知，改变三相异步电动机的转速 n 有3种方法：一是改变定子绕组的极对数 P；二是改变供电电网的频率 f_1；三是改变电动机的转差率 S。而改变电动机的转差率也有3种方法：一是改变定子绕组的端电压；二是改变定子绕组的外加电阻或电抗；三是改变转子回路加电阻或电抗。

1. 变极调速

变极调速是一种通过改变定子绕组的连接方式，使一半绕组中的电流方向改变，从而改变极对数进行调速的方法。

对于单绕组双速电机，实现变极调速的机制是一套定子绕组具备两种极对数；对于三速或四速电机，实现变极调速的机制是定子内放两套独立的绕组。

变极调速时需注意：

① 为获得恒定的平均转矩，定子、转子绕组的极对数必须保持一致，因此一般只适用于鼠笼型异步电动机；

② 在改变绕组接法时，要保证变极后三相绕组的对称，以及基波磁势的转向不变；

③ 变极调速是一种有级调速，极数变换后，节距、相带、气隙磁密都会变化，电动机

的额定转矩和额定容量也会变化。

2. 变频调速

变频调速是通过连续地改变电源的频率来平滑调节电动机转速的调速方法，具有调速范围宽、平滑性好、机械特性较硬等优点，是异步电动机理想的调速方法。

变频调速是通过变频器（见图 3–28）来实现的，变频器传动特点如下：

图 3–28　变频器

① 可以对标准电动机调速；

② 可以连续调速；

③ 起动电流小；

④ 最高速度不受电源影响；

⑤ 电动机可以高速化、小型化；

⑥ 防爆容易；

⑦ 低速时定转矩输出；

⑧ 可以调节加速度的大小；

⑨ 可以使用鼠笼型电动机，不需要维修。

3. 改变转差率调速

1）改变定子电压调速

改变定子电压调速，是通过电抗器或自耦变压器改变鼠笼型异步电动机定子绕组上的电压来实现的，因为电磁转矩与电压的平方成正比。其特性曲线如图 3–29 所示。

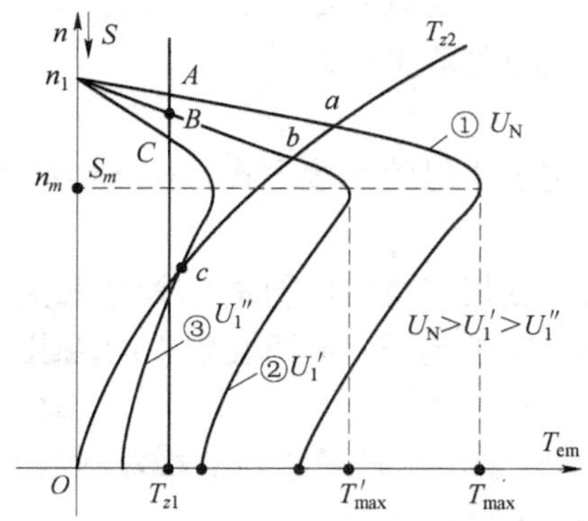

图 3–29　三相鼠笼型异步电动机改变定子电压调速特性曲线

改变定子电压调速的特点：调速范围小，适用于风扇之类小型负载的鼠笼型电动机。

2）转子加电阻调速

转子加电阻调速适用于绕线型电动机，它的特点如下：

① 方法简单，调速范围广；

② 调速电阻消耗能量，转速越低，效率越低；

③ 机械特性变软，负载变化、转速变化显著。

3.1.10　三相异步电动机的制动

制动就是给电动机一个与转动方向相反的转矩，使它迅速停转（或限制其转速）。

根据制动产生的方法不同，制动可分为机械制动和电气制动两类。机械制动通常是靠摩擦方法产生制动转矩，常用的机械制动方法为电磁抱闸制动。电气制动是使电动机产生的电磁转矩与电动机的旋转方向相反。三相异步电动机的电气制动方法有反接制动、能耗制动。

1. 机械制动

利用机械装置使电动机断开电源后迅速停转的方法称为机械制动。机械制动常用的方法有电磁抱闸制动和电磁离合器制动。

1）电磁抱闸制动

（1）电磁抱闸的结构

电磁抱闸制动装置主要由两部分组成：制动电磁铁和闸瓦制动器，如图 3–30（a）所示。制动电磁铁由铁心、衔铁和线圈三部分组成。常用电磁铁的符号如图 3–30（b）～图 3–30（d）所示。闸瓦制动器包括闸轮、闸瓦、杠杆和弹簧等部分，闸轮与电动机装在同一根转轴上。

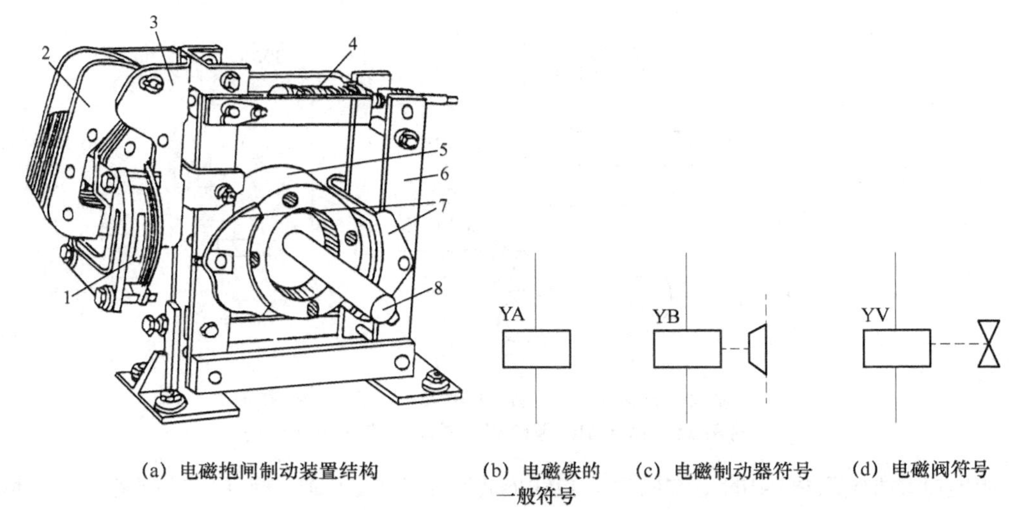

(a) 电磁抱闸制动装置结构　(b) 电磁铁的一般符号　(c) 电磁制动器符号　(d) 电磁阀符号

1—线圈；2—衔铁；3—铁心；4—弹簧；5—闸轮；6—制动杠杆；7—闸瓦；8—轴

图 3–30　电磁抱闸制动装置

（2）工作原理

电动机接通电源，电磁抱闸线圈得电，U 形衔铁克服弹簧拉力而吸合，迫使制动杠杆带动闸瓦向外移动，使闸瓦离开闸轮，闸轮和被制动轴可以自由转动，电动机正常运转。而当接触器线圈断电后，电动机失电，同时电磁抱闸线圈也失电，衔铁在复位弹簧拉力作用下与静铁心分开，并使制动器的闸瓦紧紧抱住闸轮，电动机被制动而停转。

（3）电磁抱闸制动的特点

电磁抱闸制动是利用电磁线圈通电后产生磁场，使静铁心产生足够大的吸力吸合衔铁，克服弹簧的拉力而满足工作现场的要求。

优点：制动力强，广泛应用在起重设备上；安全可靠，不会因突然断电而发生事故。

缺点：体积较大，制动器磨损严重，快速制动时会产生振动。

（4）电磁抱闸制动器断电制动控制线路

电磁抱闸制动器分为断电制动型和通电制动型两种。

断电制动型电磁抱闸的控制电路如图 3–31 所示，其工作原理如下：

① 起动运转：合上电源引入开关 QS，按下按钮 SB1，接触器 KM 线圈得电，接触器主触头和自锁触头同时闭合，电磁抱闸的线圈和电动机同时得电，衔铁克服弹簧拉力而吸合，迫使制动杠杆带动闸瓦向外移动，使闸瓦离开闸轮，闸轮和被制动轴可以自由转动，无制动作用，电动机正常运转。

② 制动停转：当按下停止按钮 SB2 时，接触器 KM 线圈失电，接触器主触头和自锁触头同时断开，电磁抱闸的线圈和电动机同时失电，衔铁在复位弹簧拉力作用下与静铁心分开，并使制动器的闸瓦紧紧抱住闸轮，电动机被制动而迅速停转。

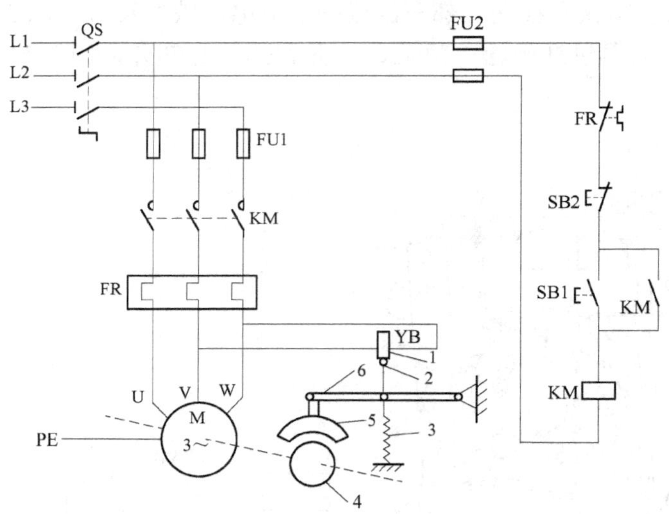

1—线圈；2—衔铁；3—弹簧；4—闸轮；5—闸瓦；6—杠杆

图 3–31 断电制动型电磁抱闸制动器的控制电路

通电制动型电磁抱闸的工作原理：当线圈得电时，闸瓦紧紧抱住闸轮制动；当线圈失电时，闸瓦与闸轮分开，无制动作用。

2）电磁离合器制动

电磁离合器靠线圈的通断电来控制离合器的接合与分离。

（1）电磁离合器的种类

按电磁离合器的结构不同可分为摩擦片式电磁离合器（干式单片电磁离合器、干式多片电磁离合器、湿式多片电磁离合器）、磁粉离合器、转差式电磁离合器等。按电磁离合器工作方式不同又可分为通电结合和断电结合两种。

干式单片电磁离合器如图 3–32 所示，线圈通电时产生磁力，在电磁力的作用下，使衔铁的弹簧片产生变形，动盘与衔铁吸合在一起，离合器处于接合状态；线圈断电时，磁力消失，衔铁在弹簧片弹力的作用下弹回，离合器处于分离状态。

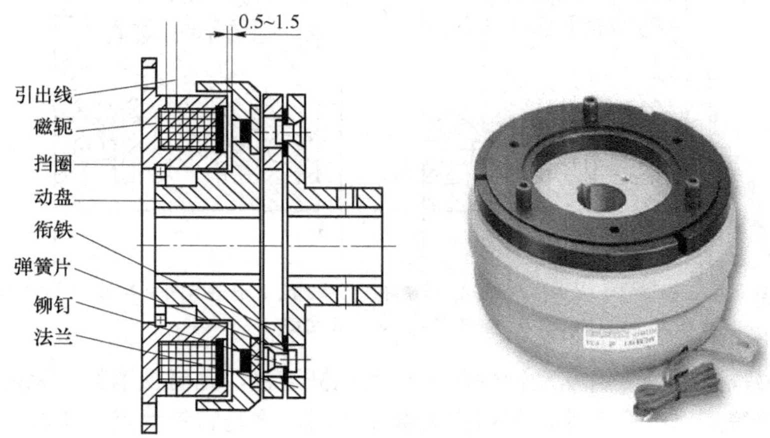

图 3–32　干式单片电磁离合器

干式多片和湿式多片电磁离合器：原理同上，另外增加几个摩擦副，如图 3–33 所示，同等体积转矩比干式单片电磁离合器大，湿式多片电磁离合器工作时必须有油液冷却和润滑。

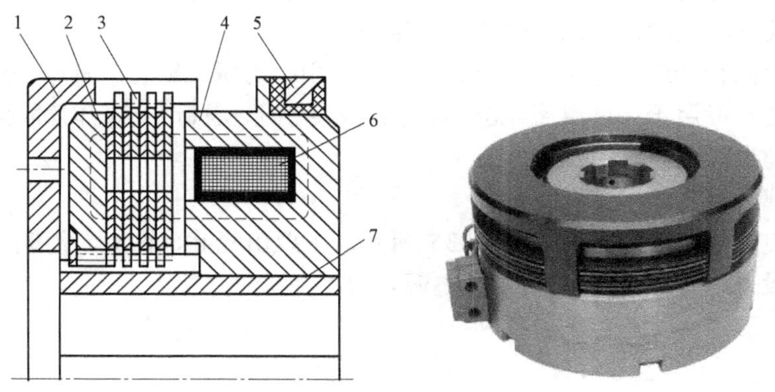

1—外连接件；2—衔铁；3—摩擦片组；4—磁轭；5—滑环；6—线圈；7—传动轴套

图 3–33　多片式电磁离合器

磁粉离合器如图 3–34 所示，在主动转子与从动转子之间放置适度磁粉，不通电时磁粉处于松散状态，离合器处于分离状态；线圈通电时，磁粉在电磁力的作用下，将主动转子与从动转子连接在一起，主动端与从动端同时转动，离合器处于合的状态。优点：可通过调节电流来调节转矩，允许较大滑差，是恒涨力控制的首选元件。缺点：较大滑差时温升较大，价格高。

转差式电磁离合器：离合器工作时，主、从部分必须存在某一转速差才有转矩传递。转矩大小取决于磁场强度和转速差。励磁电流保持不变，转速随转矩增加而剧烈下降；转矩保持不变，励磁电流减少，转速减少得更加严重。

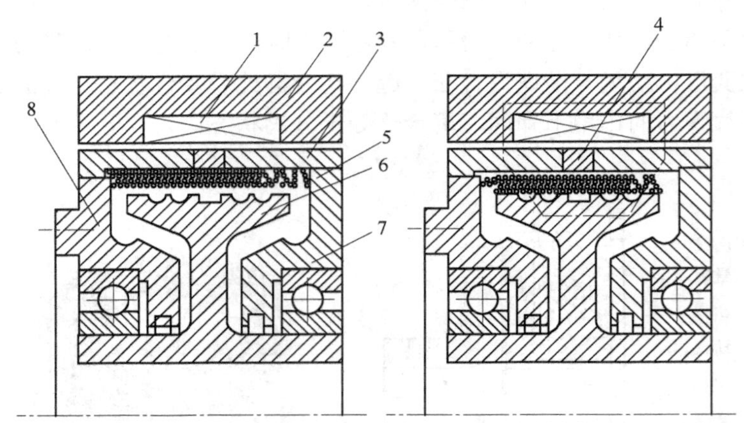

1—线圈；2—磁轭；3—从动件外壳；4—隔磁环；5—磁粒子；6—主动件；7、8—从动件辐板

图 3–34 磁粉离合器

转差式电磁离合器的主、从动部件间无任何机械连接，无磨损消耗，无磁粉泄漏，无冲击，调整励磁电流可以改变转速，可用作无级变速器，这是它的优点。该离合器的主要缺点是转子中的涡流会产生热量，且热量与转速差成正比。低速运转时的效率很低，效率值为主、从动轴的转速比，即 $\eta=\frac{n_2}{n_1}$。

适用于高频动作的机械传动系统，可在主动部分运转的情况下，使从动部分与主动部分接合或分离。主动件与从动件之间处于分离状态时，主动件转动，从动件静止；主动件与从动件之间处于接合状态时，主动件带从动件转动。

转差式电磁离合器广泛适用于机床、包装、印刷、纺织、轻工、及办公设备中。

电磁离合器一般用于环境温度–20～50 ℃，湿度小于 85%，无爆炸危险的介质中，其线圈电压波动不超过额定电压的±5%。

（2）电磁离合器的结构

摩擦片式电磁离合器的结构如图 3–35 所示。主要由线圈、铁心、衔铁、摩擦片及连接件等组成。一般采用直流 24 V 作为供电电源。

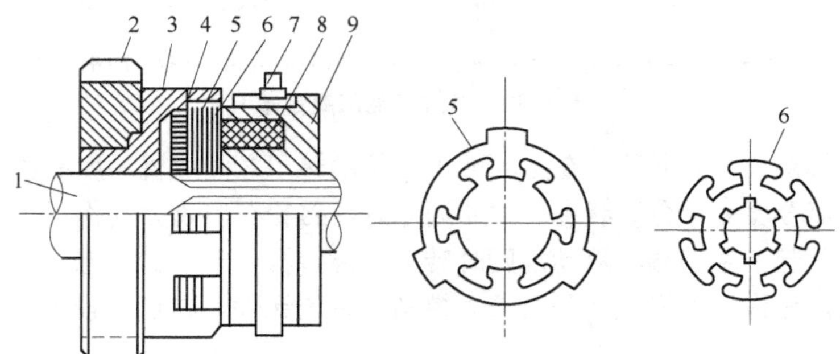

1—主动轴；2—从动齿轮隔磁环；3—套筒；4—衔铁；5—从动摩擦片；
6—主动摩擦片；7—滑环；8—线圈；9—铁心

图 3–35 电磁离合器的结构

电磁离合器的电气符号如图 3–36 所示。

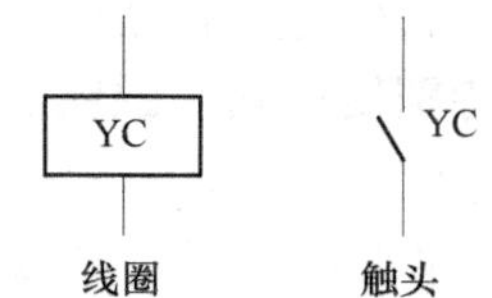

图 3–36 电磁离合器的电气符号

（3）电磁离合器的动作原理

主动轴（1）的花键轴端，装有主动摩擦片（6），它可以沿轴向自由移动，因系花键连接，将随主动轴一起转动。从动摩擦片（5）与主动摩擦片交替装叠，其外缘凸起部分卡在与从动齿轮（2）固定在一起的套筒（3）内，因而从动摩擦片可以随同从动齿轮运动，在主动轴转动时，它可以不转。当线圈（8）通电后，将摩擦片吸向铁心（9），衔铁（4）也被吸住，紧紧压住各摩擦片。依靠主、从动摩擦片之间的摩擦力，使从动齿轮随主动轴转动。线圈断电时，装在内外摩擦片之间的圈状弹簧使衔铁和摩擦片复原，离合器失去传递力矩的作用。线圈一端通过电刷和滑环（7）输入直流电，另一端可接地。

作用：电磁离合器是一种自动化执行元件，它利用电磁力的作用来传递或中止机械传动中的扭矩。

（4）电磁离合器的制动特点

① 高速响应：因为是干式类所以扭力的传达很快，可以便捷动作。

② 耐久性强：散热情况良好，而且使用了高级的材料，即使是高频率、高能量地使用，也十分耐用。

③ 组装、维护容易：属于滚珠轴承内藏的磁场线圈静止形，所以不需要将内芯取出，也不必利用碳刷，使用简单。

④ 动作稳定：使用板状弹片，虽有强烈震动，但也不会产生松动。

（5）电磁离合器安装注意事项

① 请在完全没有水分、油分等的状态下使用干式电磁离合器，如果摩擦部位沾有水分或油分等物质，会使摩擦扭力大为降低，离合器的灵敏度也会变差，为了在使用上避免这些情况，应加设罩盖。

② 在尘多的场所使用时，须使用防护罩。

③ 考虑到热膨胀等因素，安装轴的推力选择在 0.2 MN 以下。

④ 安装时须在机械上将吸引间隙调整为规定值的正负 20%以内。

⑤ 使托架保持轻盈，不要使用离合器的轴承承受过重的压力。

⑥ 组装用的螺钉，须利用弹簧金属片、接著剂等进行防止松弛的处理。

⑦ 利用机械侧的框架维持引线的同时，还要利用端子板等进行确实的连接。

（6）电磁离合器保养维护

为了保证电磁离合器不间断地运行，必须经常对其进行维护和保养，方法如下。

① 经常在电磁离合器的可动部分添加润滑剂。

② 定期检查衔铁行程的长度。因为在离合器的运行过程中，由于剖动面的磨损，衔铁的行程长度将增大。当衔铁行程长度达不到正常值时，必须进行调整，以恢复制动面与转盘

之间的最小间隙。如果衔铁行程长度增大到正常值以上，就可能大大降低吸力。

③ 如果更换了磨损的制动面，应重新调整制动面与转盘之间的最小间隙。

④ 经常检查螺栓的紧固程度，特别要拧紧电磁铁的螺栓、电磁铁与外壳的螺栓、磁轭的螺栓、电磁铁线圈的螺栓和接线螺栓。

⑤ 定期检查可动部件的机械磨损情况，并清除电磁铁零件表面的灰尘、花毛和污垢。

（7）电磁离合器使用注意事项

① 干式电磁离合器在使用时禁止加入油脂，否则将导致扭矩下降。

② 电磁离合器安装前必须清洗干净，去除防锈脂及杂物。

③ 电磁离合器可同轴安装，也可以对轴安装，轴向必须固定，主动部分与从动部分均不允许有轴向窜动，对轴安装时，主动部分与从动部分同轴度应不大于 0.1 mm。

④ 湿式电磁离合器工作时，必须在摩擦片间加润滑油，润滑方式有 3 种，一是分浇油润滑；二是油浴润滑，其浸入油中的部分约为离合器体积的 1/5；三是轴心供油润滑。在高速和高频动作时应采用轴心供油方法。

⑤ 牙嵌式电磁离合器安装时，必须保证端面齿之间有一定间隙，使空转时无磨齿现象，但不得大于δ值。

⑥ 电磁离合器为 B 级绝缘，正常温升 40 ℃。极限热平衡时的工作温度不允许超过 100 ℃，否则线圈与摩擦部分容易发生破坏。

⑦ 电磁离合器电源为一般为直流 24 V（特殊订货除外）。它由三相或单相交流电压经降压和全波整流得到，无稳压及滤波要求，电源功率要大于电磁离合器额定功率 1.5 倍以上。使用半波整流电源时必须加装续流二极管。

（8）常见故障及原因

电磁离合器的结构简单，因此其安装、维护起来也极方便。然而在使用过程中，电磁离合器会因各种因素而发生不同的故障，下面简单介绍电磁离合器常见故障及原因。

电磁离合器一般故障多发生在起动、空转及载荷的时候，但在起动时期发生较多，主要表现为无法起动，或者输入电磁离合器的电压过低（常规的输入电压为 DC 24 V），以及动力不稳定、打滑或者温度过高等，但也有特殊情况。所以，在输入电压时要注意要求，排除方法就是检测输入电压是否为电磁离合器的要求电压。若遇到线圈短路这种故障，通常情况下都是更换或者修复后使用，建议将更换或者修改后的电磁离合器电路进行改造。

运转不稳定，极有可能是输入电压不稳定，应检测电源的功率，使之大于电磁离合器额定功率的 1.5 倍左右，电压波动范围为±5%。解决运转不稳定的方法，就是检查电压情况，稳定电压。

2. 电力制动

使电动机在切断电源停转的过程中，产生一个和电动机实际旋转方向相反的电磁力矩（制动力矩），迫使电动机迅速制动停转的方法叫电力制动。电力制动常用的方法有反接制动、能耗制动等。

1）反接制动

依靠改变电动机定子绕组的电源相序来产生制动力矩，迫使电动机迅速停转的方法叫反接制动，其制动原理如图 3–37 所示。

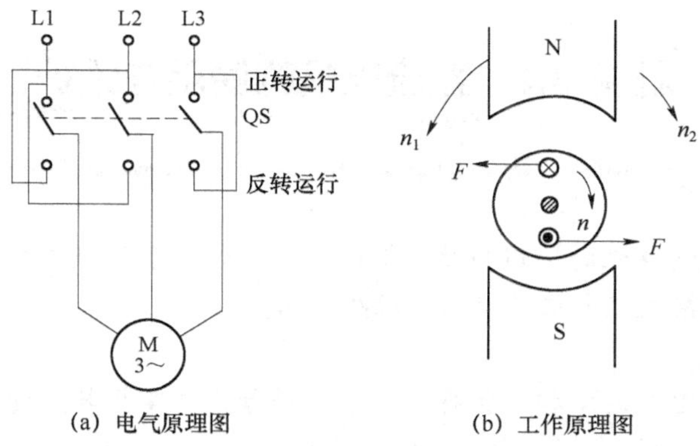

(a) 电气原理图　　(b) 工作原理图

图 3–37　反接制动原理图

三相异步电动机的反接制动是将三相电源中的任意两相对调，使电动机的旋转磁场反向，产生一个与原转动方向相反的制动转矩，迅速降低电动机的转速，当电动机转速接近零时，立即切断电源。

反接制动的优点：制动力强，制动迅速；缺点：制动准确性差，制动过程中冲击强烈，易损坏传动零件。

注意：当电动机转速接近零值时，应立即切断电动机电源，否则电动机将反转。

2）能耗制动

能耗制动时，三相绕组脱离三相电源，直流电流过定子绕组，在气隙中形成恒定磁场。由于惯性，转子仍以速度 *n* 旋转，此时旋转磁场的转子切割磁感线，产生感应电流，从而产生一个与转动方向相反的制动转矩，使电动机迅速地停转。

三相异步电动机的能耗制动原理如图 3–38 所示。

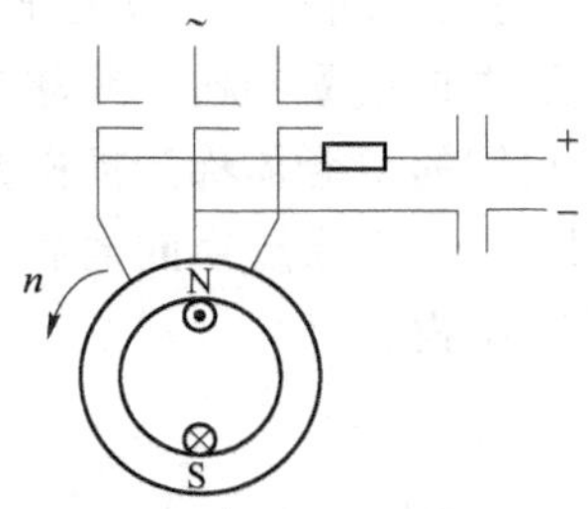

图 3–38　三相异步电动机的能耗制动原理图

能耗制动的优点：制动平稳，准确性高；缺点：需附加直流电源装置，设备费用较高，制动力较弱，在低速时制动力矩小。因此，能耗制动一般用于要求制动准确、平稳的场合，如用于磨床、立式铣床等的控制电路中。

任务 3.2 直流电机的使用与维护

【任务描述】

本任务通过直流电机的使用与维护训练，引导学生了解直流电机的结构、工作原理及工作特性，掌握直流电机的使用与维护方法。

【学习目标】

（1）了解直流电机的结构、铭牌、型号、符号，并掌握其用途、连接方法及使用注意事项。

（2）掌握直流电机的起动、调速及制动方法。

（3）掌握直流电机的运行和维护方法。

（4）掌握直流电机的工作特性。

（5）能对直流电机进行日常维护。

（6）能根据故障现象分析和诊断出故障原因，并排除故障。

3.2.1 直流电机的基本工作原理

直流电机包括直流电动机和直流发电机，下面分别介绍这两类电机的工作原理。

1. 直流电动机

1）物理模型

图 3–39 所示是最简单的直流电动机的物理模型。图中，N 和 S 是一对固定的磁极（一般是电磁铁，也可以是永久磁铁）。磁极之间有一个可以转动的铁质圆柱体，称为电枢铁心。铁心表面固定一个由绝缘导体构成的电枢线圈 abcd，线圈的两端分别接到相互绝缘的两个弧形铜片上。弧形铜片称为换向片，它们的组合体称为换向器。在换向器上放置固定不动、与换向片滑动接触的电刷 A 和 B，线圈 abcd 通过换向器和电刷接通外电路。电枢铁心、电枢线圈和换向器构成的整体叫作转子或电枢。

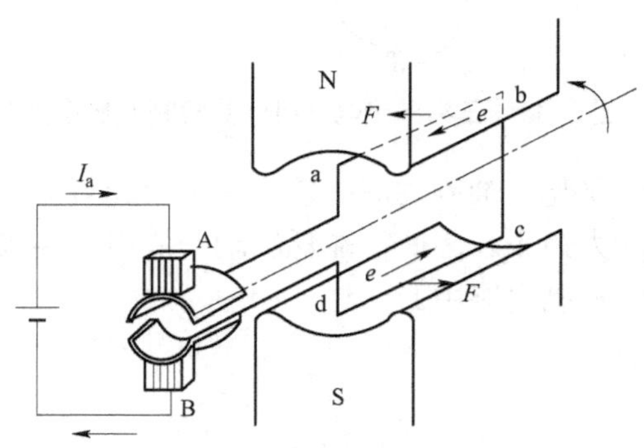

图 3–39 直流电动机物理模型

2）工作原理

此模型作为直流电动机运行时，将直流电源加于电刷 A 和 B。例如，将电源正极加于电刷 A，电源负极加于电刷 B，则线圈 abcd 中流过电流，在导体 ab 中，电流由 a 流向 b，在导体 cd 中，电流由 c 流向 d。

载流导体 ab 和 cd 均处于 N、S 极之间的磁场中，受到电磁力的作用，其方向由左手定则确定，作用于导体 ab 和 cd 上的这一对电磁力形成一个转矩，称为电磁转矩，电磁转矩的方向为逆时针方向，使整个电枢逆时针方向旋转。当电枢旋转 180°，导体 cd 转到 N 极下，导体 ab 转到 S 极上，由于电流仍从电刷 A 流入，使导体 cd 中的电流方向变为由 d 流向 c，而导体 ab 中的电流方向变为由 b 流向 a，从电刷 B 流出，用左手定则可判别电磁转矩的方向仍是逆时针方向。

由此可见，加于直流电动机的直流电源，借助于换向器和电刷的作用，使直流电动机电枢线圈中流过的电流，方向是交变的，从而使电枢产生的电磁转矩的方向恒定不变，确保了直流电动机朝确定的方向连续旋转，这就是直流电动机的基本工作原理。

实际的直流电动机，电枢四周均匀地嵌放许多线圈；相应地，换向器由许多换向片组成，使电枢线圈所产生的总电磁转矩足够大并且比较均匀，电动机的转速也就比较均匀。

2. 直流发电机

直流发电机的工作原理是：把电枢线圈中感应的交变电动势，靠换向器配合电刷的换向作用，使之从电刷端引出时变为直流电动势。

直流发电机的模型与直流电动机相同，不同的是电刷上不加直流电源，而是利用原动机拖动电枢朝某一方向（如逆时针方向）旋转，如图 3–40 所示。

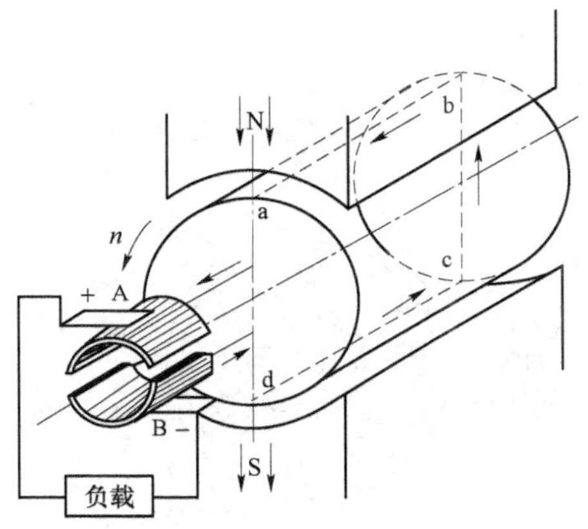

图 3–40　直流发电机物理模型

这时导体 ab 和 cd 分别切割 N 极和 S 极下的磁力线，产生感应电动势，电动势的方向用右手定则确定。图 3–40 所示情况下，导体 ab 中电动势的方向由 b 指向 a，导体 cd 中电动势的方向由 d 指向 c，所以电刷 A 为正极性，电刷 B 为负极性。电枢旋转 180° 时，导体 cd 转至 N 极下，感应电动势的方向由 c 指向 d，电刷 A 与 d 所连换向片接触，仍为正极性；导体 ab 转至 S 极上，感应电动势的方向变为 a 指向 b，电刷 B 与 a 所连换向片接触，仍为负极性。可见，直流发电机电枢线圈中的感应电动势的方向是交变的，而通过换向器和电刷的作用，在电刷 A、B 两端输出的电动势是方向不变的直流电动势。若在电刷 A、B 之间接上负载，发电机就能向负载供给直流电能，这就是直流发电机的基本工作原理。

从以上分析可见：一台直流电机，原则上既可以作为电动机运行，也可以作为发电机运行，取决于外界不同的条件。如果在电刷端外加直流电压，则电机把电能转变成机械能，作为电动机运行；如用原动机拖动直流电机的电枢旋转，电机能将机械能转换为直流电能，作为发电机运行。这种同一台电机既能作为电动机运行，又能作为发电机运行的原理，在电机理论中称为可逆原理。

3.2.2 直流电机基本结构

由直流电动机和直流发电机工作原理可以看到，直流电机由定子和转子两大部分组成。直流电机的结构如图 3–41 所示，其横剖面示意图如图 3–42 所示。

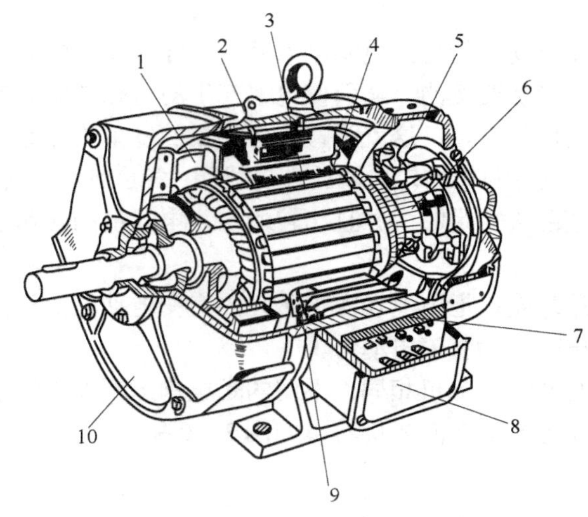

1—风扇；2—机座；3—电枢；4—主磁极；5—刷架；6—换向器；7—接线板；8—出线盒；9—换向极；10—端盖

图 3–41 直流电机结构

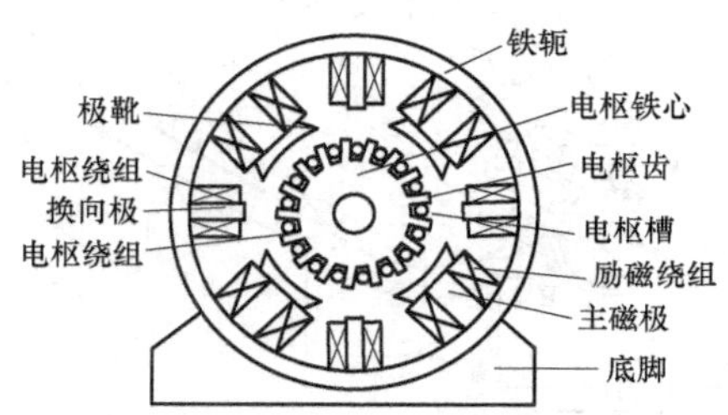

图 3–42 直流电机横剖面示意图

1. 定子

直流电机运行时静止不动的部分称为定子，其主要作用是产生磁场，由主磁极、换向极、机座和电刷装置等组成。

1）主磁极

主磁极的作用是产生气隙磁场。主磁极由主磁极铁心和励磁绕组两部分组成，如图 3–43 所示。铁心用 0.5～1.5 mm 厚的钢板冲片叠压铆紧而成，上面套励磁绕组的部分称为极身，下面扩宽的部分称为极靴，极靴宽于极身，既可使气隙中磁场分布比较理想，又便于固定励磁绕组。励磁绕组用绝缘铜线绕制而成，套在极身上，再将整个主磁极用螺钉固定在机座上。

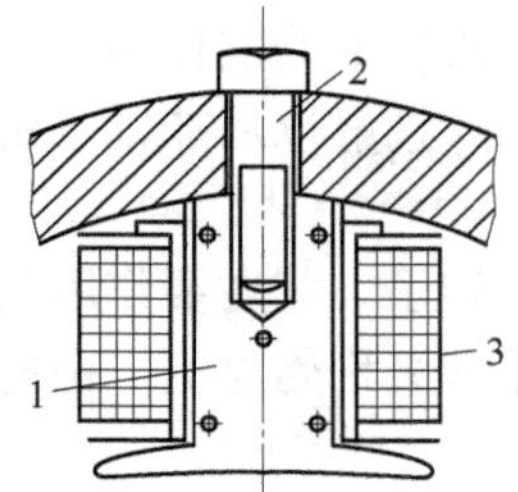

1—主磁极铁心；2—固定螺钉；3—励磁绕组

图 3–43　主磁极

2）换向极

两相邻主磁极之间的小磁极叫换向极，也叫附加极或间极。换向极的作用是改善电机换向、减小电机运行时电刷与换向器之间可能产生的火花。

换向极由换向极铁心和换向极绕组构成，如图 3–44 所示。换向极铁心一般用整块钢制成。对换向性能要求较高的直流电机，换向极铁心可用 1～1.5 mm 厚的钢板冲制叠压而成。换向极绕组用绝缘导线绕制而成，套在换向极铁心上。整个换向极用螺钉固定于机座上。换向极的数目一般与主磁极相等。

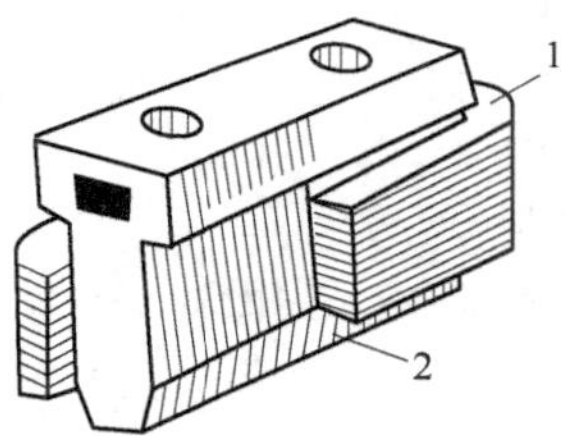

1—换向极绕组；2—换向极铁心

图 3–44　换向极

3）机座

电机定子部分的外壳称为机座。机座一方面用来固定主磁极、换向极和端盖，对整个电机起到支撑和固定作用；另一方面也是磁路的一部分，借以构成磁极之间的通路，磁通通过的部分称为磁轭。为保证机座具有足够的机械强度和良好的导磁性能，一般用铸钢件或由钢板焊接而成。

4）电刷装置

电刷装置用以引入或引出直流电压和直流电流。电刷装置由电刷、刷握、刷杆和刷杆座等组成。电刷放在刷握内，用弹簧压紧，使电刷与换向器之间有良好的滑动接触，如图 3–45

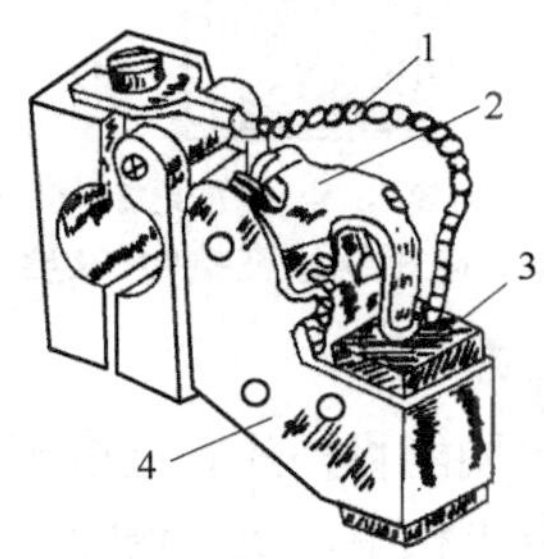

1—铜丝辫；2—压紧弹簧；3—电刷；4—刷握

图 3–45　电刷装置

所示。刷握固定在刷杆上，刷杆装在圆环形的刷杆座上，相互之间必须绝缘。刷杆座装在端盖或轴承内盖上，圆周位置可以调整，调好以后加以固定。

2. 转子

直流电机运行时转动的部分称为转子，其主要作用是产生电磁转矩和感应电动势，是直流电机进行能量转换的枢纽，所以通常又称为电枢，由电枢铁心、电枢绕组和换向器、转轴等组成。

1）电枢铁心

电枢铁心是主磁通磁路的主要部分，用以嵌放电枢绕组。为了降低电机运行时电枢铁心中产生的涡流损耗和磁滞损耗，电枢铁心用 0.5 mm 厚的硅钢片冲制的冲片叠压而成，冲片形状如图 3–46 所示。叠成的铁心固定在转轴或转子支架上，铁心的外圆开有电枢槽，槽内嵌放电枢绕组。

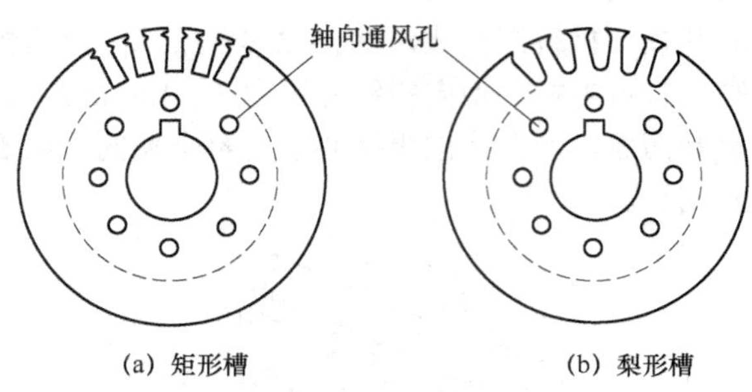

图 3–46 电枢铁心冲片

2）电枢绕组

电枢绕组是直流电机进行能量转换的关键部件，其作用是产生电磁转矩和感应电动势。电枢绕组由许多线圈按一定规律连接而成，线圈用高强度漆包线或玻璃丝包扁铜线绕成。不同线圈边分上、下两层嵌放在电枢槽中，线圈与铁心之间以及上、下两层线圈边之间都必须妥善绝缘。为防止离心力将线圈边甩出槽外，槽口用槽楔固定，如图 3–47 所示。线圈边的端接部分用热固性无纬玻璃带进行绑扎。

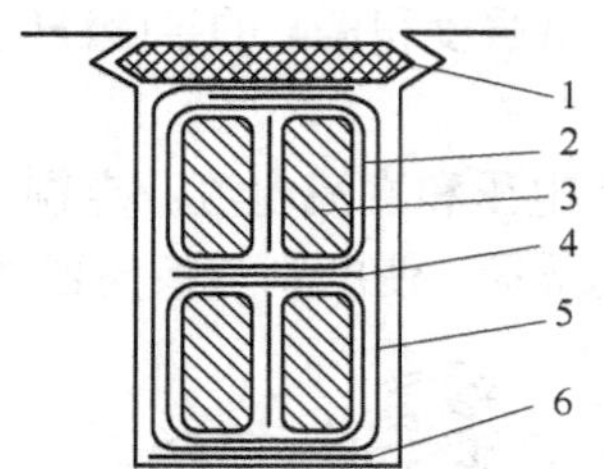

1—槽楔；2—线圈绝缘；3—导体；4—层间绝缘；5—槽绝缘；6—槽底绝缘

图 3–47 电枢绕组在槽中的绝缘情况

3）换向器

在直流电动机中，换向器配以电刷能将外加直流电源转换为电枢线圈中的交变电流，使电磁转矩的方向恒定不变；在直流发电机中，换向器配以电刷能将电枢线圈中感应产生的交变电动势转换为正、负电刷上引出的直流电动势。换向器是由许多换向片组成的圆柱体，换向片之间用云母片绝缘。如图 3–48 所示，换向片的下部做成鸽尾形，两端用钢制 V 形套筒和V形云母环固定，再加螺母锁紧。

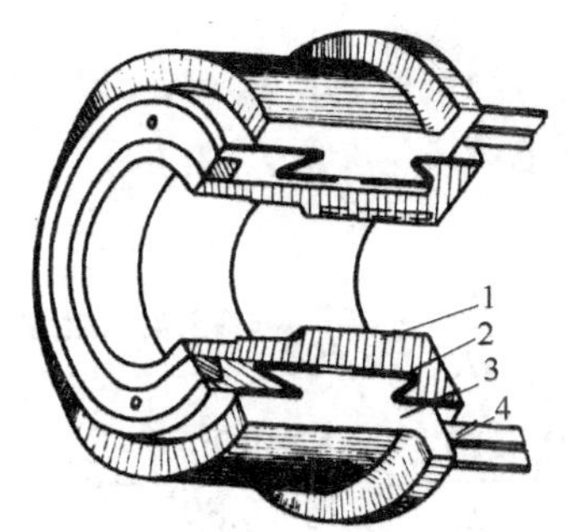

1—V形套筒；2—云母环；3—换向片；4—连接片

图3–48　换向器

4）转轴

转轴起支撑转子旋转的作用，需有一定的机械强度和刚度，一般用圆钢加工而成。

3.2.3　直流电机的额定值及铭牌

电机制造厂按照国家标准，根据电机的设计和试验数据所规定的每台电机的主要数据称为电机的额定值。

额定值一般标在电机的铭牌或产品说明书上，故又称为铭牌数据。还有一些额定值，例如额定转矩 T_N、额定效率 η_N 和额定温升 τ_N 等，不一定标在铭牌上，可查产品说明书或由铭牌上的数据计算得到。下面介绍最常用的直流电机的额定值。

1. 额定电压 U_N

额定电压是指电机电枢绕组能够安全工作的最大外加电压或输出电压，单位为V。

2. 额定电流 I_N

额定电流是指电机按照规定的工作方式运行时电枢绕组允许流过的最大电流，单位为A。

3. 额定转速 n_N

额定转速是指电机在额定电压、额定电流和输出额定功率的情况下运行时，电机的旋转速度，单位为r/min。

4. 额定功率 P_N

额定功率是指按照规定的工作方式运行时所能提供的输出功率，单位为 kW。对直流电动机来说，额定功率是指轴上输出的机械功率；对直流发电机来说，额定功率是指电枢输出的电功率。

额定功率可以由额定电压、额定电流计算出来。对于直流电动机：

$$P_N = U_N I_N \eta_N \times 10^{-3}$$

对于直流发电机：

$$P_N = U_N I_N \times 10^{-3}$$

直流电机运行时，如果各个物理量均为额定值，就称电机工作在额定运行状态，也称为满载运行。在额定运行状态下，电机利用充分，运行可靠，并具有良好的性能。如果电机的电流小于额定电流，称为欠载运行；如果电机的电流大于额定电流，称为过载运行。欠载运行，电机利用不充分，效率低；过载运行，易引起电机过热损坏。根据负载选择电机时，最好使电机接近于满载运行。

［例 3–3］ 某台直流电动机的额定值为：P_N=12 kW，U_N=220 V，η_N=89.2%，试求该电动机额定运行时的输入功率 P_I 及电流 I_N。

解：额定输入功率

$$P_I=\frac{P_N}{\eta_N}=\frac{12}{0.892}=13.45\text{（kW）}$$

$$I_N=\frac{P_N\times10^3}{U_N\eta_N}=\frac{12\times10^3}{220\times0.892}=61.15\text{（A）}$$

［例 3–4］ 某台直流发电机额定值为：P_N=95 kW，U_N=230 V，η_N=91.8%，试求该发电机的额定电流 I_N。

解：额定电流

$$I_N=\frac{P_N\times10^3}{U_N}=\frac{95\times10^3}{230}=413.04\text{（A）}$$

3.2.4 直流电机的励磁方式与工作原理

1. 直流电机的励磁方式

主磁极上励磁绕组通以直流励磁电流产生的磁动势称为励磁磁动势。励磁磁动势单独产生的磁场是直流电机的主磁场，又称为励磁磁场。励磁绕组的供电方式称为励磁方式。直流电机按励磁方式的不同可以分为他励直流电机、并励直流电机、串励直流电机、复励直流电机 4 类，如图 3–49 所示。

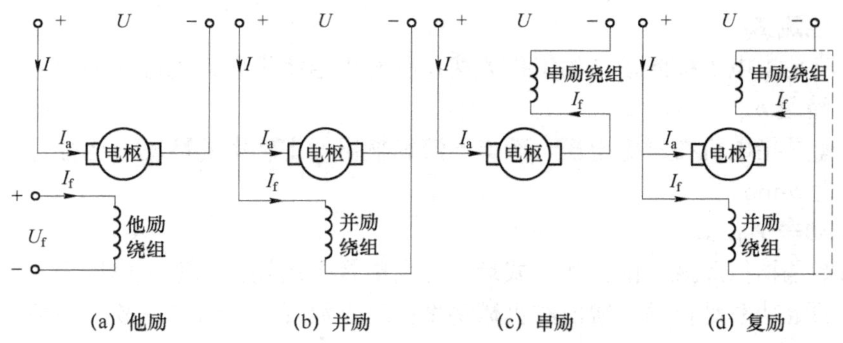

图 3–49 直流电机的励磁方式

直流电机的励磁方式不同，运行特性和适用场合也不同。

1）他励直流电机

他励直流电机的励磁绕组由其他直流电源供电，与电枢绕组之间没有电的联系，如图 3–49（a）所示。永磁直流电机也属于他励直流电机，其励磁磁场与电枢电流无关。图 3–49（a）中的电流正方向是以电动机为例设定的。

2）并励直流电机

并励直流电机的励磁绕组与电枢绕组并联，如图 3–49（b）所示，励磁电压等于电枢绕组端电压。

他励直流电机和并励直流电机的励磁电流只有电机额定电流的 1%～5%，因此励磁绕组的导线细，且匝数多。

3）串励直流电机

串励直流电机的励磁绕组与电枢绕组串联，如图 3–49（c）所示，励磁电流等于电枢电流，因此励磁绕组的导线粗，且匝数较少。

4）复励直流电机

复励直流电机的每个主磁极上套有两个励磁绕组：一个与电枢绕组并联，称为并励绕组；另一个与电枢绕组串联，称为串励绕组，如图 3–49（d）所示。两个绕组产生的磁动势方向相同时称为积复励，方向相反时称为差复励，通常采用积复励方式。

2. 并励直流电机的工作原理

图 3–50 所示为并励直流电机的工作原理示意图。接通直流电源时，励磁绕组中流过励磁电流 I_f，建立主磁场，电枢绕组中流过电枢电流 I_a，电枢元件导体中流过支路电流，与磁场作用产生电磁转矩 T_{em}，使电枢朝 T_{em} 的方向以转速 n 旋转。电枢旋转时，电枢导体又切割气隙合成磁场，产生电枢电动势 E_a。在电机中，此电动势的方向与电枢电流 I_a 的方向相反，称为反电动势。

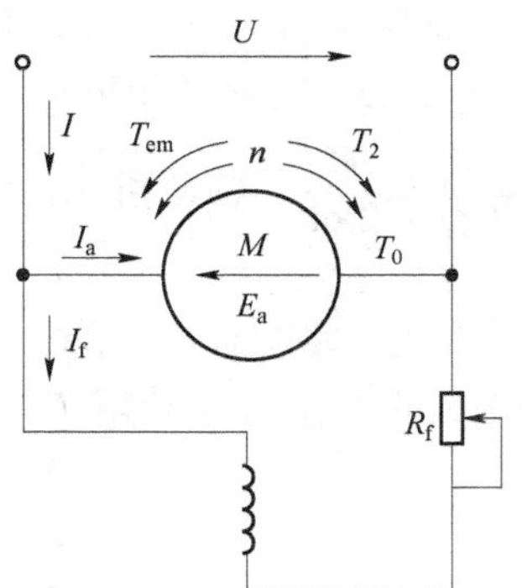

图 3–50　并励直流电机工作原理示意图

3.2.5　直流电机的工作特性

1. 并励直流电机的工作特性

并励直流电机的工作特性是指当电机的端电压 $U=U_N$，励磁电流 $I_f=I_{fN}$，电枢不串外加电阻时，转速 n、电磁转矩 T、效率 η 分别与输出功率 P_2 之间的关系。

1）转速特性

转速特性是指在端电压 $U=U_N$，励磁电流 $I_f=I_{fN}$，电枢回路不串附加电阻时，电机的转速 n 随输出功率 P_2 而变化的关系，即 $n=f(P_2)$ 曲线。由 $n=\dfrac{U_N}{C_e\Phi}-\dfrac{I_aR_a}{C_e\Phi}$ 知，当输出功率增加时，电枢电流增加，电枢压降增加，使转速下降，同时由于电枢反应的去磁作用使转速上升。上述两者相互作用的结果，使转速的变化呈略微下降趋势，如图 3–51 所示。

电机转速随负载变化的稳定程度用电机的额定转速调整率$\Delta n\%$表示，公式如下：

$$\Delta n\% = \frac{n_0 - n_N}{n_0} \times 100\%$$

式中：n_0——理想空载转速；n_N——额定负载转速。

并励直流电机的转速调整率很小，$\Delta n\%$ 通常为 3%～8%。

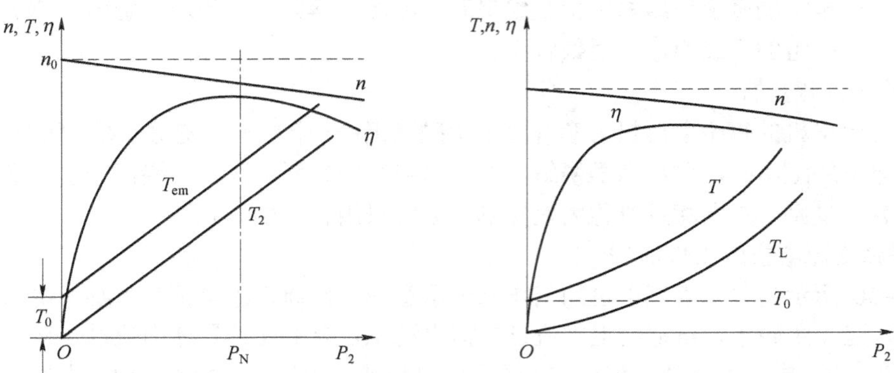

图 3–51 并励直流电机的工作特性曲线

2）转矩特性

转矩特性是指在端电压 $U=U_N$，励磁电流 $I_f=I_{fN}$，电枢回路不串附加电阻时，电机的电磁转矩 T_{em} 随输出功率 P_2 而变化的关系，即 $T_{em}=f(P_2)$曲线。

根据输出功率 $P_2=T\Omega$有：$T_2=\dfrac{P_2}{\Omega}=\dfrac{P_2}{\dfrac{2\pi n}{60}}$。由此可见，当转速不变时，特性曲线为一通过原点的直线。实际上，当 P_2 增加时转速 n 略微有所下降，因此曲线将稍微向上弯曲。而电磁转矩 $T_{em}=T_2+T_0$，因此只要在关系曲线上加上空载转矩 T_0，便可得到 $T_{em}=f(P_2)$的关系曲线，如图 3–51 所示。

3）效率特性

效率特性是指在端电压 $U=U_N$，励磁电流 $I_f=I_{fN}$，电枢回路不串附加电阻时，电机的效率 η 随输出功率 P_2 而变化的关系，即$\eta=f(P_2)$曲线。

在直流电机系统中，由于机械损耗、铁心损耗及励磁损耗在空载时就已存在，故将其总称为空载损耗，当负载变化时，它的数值基本不变，故也称其为不变损耗。而电枢的回路铜损耗及电刷接触压降损耗是由负载电流变化引起的，故称为负载损耗。当负载电流变化时，负载损耗的数值也随之变化，故又称为可变损耗。输出功率 P_2 与输入功率 P_1 之比就是电机的效率η，即

$$\eta=\frac{P_2}{P_1}\times 100\%=\frac{P_1-\sum P}{P_1}\times 100\%=\left(1-\frac{\sum P}{P_1}\right)\times 100\%$$

$$=\left(1-\frac{P_{Fe}+P_{\Omega}+I_a^2R_a+U_fI_f}{U(I_a+I_f)}\right)\times 100\%$$

上式中的铁心损耗 P_{Fe} 是电机旋转时电枢铁心切割气隙磁场而引起的涡流损耗与磁滞损耗之和，其大小决定于气隙磁密与转速；机械损耗 P_{Ω}包括轴承及电刷的摩擦损耗和通风损耗，

其大小主要决定于转速；励磁绕组的铜损耗 $P_{Cuf}=U_f I_f$，每极磁通不变时，I_f不变，P_{Cuf}也不变。由此可看出，以上三种损耗都不随电枢电流变化，亦即不随负载变化，通常将这三种损耗之和称为不变损耗。电枢回路的铜损耗 $P_{Cua}=I_a^2R_a$ 与电枢电流的平方成正比，亦即随负载的变化明显变化，故称为可变损耗。

当电枢电流 I_a 开始由零增大时，可变损耗增加缓慢，总损耗变化小，效率 η 明显上升；若忽略分母中的 I_f（因 $I_f \ll I_a$），当 I_a 增大到电机的不变损耗等于可变损耗，即当 $P_{Cuf}+P_{Fe}+P_{\Omega}=I_a^2R_a$ 时，电机的效率达到最高。I_a 再进一步增大时，可变损耗在总损耗中所占的比例增大，可变损耗和总损耗都将明显上升，使效率 η 反而略微下降。一般电机在负载为额定值的 75%时效率最高。

2. 串励直流电机的工作特性

1）转速特性

$$\Phi = k_f I_a = k_f I$$

$$U = C_e \Phi n + I(R_a + R_f) = C_e n k_f I + IR_a'$$

$$R_a' = R_a + R_f$$

$$n = \frac{U - I_a R_a'}{C_e \Phi}$$

因为 $I_a=I_f$，当 I_a 较小时，磁路没有饱和，$\Phi=k_fI_f=k_fI_a$，代入上式可得

$$n = \frac{U - I_a R_a'}{C_e \Phi} = \frac{U}{C_e k_f I_a} - \frac{R_a'}{C_e k_f I_a} I_a = \frac{U}{C_e' I_a} - \frac{R_a}{C_e'}$$

式中，$C_e' = k_f C_e$，为常数；k_f为磁通与励磁电流的比例系数。

由上式可知，电枢电流不大时，串励直流电机的转速特性具有双曲线性质，转速随电枢电流增大而迅速降低。当电枢电流较大时，由于磁路趋于饱和，磁通近似为常数，转速特性与并励时相似，为稍稍向下倾斜的直线，如图 3–52 中的曲线所示。

需要注意的是，当电枢电流较小时，电机的转速将升得很高，因为 I_a 较小时，气隙磁通 Φ 和电阻压降 I_a、R_a' 均很小，为使 $E_a=C_e\Phi$ 能与电源电压 U 相平衡，转速 n 必须很高才行。理论上，I_a 接近零时，电机转速将趋于无穷大，导致转子损坏，所以串励直流电机不允许在空载或轻载下运行。

2）转矩特性

串励时，电机的转矩公式如下：

$$T_{em} = C_T \Phi I_a = C_T k_f I_f I_a = C_T k_f I_a^2 = C_T' I_a^2$$

式中，$C_T' = C_T k_f$，对已制成的电机，磁路不饱和时为常数。

当磁路不饱和时，$T_{em} \propto I_a^2$；当磁路饱和时，Φ 为常数，$T_{em} \propto I_a$，一般可看成 $T_{em} \propto I_a^2$，T_{em} 按大于一次方的比例增加。

电机的转矩公式表明：电磁转矩与电枢电流的平方成正比，转矩特性如图 3–52 中的曲线所示。这一特性使串励直流电机在同样电流限值（一般为额定电流的 2 倍左右）下具有比他励直流电机大得多的起动转矩，适用于起动能力或过载能力要求较高的场合，如拖动闸门、电力机车等负载。

3）效率特性

串励直流电机的效率特性与并励直流电机相同，如图 3–52 中的曲线所示。

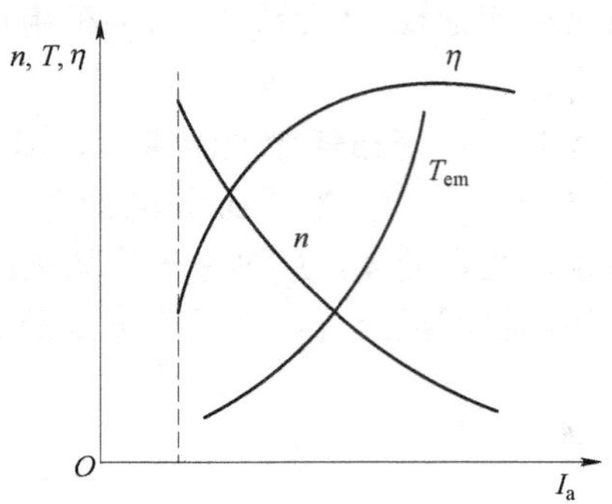

图 3–52　串励直流电机的工作特性

3. 复励直流电机的工作特性

复励直流电机一般采用积复励，其转速特性介于并励电机和串励电机之间，如图 3–52 所示。如果是并励绕组磁动势起主要作用，其转速特性与并励电机接近；如果是串励绕组磁动势起主要作用，则转速特性与串励电机接近。因为有串励和并励磁动势的存在，所以复励电机既有较高的起动能力和过载能力，又允许空载或轻载运行。

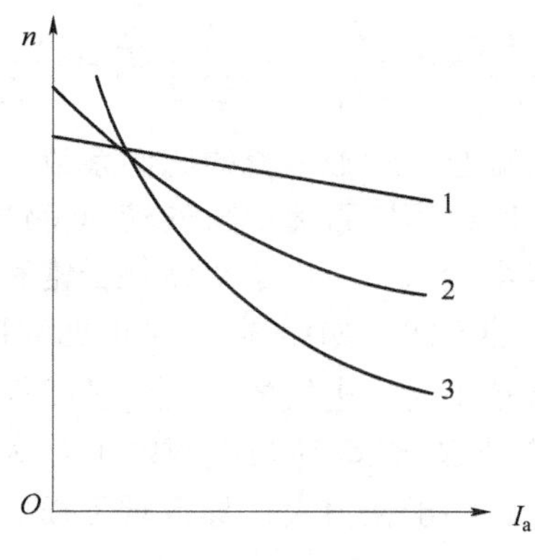

1—并励；2—积复励；3—串励

图 3–53　并励、串励、积复励电机的转速特性比较

3.2.6　直流电机的起动、调速与制动

1. 直流电机的起动

电机接上电源后，转速从零到达稳定转速的过程称为起动过程。直流电机起动原则如下：

① 起动转矩足够大；

② 起动电流小；

③ 起动设备简单，可靠，经济。

直流电机的起动分直接起动、电枢回路串电阻起动和降压起动三种。

1）直接起动

不采取任何限流措施，直接加额定电压的起动称直接起动。直接起动的优点是起动转矩很大，不需另加起动设备，操作简便。缺点是起动电流很大，一般可达额定电流的 10～20 倍。

由 n=0，$E_a=C_e\Phi n=0$，$I_a=(U-E_a)/R_a=U/R_a$，可得出以下结论：

① 换向情况恶化，产生严重的火花，损坏换向器；

② 过大转矩将损坏拖动系统的传动机构；

③ 在起动时，除低压、小容量外，一般不容许直接起动，必须设法限制电枢电流；

④ 起动和运行中须保证励磁始终正常。

2）电枢回路串电阻起动

电枢回路串电阻起动时，如图 3–54 所示。

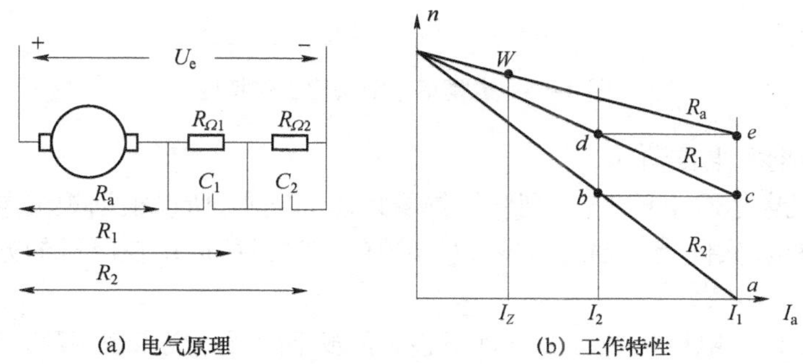

(a) 电气原理　　(b) 工作特性

图 3–54　电枢回路串电阻起动

最初起动电流：$I_{st}=U/(R_a+R_{st})$

最初起动转矩：$T_{st}=C_T\Phi I_{st}$

为了在限定的电流 I_{st} 下获得较大的起动转矩 T_{st}，应该使磁通 Φ 尽可能大些，因此起动时串联在励磁回路的电阻应全部切除。

有了一定的转速 n 后，电势 E_a 不再为 0，电流 I_{st} 会逐步减小，转矩 T_{st} 也会逐步减小。

为了在起动过程中始终保持足够大的起动转矩，一般将起动器设计为多级，随着转速 n 的增大，串在电枢回路的起动电阻 R_{st} 逐级切除，进入稳态后全部切除。

起动电阻一般设计为短时运行方式，不允许长时间通过较大的电流。

3）降压起动

对于他励直流电机，可以采用专门设备降低电枢回路的电压以减小起动电流，适用于电机直流电源可调的情形。

2. 直流电机的调速

直流电机拖动一定的负载运行时，其转速由工作点决定。转速的计算公式如下：

$$n=U/(C_e\Phi)-(R_a+R_p)/(C_eC_T\Phi_2)\times T=n_0-\beta T$$

从上式可以看出，如果调节某些参数，则可以改变转速。实质上，改变转速是改变了电机的机械特性，使之与负载机械特性的交点改变，达到调速的目的。常用的直流电机调速方式有以下 3 种。

1）电枢串电阻调速

调节电阻 R_p 增大时，电机机械特性的斜率增大，与负载机械特性的交点也会改变，以此达到调速目的。其工作特性如图 3–55 所示。

优点：设备简单，操作简单。

缺点：只能降速，低转速时变化率较大，电枢电流较大，不易连续调速，有损耗。

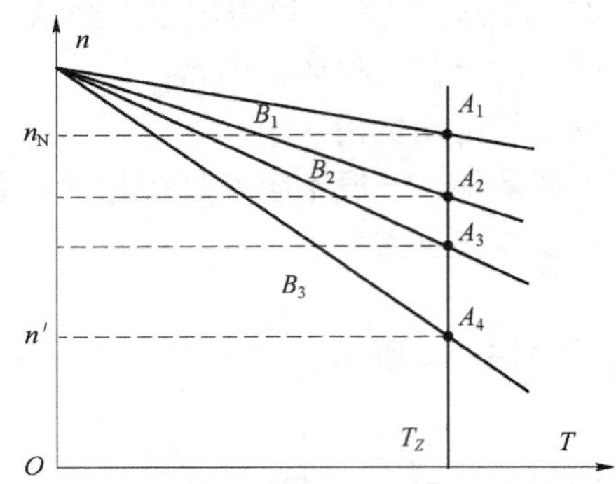

图 3–55 电枢串电阻调速工作特性

2）改变电枢电源电压调速

因为提高电机电枢端电压 U_a 受到绕组绝缘耐压的限制，所以根据规定电枢电压只允许比额定电压提高 30%。实际上，通过改变 U_a 调速的方法只能应用在降压的方向，即从额定转速向下调速。

降低电枢电压时，电机机械特性平行下移。负载不变时，交点也下移，速度也随之改变，如图 3–56 所示。

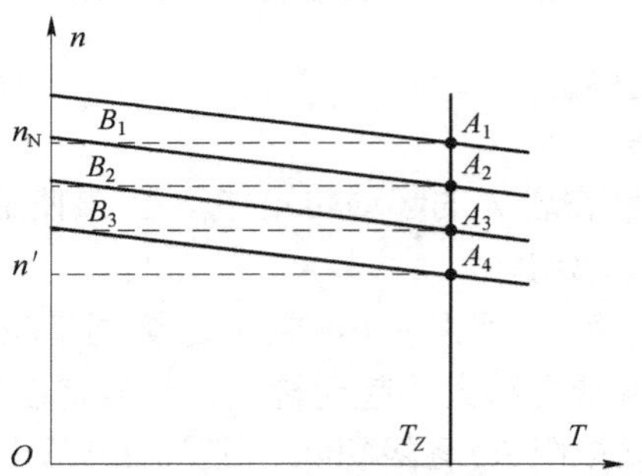

图 3–56 改变电枢电源电压调速工作特性

优点：调速后，转速稳定性不变，无级调速，平滑性好，损耗小。

缺点：只能下调，且需要专门设备，成本大。

3）弱磁调速

因为一般电机的额定磁通已设计得使铁心接近饱和，所以改变磁通一般应用在弱磁的方向，称为弱磁调速。通常，弱磁调速可以使转速从额定值向上调节。弱磁调速电路示意图如图 3–57 所示。

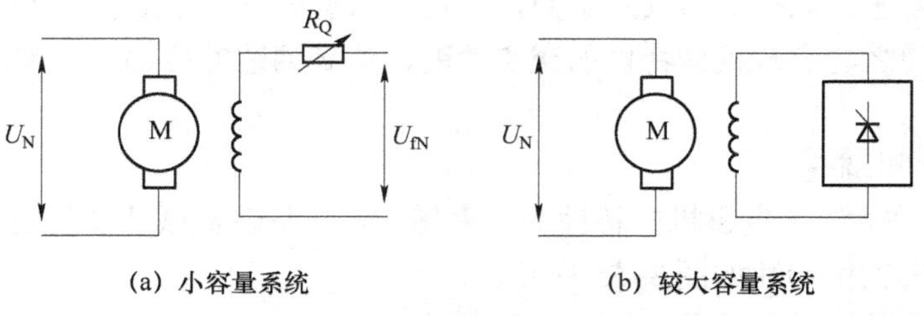

(a) 小容量系统 (b) 较大容量系统

图 3–57 弱磁调速电路示意图

减少励磁电流时，磁通 Φ 减少，电机机械特性 n_0 点和斜率增大。负载不变时，交点也下移，速度也随之改变，其工作特性图 3–58 所示。这种方法常和额定转速以下的降压调速配合应用，可扩大调速范围。

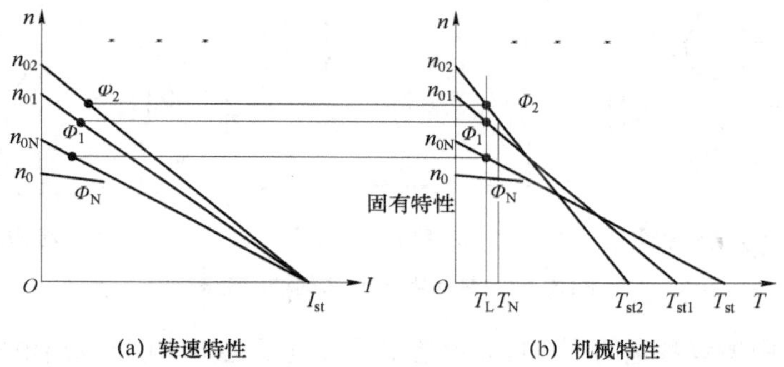

(a) 转速特性　　(b) 机械特性

图 3–58　弱磁调速的工作特性

优点：对功率较小的励磁电路进行调节；控制方便；能量损耗小；调速的平滑性较高。

缺点：只能上调。

4）调速的性能指标

调速的性能指标为调速范围 D，其计算公式如下：

$$D=\frac{n_{max}}{n_{min}}$$

从计算公式可以看出，电机的调速范围是电机在额定负载下最大转速 n_{max} 与最小转速 n_{min} 之比。对负载很轻的生产机械，可用实际负载下的最高转速与最低转速来计算。

5）调速方式总结

各种调速方式的比较如表 3–1 所示。

表 3–1　各种调速方式的比较

调速方式	改变的参数	特　点
串电阻	电枢电路串接电阻，减小 I_a	向下调速，特性变软，低速稳定性更差，耗能多，调速范围小，恒转矩调速
调　压	降低电枢电路电压	向下调速，特性硬度不变，稳定性好，耗能少，调速范围较大，恒转矩调速
调　磁	励磁电路串接电阻，减小 I_f，减小 Φ	向上调速，特性硬度变化不大，稳定性好，耗能少，调速范围较小，如保持 I_a 不变，为恒功率调速

3. 直流电机的制动

当转矩 T 与转速 n 的方向相反时，电机吸收机械能并转化为电能，使电机生产一个负的转矩（即制动转矩），以增加减速度，这不仅能使系统较快地制动，而且使负载的工作机构获得稳定的减速。

1）能耗制动

实现：U=0，电枢回路串入电阻。

电路特点：U=0，制动过程中，电机靠系统的动能发电，转化成发电机工作状态，把动能变成电能，消耗在电枢回路的电阻上，因此称为能耗制动。

直流电机能耗制动电路如图 3–59 所示。

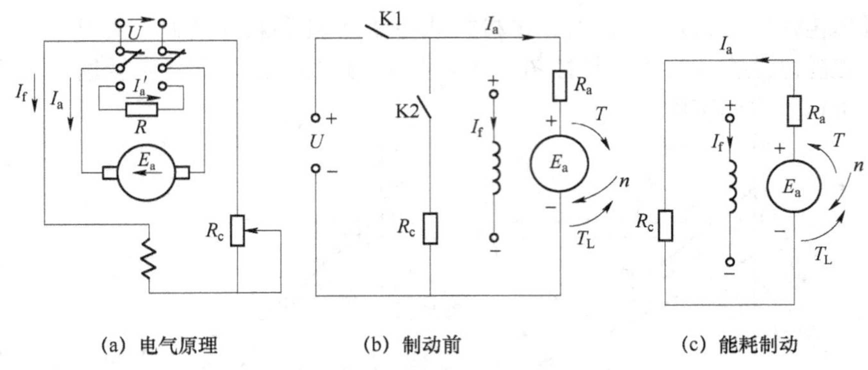

(a) 电气原理　　(b) 制动前　　(c) 能耗制动

图 3–59　直流电机能耗制动电路图

根据图 3–59 中所设各量的正方向，用基尔霍夫电压定律，可以列出电压平衡方程式 $E_a=-I_a(R_a+R_c)$，即：

$$I_a=-\frac{E_a}{R_a+R_c}$$

由上式可知，制动电阻 R_c 越小，T_1 绝对值越大，制动越快。

2）反接制动

直流电机的反接制动电路图如图 3–60 所示。

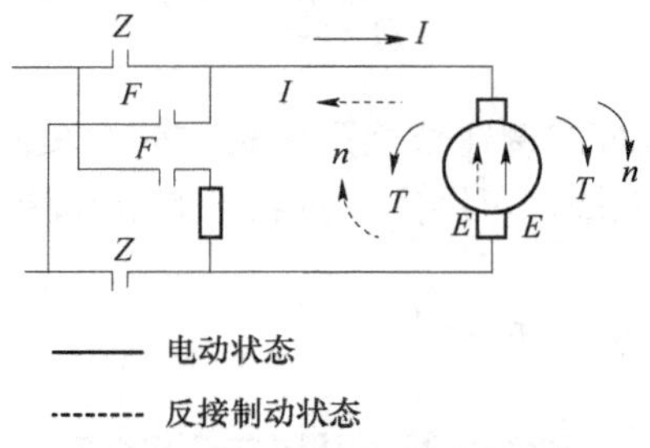

图 3–60　直流电机反接制动电路图

实现：电枢电压或电动势极性突然改变（励磁反向）。

电枢电压和电动势顺极性串联，反接时必须采取限制电枢电流的措施：

$$I_a=\frac{-U_N-E_a}{R_a+R_c}=-\frac{U_N+E_a}{R_a+R_c}$$

$$UI_a+E_aI_a=(R_a+R_c)I_a^2 \Rightarrow P_I+P_{em}=P_{Cu}$$

功率平衡：轴上机械功率通过电机转换为电磁功率后，连同电网输入功率全部消耗于电阻。反接制动适合要求频繁正、反转的系统。

反接制动的机械特性：

$$n=\frac{-U_N}{C_e\Phi_N}-\frac{R_a+R_C}{C_eC_T\Phi_N^2}T=-n_0-\beta_C T$$

制动电阻 R_c 也可由制动初始所要求的最大制动转矩或者电流求出：

$$R_C=\frac{U_N+E_a}{I_{amax}}-R_a=\frac{U_N+C_e\Phi_N n}{T_{max}/(9.55C_e\Phi_N)}-R_a$$

4. 直流电机的反转

反转就是改变电机的转动方向。改变转向的方法如下：

① 电枢电流不变，改变励磁电流的方向，即改变主磁通Φ的方向；

② 励磁电流的方向不变，改变电枢电流 I_a 的方向。

由于励磁绕组的匝数多、电感大、电磁惯性较大，为了实现电机高效、快速地反转，往往采用电枢反接的方法。

思考与练习 3

一、填空题

1. 三相异步电动机旋转磁场的旋转方向决定于电源的（　　）。
2. 三相异步电动机转子的转速总是异于（　　）的转速，因此称为异步电动机。
3. 三相异步电动机的转子可分为（　　）和（　　）两种。
4. 三相异步电动机常用的降压起动方法有（　　）、（　　）、（　　）三种。
5. 电动机是一种用来将（　　）与（　　）相互转换的电磁装置。
6. 三相异步电动机起动时的特点是起动电流（　　），起动转矩（　　）。
7. 采用Y–△降压起动的电动机，起动时定子绕组接成（　　），正常工作时定子绕组接成（　　）。
8. 直流电机可分为（　　）、（　　）、（　　）、（　　）电动机。

二、判断题

（　　）1. 三相异步电动机转子的旋转方向与旋转磁场的旋转方向一致。

（　　）2. 三相异步电动机直接起动时起动电流比较小，起动转矩比较大

（　　）3. 交流电动机的额定功率是指在额定工作状态下运行时由轴端输出的机械功率。

（　　）4. 鼠笼型电机都可以采用Y–△降压起动。

（　　）5. 三相异步电动机调换三根电源进线可以改变电动机的转向。

（　　）6. 三相异步电动机的转子的转速 n 略大于旋转磁场转速 n_1。

三、选择题

1. 三相异步电动机星形接法在接线盒内连接方式为下列哪种？（　　）

A.
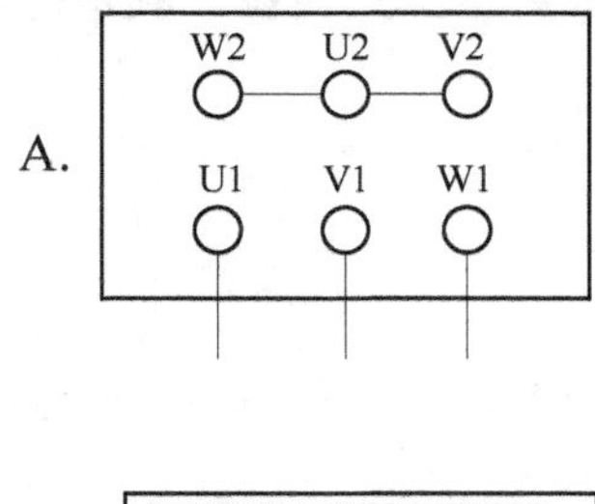

B.
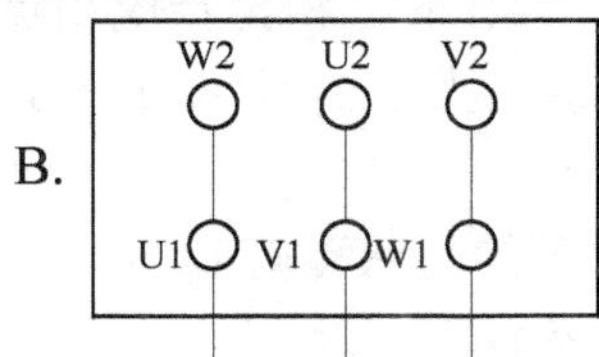

C.
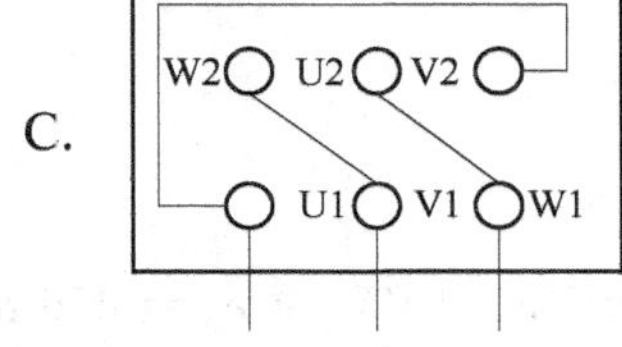

D.
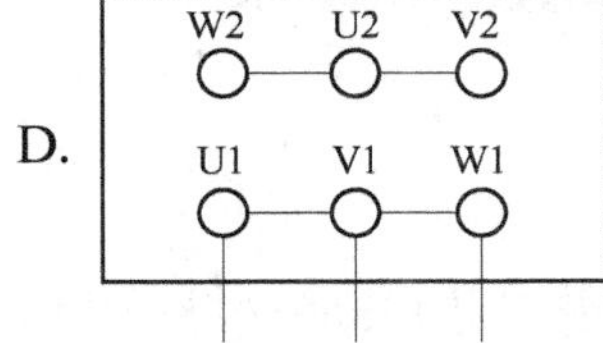

2. 对于要求制动准确、平稳的场合，应采用（　　）制动。

A. 反接　　B. 能耗　　C. 电容　　D. 再生发电

3. 要使三相异步电动机正常起动，则电动机的起动转矩 T_{st} 及负载转矩 T_L 必须满足（　　）。

A. $T_{st}>T_L$　　B. $T_{st}<T_L$　　C. $T_{st}=T_L$　　D. 任意值均可

4. 三相异步电动机起动瞬间，转差率为（　　）。

A. $S=0$　　B. $S=S_N$　　C. $S=1$　　D. $S>1$

5. 三相异步电动机三角形接法在接线盒内连接方式为下列哪种？（　　）

A. W2 U2 V2 / U1 V1 W1

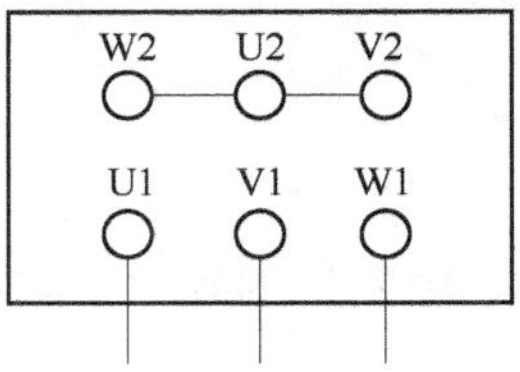

B. W2 U2 V2 / U1 V1 W1

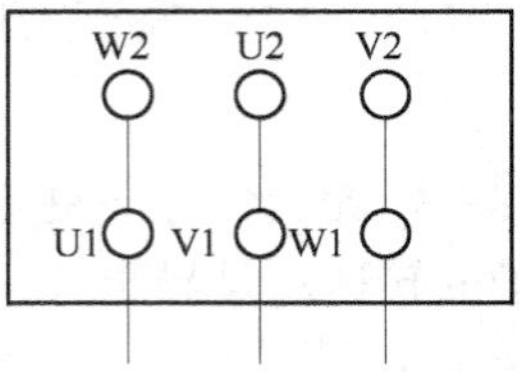

C. W2 U2 V2 / U1 V1 W1

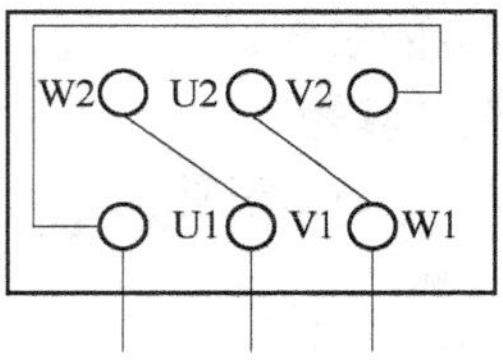

D. W2 U2 V2 / U1 V1 W1

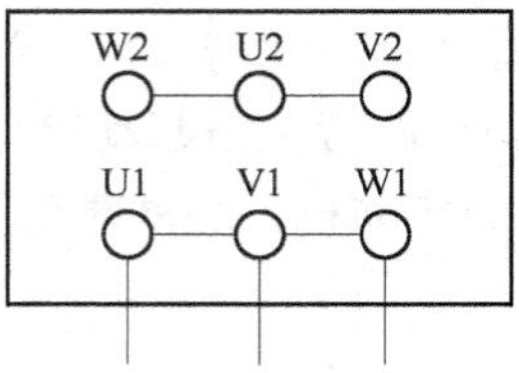

6. 反接制动常利用（　　）在制动结束时自动切断电源。

A. 时间继电器　　B. 速度继电器　　C. 压力继电器　　D. 中间继电器

7. 以下不属于三相异步电动机降压起动的方法是（　　）。

A. Y–△起动　　B. 自耦变压器起动

C. 定子串电阻起动　　D. 转子串电阻起动

8. 三相异步电动机在什么情况下转差率 s 为 0？（　　）

A. 起动瞬间　　B. 额定运转时

C. 转速达到最大时　　D. 发电机状态

四、计算题

1. 已知型号为 Y2–132S–4 的三相异步电动机的额定功率 P_N=5.5 kW，额定转速 n_N=1 440 r/min，T_{st}/T_N=2.3，负载阻力矩 T_L 为 60 N · m。求：

（1）额定转矩 T_N；

（2）在额定电压下起动时的起动转矩 T_{st}；

（3）额定电压下该电动机能否起动？

2. 某台鼠笼型三相异步电动机，已知额定值为：P_N=5.9 kW，额定转速 n_N=970 r/min，过载系数 λ=2.0，起动转矩倍数 λ_{st}=1.8。求：

（1）额定转矩 T_N；

（2）最大转矩 T_m；

（3）起动转矩 T_{st}。

3. 已知 Y2–132S–4 三相异步电动机的额定功率 P_N=20 kW，额定转速 n_N=1 450 r/min，

λ_{st}=2.3，负载阻力矩 T_L 为 400 N・m。求：

（1）旋转磁场的转速 n_1；

（2）额定转差率 S_N；

（3）额定转矩 T_N；

（4）额定电压下起动转矩 T_{st}。

4. 有一并励电动机，其额定功率 P_N=18 kW，U_N=220 V，n_N=1 500 r/min，η=85%，并已知 R_f=50 Ω，R_a=0.2 Ω。试求：

（1）输入功率 P_1；

（2）额定电流 I_N；

（3）额定励磁电流 I_f；

（4）额定电枢电流 I_a。

5. 有一并励直流电机，其额定功率 P_N=20 kW，U_N=220 V，n_N=1 500 r/min，η=86%，并已知 R_f=50 Ω，R_a=0.2 Ω。试求：

（1）输入功率 P_1；

（2）额定电流 I_N；

（3）额定励磁电流 I_f；

（4）额定转矩 T_N。

6. 有一台他励直流电机，其额定功率 P_N=20 kW，U_N=110 V，n_N=1 500 r/min，η=80%，并设磁通保持恒定不变，R_a=0.4 Ω。试求：

（1）直接起动时的起动电流 I_{st}；

（2）当 n=n_N、E_a=100 V 时的电枢电流 I_a；

（3）额定转矩 T_N。

项目 4　低压电器的使用与维护

【项目描述】

低压电器是低压供配电系统和工厂机床控制电路中常用的电气元件，电工作业人员的基本从业条件之一是具备常用低压电器的安装、检测、调试等方面的相关知识与技能。

本项目主要介绍电气控制领域中常用的低压电器的结构、工作原理、用途、型号、规格、选用、安装、检测及维护等电工作业人员必须具备的相关理论知识与技能，为考取中华人民共和国特种作业操作证打下良好的基础。

任务 4.1　电器的基本知识

【任务描述】

本任务主要介绍电器的种类、作用等相关理论知识，为后续常用低压电器的学习打基础。

【学习目标】

（1）了解电器的分类方法。

（2）了解低压电器的种类、作用。

4.1.1　电器的分类

电器的分类

电器是接通和断开电路，或调节、控制和保护电路及电气设备用的电工器具。电器用途广泛，功能多样，种类繁多，结构各异。下面介绍常见的电器分类方法。

1. 按工作电压等级分类

按工作电压等级分类，电器分为高压电器和低压电器。具体如下：

① 高压电器是用于交流电压 1 200 V、直流电压 1 500 V 及以上电路中的电器。例如，高压断路器、高压隔离开关、高压熔断器等都属于高压电器；

② 低压电器是用于交流 50 Hz（或 60 Hz）、额定电压 1 200 V 以下，直流额定电压 1 500 V 及以下的电路中的电器。例如，接触器、继电器等都属于低压电器。

2. 按动作原理分类

按动作原理分类，电器分为手动电器和自动电器。具体如下：

① 手动电器是用手或依靠机械力进行操作的电器，如手动开关、控制按钮、行程开关等主令电器都属于手动电器；

② 自动电器是借助于电磁力或某个物理量的变化自动进行操作的电器，如接触器、各种类型的继电器、电磁阀等都属于自动电器。

3. 按用途分类

按用途分类，电器分为以下 5 类：

① 控制电器是用于各种控制电路和控制系统的电器，如接触器、继电器、电动机起动器等都属于控制电器；

② 主令电器是用于自动控制系统中发送动作指令的电器，如按钮、行程开关、万能转换开关等都属于主令电器；

③ 保护电器是用于保护电路及用电设备的电器，如熔断器、热继电器、各种保护继电器、避雷器等都属于保护电器；

④ 执行电器是指用于完成某种动作或传动功能的电器，如电磁铁、电磁离合器等都属于执行电器；

⑤ 配电电器是指用于电能的输送和分配的电器，如高压断路器、隔离开关、刀开关、自动空气开关等都属于配电电器。

4. 按工作原理分类

按工作原理分类，电器分为以下两种：

① 电磁式电器是依据电磁感应原理来工作的电器，如接触器、各种类型的电磁式继电器等都属于电磁式电器；

② 非电量控制电器是依靠外力或某种非电物理量的变化而动作的电器，如刀开关、行程开关、按钮、速度继电器、温度继电器等都属于非电量控制电器。

4.1.2　低压电器的作用

低压电器能够依据操作信号或外界现场信号的要求，自动或手动地改变电路的状态、参数，实现对电路或被控对象的控制、保护、测量、指示、调节。低压控制电器主要用来接通、断开线路，以及用来控制电气设备（包括刀开关、低压断路器、减压起动器、电磁起动器等）。

低压电器主要有以下 6 个作用。

① 控制作用：如电梯的上下移动、快慢速自动切换与自动停层等。

② 保护作用：能根据设备的特点，对设备、环境及人身实行自动保护，如电机的过热保护、电网的短路保护、漏电保护等。

③ 测量作用：利用仪表及与之相适应的电器，对设备、电网或其他非电参数进行测量，如电流、电压、功率、转速、温度、湿度等的测量。

④ 调节作用：低压电器可对一些电量和非电量进行调整，以满足用户的要求，如柴油机油门的调整、房间温度和湿度的调节、照度的自动调节等。

⑤ 指示作用：利用低压电器的控制、保护等功能，检测出设备运行状况及电气电路工作情况，如绝缘监测、保护掉牌指示等。

⑥ 转换作用：在用电设备之间转换或对低压电器、控制电路分时投入运行，以实现功能切换，如励磁装置手动与自动的转换，供电的市电与自备电的切换等。

当然，低压电器作用远不止这些，随着科学技术的发展，新功能、新设备会不断出现，常用低压电器的主要种类和用途如表 4–1 所示。

表 4–1 常用低压电器的主要种类及用途

序号	类别	主要品种	用　途
1	断路器	塑料外壳式断路器	主要用于电路的过负荷保护，短路、欠电压、漏电压保护，也可用于不频繁接通和断开的电路
		框架式断路器	
		限流式断路器	
		漏电保护式断路器	
		直流快速断路器	
2	刀开关	开关板用刀开关	主要用于电路的隔离，有时也能分断负荷
		负荷开关	
		熔断器式刀开关	
3	转换开关	组合开关	主要用于电源切换，也可用于负荷通断或电路的切换
		换向开关	
4	主令电器	按钮	主要用于发布命令或程序控制
		限位开关	
		微动开关	
		接近开关	
		万能转换开关	
5	接触器	交流接触器	主要用于远距离频繁控制负荷，切断带负荷电路
		直流接触器	
6	起动器	磁力起动器	主要用于电动机的起动
		星三角起动器	
		自耦减压起动器	
7	控制器	凸轮控制器	主要用于控制回路的切换
		平面控制器	
8	继电器	电流继电器	主要用于控制电路中，将被控量转换成控制电路所需电量或开关信号
		电压继电器	
		时间继电器	
		中间继电器	
		温度继电器	
		热继电器	
9	熔断器	有填料熔断器	主要用于电路短路保护，也用于电路的过载保护
		无填料熔断器	
		半封闭插入式熔断器	
		快速熔断器	
		自复熔断器	
10	电磁铁	制动电磁铁	主要用于起重、牵引、制动等地方
		起重电磁铁	

对低压配电电器的要求是：灭弧能力强、分断能力好、热稳定性能好、限流准确等。对于低压控制电器，则要求其动作可靠、操作频率高、寿命长，并具有一定的负载能力。

任务 4.2　接触器的使用与维护

【任务描述】

接触器是电气控制领域中最常用的低压电器。本任务主要介绍接触器的结构、工作原理、用途、型号、规格、符号、选用、检测、安装、维护等相关理论知识和技能，为后继电气控制电路的学习打下基础。

【学习目标】

（1）了解接触器的种类、结构。

（2）掌握接触器的符号、型号及选用方法。

（3）掌握接触器的使用、安装、检测和维修方法。

（4）能对接触器进行正确的检测、拆装、调试。

4.2.1　接触器的分类及结构

接触器是一种用来自动接通或断开大电流电路的电器，它可以频繁地接通或分断交、直流电路，并可实现远距离控制，它还具有低电压释放保护功能。接触器的主要控制对象是电动机，也可用于控制电热设备、电焊机、电容器组等其他负载。接触器具有控制容量大、过载能力强、寿命长、设备简单、经济等特点，是电力拖动自动控制线路中使用最广泛的电气元件。

按照所控制电路的种类不同，接触器可分为交流接触器和直流接触器两大类。

1. 交流接触器

1）交流接触器的结构

交流接触器主要由电磁机构、触头系统、灭弧装置等组成。图 4–1 所示为 CJ10–20 型交流接触器，下面以 CJ10–20 型交流接触器为例介绍交流接触器的结构。

（1）电磁机构

电磁机构由线圈、动铁心（衔铁）和静铁心组成，其作用是将电磁能转换成机械能，产生电磁吸力，带动触头动作。

（2）触头系统

触头系统包括主触头和辅助触头。主触头用于通断主电路，通常为三对常开触头。辅助触头用于控制电路，起电气互锁作用，故又称互锁触头，一般常开、常闭各两对。

（3）灭弧装置

容量在 10 A 以上的接触器都有灭弧装置，对于小容量的接触器，常采用双断口触头灭弧、电动力灭弧、相间弧板隔弧及陶土灭弧罩灭弧。对于大容量的接触器，采用纵缝灭弧罩及栅片灭弧。

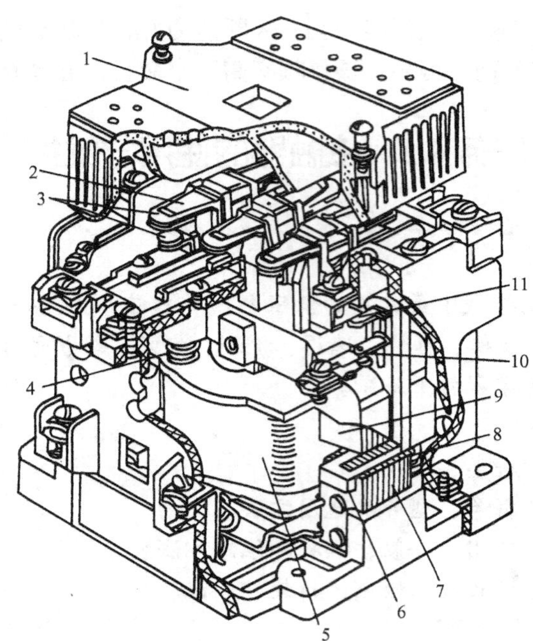

1—灭弧罩；2—触头压力弹簧片；3—主触头；4—反作用弹簧；5—线圈；6—短路环；7—静铁心；8—弹簧；9—动铁心；10—辅助常开触头；11—辅助常闭触头

图 4–1　CJ10–20 型交流接触器

（4）其他部件

其他部件包括反作用弹簧、缓冲弹簧、触头压力弹簧、传动机构及外壳等。

2）交流接触器的工作原理

线圈通电后，在铁心中产生磁通及电磁吸力。此电磁吸力克服弹簧反力，使得衔铁吸合，带动触头机构动作，常闭触头打开，常开触头闭合，互锁或接通线路。线圈失电或线圈两端电压显著降低时，电磁吸力小于弹簧反力，使得衔铁释放，触头机构复位，断开线路或解除互锁。

3）交流接触器的分类

交流接触器的种类很多，其分类方法也不尽相同。按照一般的分类方法，大致有以下几种。

（1）按主触头极数分类

按主触头极数不同，交流接触器分可分为单极、双极、三极、四极和五极 5 种：

① 单极接触器主要用于单相负荷，如照明负荷、焊机等，在电动机能耗制动中也可采用；

② 双极接触器用于绕线型绕组异步电动机的转子回路中，起动时用于短接起动绕组；

③ 三极接触器用于三相负荷，如在电动机的控制及其他场合使用最为广泛；

④ 四极接触器主要用于三相四线制的照明线路，也可用来控制双回路电动机负载；

⑤ 五极交流接触器用来组成自耦补偿起动器或控制双笼型电动机，以变换绕组接法。

（2）按灭弧介质分类

按灭弧介质不同，交流接触器可分为空气式接触器和真空式接触器。空气式接触器依靠空气绝缘，常用于一般负载。真空式接触器以真空绝缘，常用在煤矿、石油、化工企业及电压在 660～1 140 V 的一些特殊的场合。

（3）按有无触头分类

按有无触头分类，交流接触器可分为有触头接触器和无触头接触器。常见的接触器多为有触头接触器，而无触头接触器属于电子技术应用的产物，一般采用晶闸管作为回路的通断元件。由于可控硅导通时所需的触发电压很小，而且回路通断时无火花产生，因而可用于高操作频率的设备和易燃、易爆、无噪声的场合。

4）交流接触器的基本参数

（1）额定电压

额定电压指主触头额定工作电压，应等于负载的额定电压。交流接触器常规定几个额定电压，同时列出相应的额定电流或控制功率。通常，最大工作电压即为额定电压。常用的额定电压值为 220 V、380 V、660 V 等。

（2）额定电流

额定电流是指接触器触头在额定工作条件下的电流值。380 V 三相电动机控制电路中，额定电流的数值可近似等于控制功率的两倍。常用额定电流等级为 5 A、10 A、20 A、40 A、60 A、100 A、150 A、250 A、400 A、600 A。

（3）通断能力

通断能力可分为最大接通电流和最大分断电流。最大接通电流是指触头闭合时不会造成触头熔焊的最大电流值，最大分断电流是指触头断开时能可靠灭弧的最大电流。一般通断能力是额定电流的 5～10 倍。当然，这一数值与开断电路的电压等级有关，电压越高，通断能力越小。

（4）动作值

动作值可分为吸合电压和释放电压。吸合电压是指接触器吸合前，缓慢增加吸合线圈两端的电压，接触器可以吸合时的最小电压。释放电压是指接触器吸合后，缓慢降低吸合线圈的电压，接触器释放时的最大电压。一般规定：吸合电压不低于线圈额定电压的 85%，释放电压不高于线圈额定电压的 70%。

（5）吸引线圈额定电压

吸引线圈额定电压是指接触器正常工作时，吸引线圈上所加的电压值。一般该电压值及线圈的匝数、线径等数据均标于线包上，而不是标于接触器外壳铭牌上，使用时应加以注意。

（6）操作频率

接触器吸合瞬间，吸引线圈需消耗的电流比额定电流大 5～7 倍，如果操作频率过高，会使线圈严重发热，直接影响接触器的正常使用。为此，规定了接触器的允许操作频率，一般为每小时允许操作次数的最大值。

（7）寿命

寿命包括电气寿命和机械寿命。目前接触器的机械寿命已达 1 000 万次以上，电气寿命约是机械寿命的 5%～20%。

2. 直流接触器

直流接触器主要用于电压 440 V、电流 660 A 以下的直流电路。其结构与工作原理基本上与交流接触器相同，所不同的是铁心的结构线圈形状、触头形状、灭弧方式、吸力特性及故障形式等。

直流接触器的触头大都采用滚动接触的指形触头，辅助触头则采用点接触的桥形触头。由于直流电弧不像交流电弧那样有自然过零点，所以电弧更难熄灭，因此直流接触器常采用磁吹式灭弧装置。

4.2.2 接触器的符号、型号及选用方法

1. 接触器的符号与型号

1）接触器的符号

接触器的符号如图 4–2 所示，文字符号为 KM。

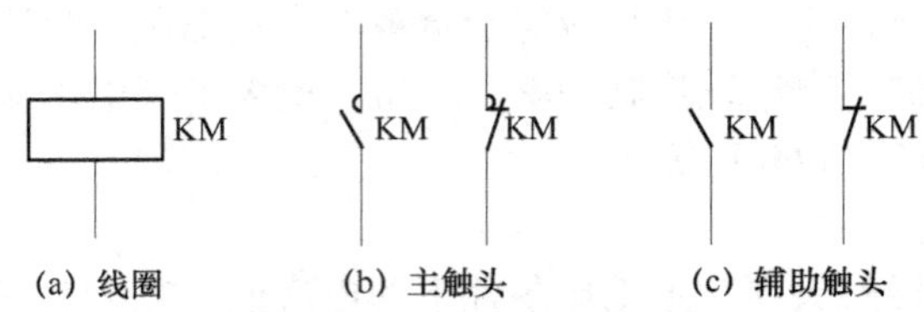

图 4–2 接触器的符号

2）接触器的型号

交流接触器型号的前两位为 CJ，直流接触器型号的前两位为 CZ，其他各位的意义如图 4–3 所示。

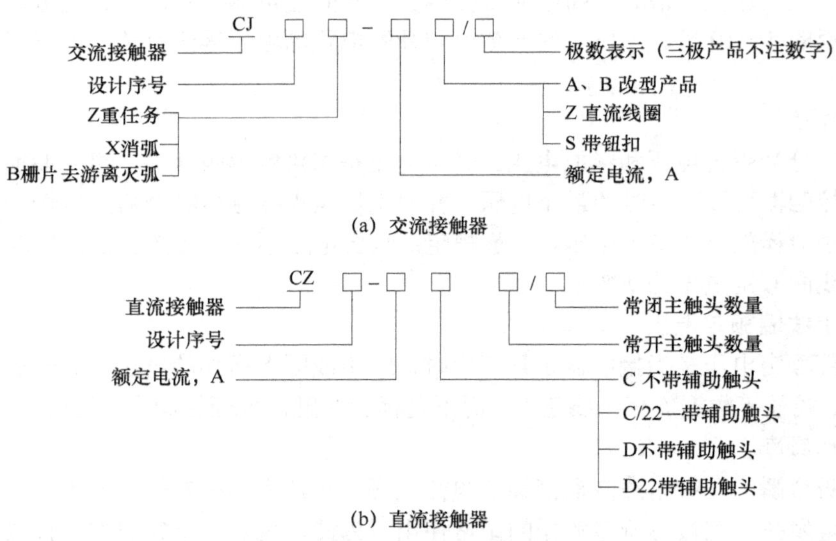

图 4–3 接触器的型号说明

例如，CJ10Z–40/3 为交流接触器，设计序号为 10，重任务型，额定电流为 40 A，主触头为 3 极。又如，CJ12X–250/3 为消弧交流接触器，设计序号为 12，额定电流为 250 A，3 个主触头。

我国生产的交流接触器常用的有 CJ10、CJ12、CJX1、CJ20 等系列及其派生系列产品，CJ0 系列及其改型产品已逐步被 CJ20、CJX 系列产品取代。上述系列产品一般具有三对常开主触头，常开、常闭辅助触头各两对。直流接触器常用的为 CZ0 系列，分单极和双极两大类，

常开、常闭辅助触头各不超过两对。

除以上常用系列外，我国近年来还引进了一些生产线，生产了一些满足 IEC 标准的交流接触器，下面作一简单介绍。

CJ12B–S 系列锁扣接触器用在交流 50 Hz、电压 380 V 及以下、电流 600 A 及以下的配电电路中，供远距离接通和分断电路用，并适用于不频繁地起动和停止的交流电动机，具有正常工作时吸引线圈不通电、无噪声等特点。其锁扣机构位于电磁系统的下方，锁扣机构靠吸引线圈通电，吸引线圈断电后锁扣机构保持在锁住位置。由于线圈不通电，所以它不仅无电力损耗，而且消除了磁噪声。

由德国引进的西门子公司的 3TB 系列、BBC 公司的 B 系列交流接触器主要用于远距离接通和分断电路，并适用于频繁起动、控制交流电动机。3TB 系列产品具有结构紧凑、机械寿命和电气寿命长、安装方便、可靠性高等特点，额定电压为 220～660 V，额定电流为 9～630 A。

2. 接触器的选用

交流接触器应根据负荷的类型和工作参数合理选用，具体如下。

1）接触器的选型

接触器的类型由电路中负载电流的种类和用途确定。

交流接触器按负荷种类一般分为一类、二类、三类和四类，分别记为 AC1、AC2、AC3 和 AC4，各类接触器的用途如下：

① 一类交流接触器对应的控制对象是无感或微感负荷，如白炽灯、电阻炉等；

② 二类交流接触器用于绕线式异步电动机的起动和停止；

③ 三类交流接触器的典型用途是鼠笼型异步电动机的运转和运行中分断；

④ 四类交流接触器用于鼠笼型异步电动机的起动、反接制动、反转和点动。

2）选择接触器的额定参数

接触器的额定参数由被控对象和工作参数（如电压、电流、功率、频率及工作制）等确定，具体如下：

① 接触器的线圈电压，一般应低一些为好，这样对接触器的绝缘要求可以降低，使用时也较安全，但为了方便和减少设备，常按实际电网电压选取；

② 对于操作频率不高的电动机，如压缩机、水泵、风机、空调、冲床等，其接触器额定电流大于负荷额定电流即可，接触器类型可选用 CJ10、CJ20 等；

③ 对于重任务型电机，如机床主电机、升降设备、绞盘、破碎机等，其平均操作频率超过 100 次/min，运行于起动、点动、正反向制动、反接制动等状态，可选用 CJ10Z、CJ12 型的接触器，为保证寿命，选用接触器时应保证接触器额定电流大于电机额定电流；

④ 对特重任务型电机，如印刷机、镗床等，操作频率很高，可达 600～12 000 次/h，经常运行于起动、反接制动、反向等状态，接触器可按电气寿命及起动电流选用，接触器型号选 CJ10Z、CJ12 等；

⑤ 交流回路中的电容器投入电网或从电网中切除时，选择接触器时应考虑电容器的合闸冲击电流，通常接触器的额定电流可按电容器的额定电流的 1.5 倍选取，型号选 CJ10、CJ20 等；

⑥ 用接触器对变压器进行控制时，应考虑浪涌电流的大小，例如，交流电弧焊机、电

阻焊机等，一般可按变压器额定电流的 2 倍选取接触器，型号选 CJ10、CJ20 等；

⑦ 对于电热设备，如电阻炉、电热器等，负荷的冷态电阻较小，因此起动电流相应要大一些，选用接触器时可不考虑起动电流，直接按负荷额定电流选取，型号可选用 CJ10、CJ20 等；

⑧ 由于气体放电灯起动电流大、起动时间长，对于照明设备的控制，可按额定电流的 1.1～1.4 倍选取交流接触器，型号可选 CJ10、CJ20 等；

⑨ 接触器额定电流是指接触器在长期工作下的最大允许电流，持续时间不超过 8 h，且安装于敞开的控制板上。如果冷却条件较差，选用接触器时，接触器的额定电流按负荷额定电流的 110%～120%选取。对于长时间工作的电机，由于接触器触头的氧化膜没有机会得到清除，使接触电阻增大，会导致触头发热超过允许温升，实际选用时，可将接触器的额定电流减小 30%使用。

4.2.3 接触器的使用和维修

1. 接触器的拆卸

接触器的拆卸步骤如下：

① 打开消弧罩，提起动触头弹簧压力支架，推出弹性压片，取出动触片；

② 取下所有主、辅助静触头；

③ 打开底部盖板，取出静铁心、铁心拖架及减震弹簧；

④ 抽出线圈引线端弹性卡片与外部接线柱的连接；

⑤ 取出线圈和线圈缓冲弹簧；

⑥ 取出动触头和动铁心的连接支架；

⑦ 拆下支架上的动铁心和辅助动触头。

2. 接触器的常见故障及处理方法

1）触头过热

触头过热的原因及处理方法如表 4–2 所示。

表 4–2 触头过热的原因及处理方法

原 因	处理方法
接触压力不足、接触电阻增大而引起过热	调整压力弹簧或更换新弹簧
触头表面接触不良、触头表面氧化或积垢，导致触头表面接触电阻增大而引起过热	用电工刀或干布打磨、清理触头表面氧化物或积垢
触头表面烧毛或被电弧灼伤，导致触头表面接触电阻增大而引起过热	用细锉刀锉平触头表面烧毛或被电弧灼伤的部分，然后用 0 号水磨砂纸打磨光滑

2）触头磨损

触头磨损的原因有两个，一是电气磨损，二是机械磨损。

① 电气磨损：由于触头间电弧或电火花的高温使触头金属气化和蒸发所致。

② 机械磨损：由于触头闭合时撞击或触头接触面的相对滑动摩擦而造成。

当触头磨损到只有原来的 1/2～2/3 厚度时，必须更换新触头。

3）触头熔焊

触头熔焊的原因：当触头闭合时，由于撞击和随之产生的震动，在动、静触头间的小间隙中会产生短电弧，其温度可达 3 000～6 000 ℃，可使触头表面被灼伤以至熔焊，熔化的金属将动、静触头焊接在一起。

处理方法：触头熔焊时，必须更换触头。如果触头容量不够大，则必须选用大容量的电气元件。

4）衔铁噪声过大

衔铁噪声过大的原因及处理方法如表 4–3 所示。

表 4–3 衔铁噪声过大的原因及处理方法

原 因	处理方法
衔铁与铁心接触面歪斜，或衔铁与铁心接触面上积有锈蚀、油污、尘垢，造成接触不良，产生震动和噪声，从而引起线圈发热，甚至烧毁	将接触面用细砂布放在平铁板上进行打磨
短路环损坏，铁心在交变磁场作用下产生强烈震动	更换
弹簧压力过大、活动部分受阻卡、衔铁不能完全吸合	调整

5）线圈故障及修理

（1）线圈匝间短路的原因

线圈绝缘损坏或由于机械损伤造成线圈匝间短路或接地，使部分线圈中产生较大的短路电流，温度剧增，将热传递到邻近线匝，使事故扩大，甚至把整个线圈烧毁。

（2）线圈匝间短路的处理方法

发生线圈匝间短路故障后，有两种处理办法，一是修理，二是更换。

修理线圈时，按下面公式计算线圈匝数：

$$N = 45 \times \frac{U}{BA} \tag{4–1}$$

式中：N——线圈匝数；U——工作电压，V；B——铁心磁通密度，一般取 0.8～1.0 T；A——铁心截面积，cm^2。

根据计算所得线圈匝数把线圈绕好后，先放入 105～110 ℃的烘箱内烘烤 3 h，冷却至 60～70 ℃后浸入 1010 沥青漆或其他绝缘漆，然后再烘干。

（3）线圈更换

选用同型号、同规格的成品线圈更换。

3. 接触器的组装

组装接触器的步骤如下：

① 将动铁心安装在动触头绝缘支架上，装好固定销钉，再将辅助动触头安装在动触头绝缘支架上的两侧框架内；

② 将辅助动触头和动铁心的连接绝缘支架装入交流接触器绝缘框架壳内；

③ 装入线圈缓冲弹簧，并将吸引线圈放入线圈缓冲弹簧之上；

④ 装入外部接线柱，插入线圈引线端弹性卡片，形成线圈与接线柱的连接；打开消弧罩；安装减震弹簧并将铁心拖架放置在减震弹簧上；将静铁心骑放在铁心拖架上，再盖好底部盖板，并用螺钉旋紧；

⑤ 将交流接触器绝缘框架壳反转 180°，再提起上部动触头弹簧压力支架，推入动触片

和弹性压片；安装好所有主、辅助静触头；

⑥ 盖好消弧罩。

4. 接触器在使用中的注意事项

对于交流励磁的交流接触器，在使用中应注意以下几点：

① 励磁线圈电压应为（85%～105%）U_N；

② 铁心、衔铁上短路环应完好；

③ 衔铁、触头支持件等活动部件应动作灵活；

④ 铁心、衔铁端面接触良好，无异物；

⑤ 触头表面接触良好，有一定的超程和接触压力；

⑥ 操作频率应在允许范围内。

对于直流励磁的直流接触器，在使用中应注意：当线圈电压下降至额定电压 U_N 的 10%～20%时，衔铁将释放。为了保证衔铁在上述电压值时能可靠地释放，常在磁路中加非磁性垫片，以减少剩磁的影响。

任务 4.3 继电器的使用与维护

【任务描述】

继电器是电气控制领域中应用较广的低压电器之一。本任务主要介绍继电器的种类、作用及常用继电器的结构、工作原理、用途、型号、规格、符号、选用、安装、维护等理论知识和技能，为后续电气控制电路的学习打下基础。

【学习目标】

（1）了解继电器的种类、作用。

（2）熟悉常用继电器结构、工作原理。

（3）掌握常用继电器的符号、型号及选用方法。

（4）掌握常用继电器的安装、使用和检测方法。

（5）能对继电器进行正确的检测、拆装、调试。

4.3.1 继电器

继电器是根据某种输入信号的变化，接通或断开控制电路，实现自动控制和保护电力装置的自动电器。

1. 电磁式继电器的结构与工作原理

继电器的结构和工作原理与接触器基本相同，二者的主要区别在于：接触器的主触头可以通过大电流；继电器的体积和触头容量小，触头数目多，且只能通过小电流。所以，继电器一般用于控制电路中。电磁式继电器工作原理如图 4–4 所示，其符号如图 4–5 所示。

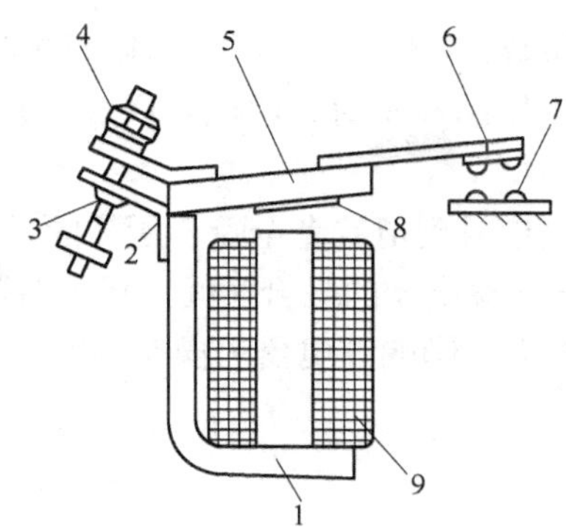

1—铁心；2—旋转棱角；3—释放弹簧；4—调节螺母；5—衔铁；6—动触头；7—静触头；8—非磁性垫片；9—线圈

图 4–4　电磁式继电器工作原理

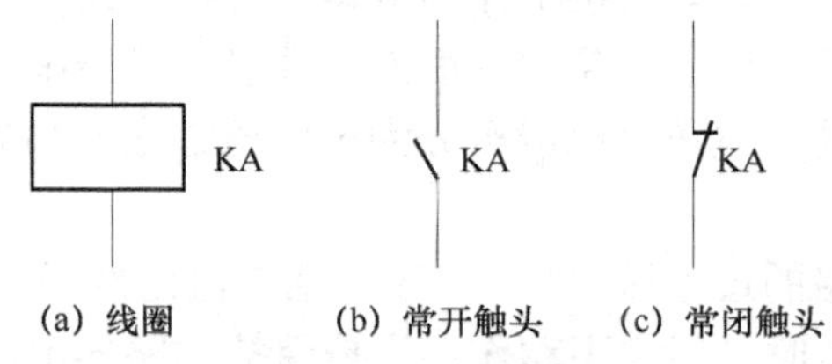

(a) 线圈　(b) 常开触头　(c) 常闭触头

图 4–5　电磁式继电器的符号

2. 电磁式继电器的特性

1）继电特性曲线

X 由 0 增至 X_2 以前，继电器输出量 Y 为 0。当输入量 X 增加到 X_2 时，继电器吸合，输出量为 Y_1；若 X 继续增大，Y 保持不变。当 X 减小到 X_1 时，继电器释放，输出量由 Y_1 变为零，若 X 继续减小，Y 值均为零。继电特性曲线如图 4–6 所示。

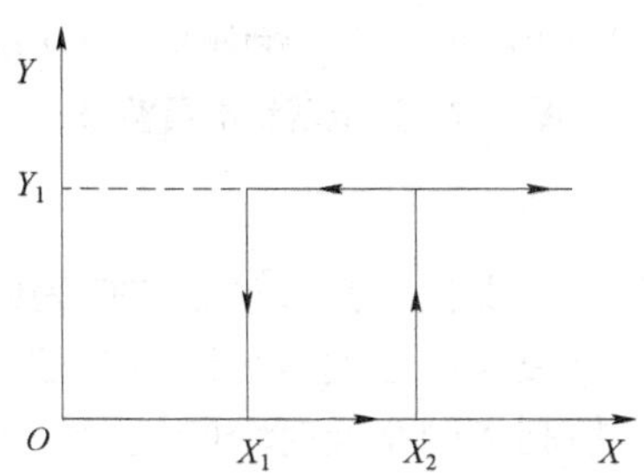

图 4–6　继电特性曲线

图 4–6 中，X_2 称为继电器吸合值，欲使继电器吸合，输入量必须等于或大于 X_2；X_1 称为继电器释放值，欲使继电器释放，输入量必须等于或小于 X_1。

2）常用参数

继电器的常用参数包括返回系数、吸合时间和释放时间。

（1）返回系数

继电器释放值与继电器吸合值的比值称为继电器的返回系数，记为 k_f，$k_f=X_1/X_2$。返回系数是继电器重要参数之一，而且是可以调节的。例如，对于一般继电器，其要求的返回系数较低，k_f 取值范围为 0.1～0.4，这样当继电器吸合后，输入量波动较大时不致引起误动作；

欠电压继电器则要求高的返回系数，k_f值在 0.6 以上。设某继电器 k_f=0.66，吸合电压为额定电压的 90%，则电压低于额定电压的 60%时，继电器释放，起到欠电压保护作用。

（2）吸合时间和释放时间

吸合时间是指从线圈接收电信号到衔铁完全吸合所需的时间。释放时间是指从线圈失电到衔铁完全释放所需的时间。一般继电器的吸合时间与释放时间为 0.05～0.15 s，快速继电器为 0.005～0.05 s，这两个参数的大小影响继电器的操作频率。

4.3.2 常用电磁式继电器

1. 电压继电器

电压继电器用于电力拖动系统的电压保护和控制。电压继电器的线圈并联接入主电路时，感测主电路的线路电压，其触头接于控制电路，为执行元件。电压继电器的线圈与被测量电路并联时，可反映电路电压的变化，其线圈匝数多，导线细，线圈阻抗小。

按吸合电压的大小不同，电压继电器可分为过电压继电器和欠电压继电器。

1）过电压继电器

过电压继电器用于线路的过电压保护，其吸合整定值为被保护线路额定电压的 1.05～1.2 倍。当被保护线路电压正常时，衔铁不动作；当被保护线路的电压高于额定值，达到过电压继电器的整定值时，衔铁吸合，触头机构动作，控制电路失电，控制接触器及时分断被保护电路。

过电压继电器的符号如图 4–7 所示。

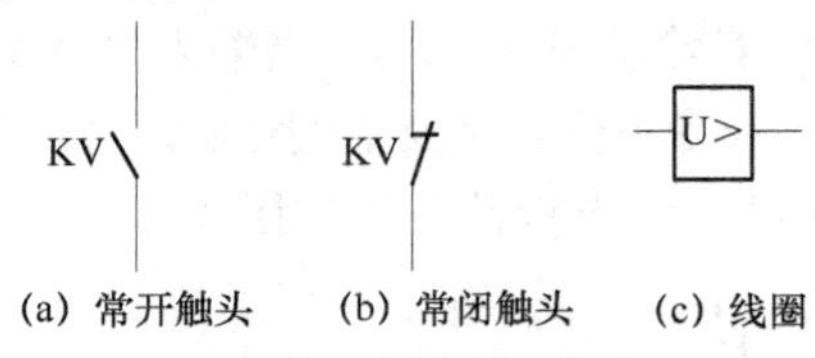

(a) 常开触头　(b) 常闭触头　(c) 线圈

图 4–7　过电压继电器符号

2）欠电压继电器

欠电压继电器用于线路的欠电压保护，其释放整定值为线路额定电压的 0.1～0.6 倍。当被保护线路电压正常时，衔铁可靠吸合；当被保护线路电压降至欠电压继电器的释放整定值时，衔铁释放，触头机构复位，控制接触器及时分断被保护电路。

欠电压继电器的符号如图 4–8 所示。

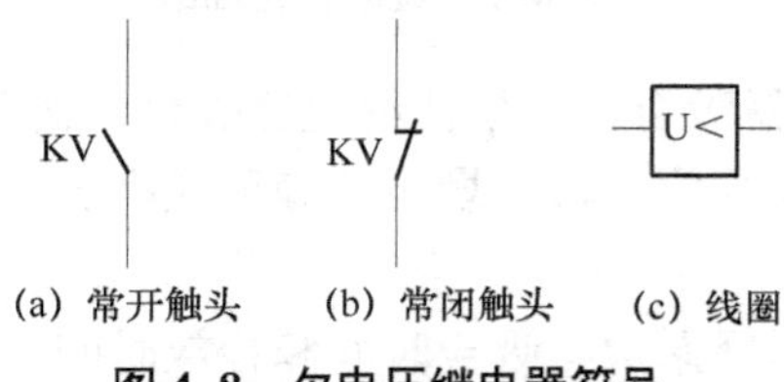

(a) 常开触头　(b) 常闭触头　(c) 线圈

图 4–8　欠电压继电器符号

3）零电压继电器

零电压继电器用于线路的失压保护。当电路电压降低到（5%～25%）U_N 时释放，对电路实现零电压保护。

2. 中间继电器

中间继电器通常用于传递信号和同时控制多个电路，也可直接用它来控制小容量电动机或其他电气执行元件。

中间继电器实质上是一种电压继电器。它的特点是触头数目较多，电流容量可增大，起到中间放大（触头数目和电流容量）的作用。

3. 电流继电器

电流继电器用于电力拖动系统的电流保护和控制。其线圈串联接入主电路，用来感测主电路电流的变化；触头接于控制电路，为执行元件。线圈匝数少，导线粗，线圈阻抗小。电流继电器反映的是电流信号。常用的电流继电器有欠电流继电器和过电流继电器两种。

1）欠电流继电器

欠电流继电器用于电路欠电流保护，吸引电流为线圈额定电流的 30%～65%，释放电流为额定电流的 10%～20%，因此，在电路正常工作时，衔铁是吸合的，只有当电流降低到某一整定值时，继电器释放，使控制电路失电，从而控制接触器及时分断电路。

欠电流继电器的符号如图 4–9 所示。

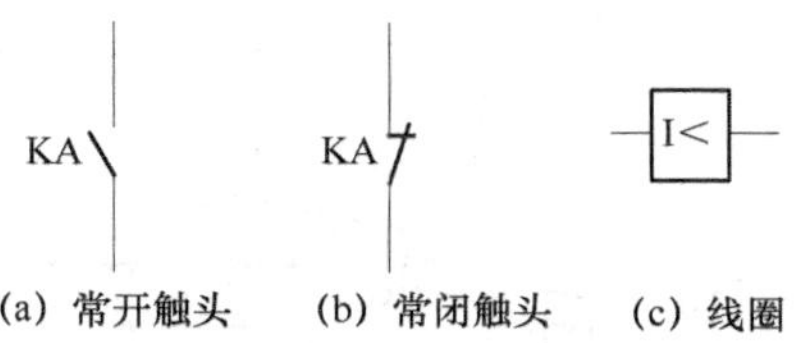

(a) 常开触头　(b) 常闭触头　(c) 线圈

图 4–9　欠电流继电器的符号

2）过电流继电器

过电流继电器在电路正常工作时不动作，整定范围通常为额定电流的 1.1～4 倍，当被保护线路的电流高于额定值，达到过电流继电器的整定值时，衔铁吸合，触头机构动作，控制电路失电，从而控制接触器及时分断电路。对电路起过流保护作用。

过电流继电器的符号如图 4–10 所示。

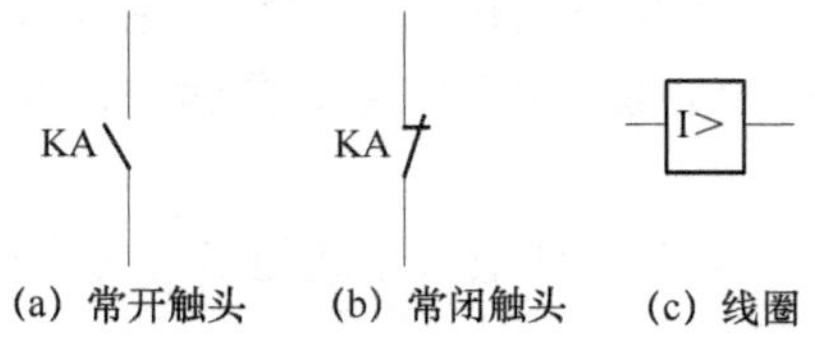

(a) 常开触头　(b) 常闭触头　(c) 线圈

图 4–10　过电流继电器的符号

JT4 系列交流电磁继电器适合在交流 50 Hz、380 V 及以下的自动控制回路中作零电压、过电压、过电流和中间继电器使用，过电流继电器也适用于 60 Hz 交流电路。

4. 时间继电器

时间继电器是一种从得到输入信号（如线圈通电或断电）起，经过一段时间延时后才动作的继电器，适用于定时控制。时间继电器种类很多，常用的有直流电磁式、空气阻尼式、晶体管式和单片机控制式等。

时间继电器符号如图 4–11 所示。

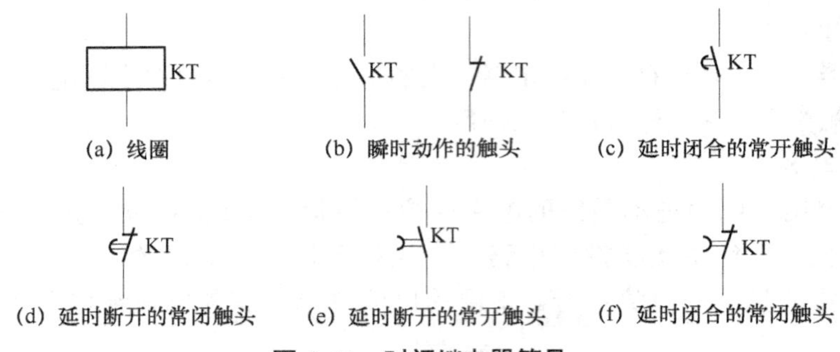

图 4–11 时间继电器符号

1）直流电磁式时间继电器

在直流电磁式电压继电器的铁心上增加一个阻尼铜套，即可构成时间继电器，其结构示意图如图 4–12 所示。它是利用电磁阻尼原理产生延时的。由电磁感应定律可知，在继电器线圈通断电过程中阻尼铜套内将感应电动势，并流过感应电流，此电流产生的磁通总是反对原磁通变化。

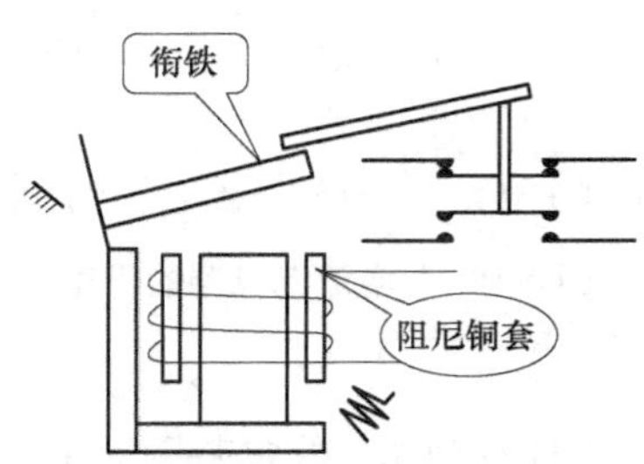

图 4–12 时间继电器结构示意图

工作原理：当衔铁未吸合时，磁路气隙大，线圈电感小，通电后激磁电流很快建立，将衔铁吸合，继电器触头立即改变状态。而当线圈断电时，铁心中的磁通将衰减，磁通的变化将在铜套中产生感应电动势，并产生感应电流，阻止磁通衰减，当磁通下降到一定程度时，衔铁才能释放，触头改变状态。因此继电器吸合时是瞬时动作，而释放时是延时的，故称为断电延时。

这种时间继电器延时较短，JT3 系列最长不超过 5 s，而且准确度较低，一般只用于要求不高的场合。

2）空气阻尼式时间继电器

空气阻尼式时间继电器是利用空气阻尼原理获得延时的。它由电磁系统、延时机构和触头三部分组成，电磁机构为直动式双 E 型，触头系统借用 LX5 型微动开关，延时机构采用气囊式阻尼器。

空气阻尼式时间继电器，既具有由空气室中的气动机构带动的延时触头，也具有由电磁机构直接带动的瞬动触头，可以做成通电延时型，也可做成断电延时型。电磁机构可以是直流的，也可以是交流的，其结构如图 4–13、图 4–14 所示。

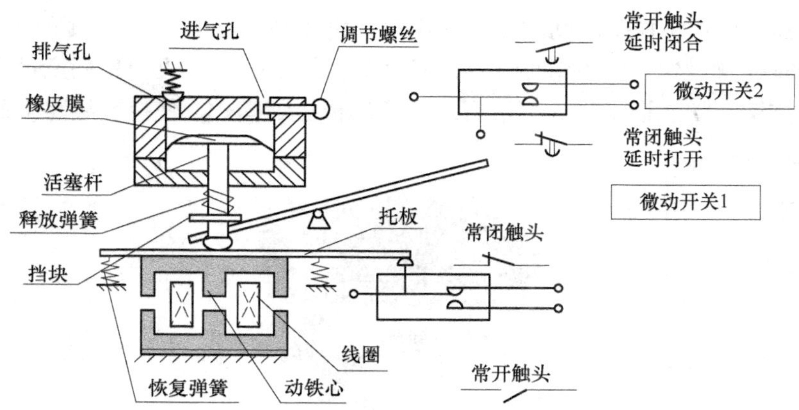

图 4–13　通电延时型空气阻尼式时间继电器的结构

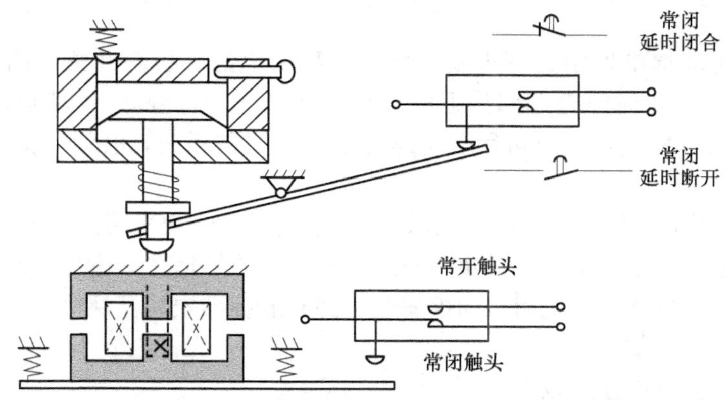

图 4–14　断电延时型空气阻尼式时间继电器的结构

空气阻尼式时间继电器的特点是延时范围大（有 0.4～60 s 和 0.4～180 s 两种）、结构简单，缺点是准确度较低。

3）电子式时间继电器

电子式时间继电器在时间继电器中已成为主流产品，电子式时间继电器是采用晶体管或集成电路和电子元件等构成。电子式时间继电器具有延时范围广、精度高、体积小、耐冲击和耐震动、调节方便及寿命长等优点，所以发展很快，应用广泛。

电子式时间继电器的输出形式有两种：有触头式和无触头式，前者是用晶体管驱动小型磁式继电器，后者是采用晶体管或晶闸管输出。

4）单片机控制时间继电器

近年来随着微电子技术的发展，采用集成电路、功率电路和单片机等电子元件构成的新型时间继电器大量面市。如 DHC6 多制式单片机控制时间继电器、J5S17、J3320、JSZ13 等系列大规模集成电路数字时间继电器，J5145 等系列电子式数显时间继电器，J5G1 等系列固态时间继电器等。

DHC6 多制式单片机控制时间继电器是为适应工业自动化控制水平越来越高的要求而生产的，用户可根据需要选择最合适的制式，使用简便的方法达到以往需要较复杂接线才能达到的控制功能。这样既节省了中间控制环节，又大大提高了电气控制的可靠性。

DHC6 多制式单片机控制时间继电器采用单片机控制，LCD 显示，具有 9 种工作制式，正计时、倒计时任意设定，8 种延时时段，延时范围从 0.01 s～999.9 h 任意设定，设定完成之后可以锁定按键，防止误操作。可按要求任意选择控制模式，使控制线路最简单可靠。其外观如图 4–15 所示。

图 4–15 DHC6 多制式单片机控制时间继电器

J5S17 系列时间继电器由大规模集成电路、稳压电源、拨动开关、四位 LED 数码显示器、执行继电器及塑料外壳几部分组成。采用 32 kHz 石英晶体振荡器，安装方式有面板式和装置式两种。装置式插座可用 M4 螺钉固定在安装板上，也可以安装在标准 35 mm 安装卡轨上。

J5S20 系列时间继电器是四位数字显示小型时间继电器，它采用晶体振荡作为时基基准，采用大规模集成电路技术，不但可以实现长达 9 999 h 的长延时，还可保证其延时精度，配用不同的安装插座及附件，可应用在面板安装、35 mm 标准安装及螺钉安装的场合。

5）时间继电器的选用

选用时间继电器时应注意以下事项：

① 其线圈（或电源）的电流种类和电压等级应与控制电路相同；

② 按控制要求选择延时方式和触头形式；

③ 校核触头数量和容量，若不够用，可用中间继电器进行扩展。

时间继电器新系列产品具有体积小、延时精度高、寿命长、工作稳定可靠、安装方便、触头输出容量大和产品规格全等优点，广泛用于电力拖动、顺序控制及各种生产过程的自动控制中。

5. 其他非电磁类继电器

非电磁类继电器的感测元件接收非电量信号（如温度、转速、位移及机械力等）。常用的非电磁类继电器有：热继电器、速度继电器、干簧继电器、可编程通用逻辑控制继电器等。

1）热继电器

热继电器主要用于电力拖动系统中电动机负载的过载保护。

电动机在实际运行中，常会遇到过载情况，但只要过载不严重、时间短，绕组不超过允许的温升，这种过载是允许的。但如果过载情况严重、时间长，则会加速电动机绝缘的老化，缩短电动机的使用年限，甚至烧毁电动机，因此必须对电动机进行过载保护。

（1）结构与工作原理

热继电器主要由热元件、双金属片和触头组成，如图 4–16 所示。热元件由发热电阻丝做成。双金属片由两种热膨胀系数不同的金属碾压而成，当双金属片受热时，会出现弯曲变形。使用时，把热元件串接于电动机的主电路中，而常闭触头串接于电动机的控制电路中。

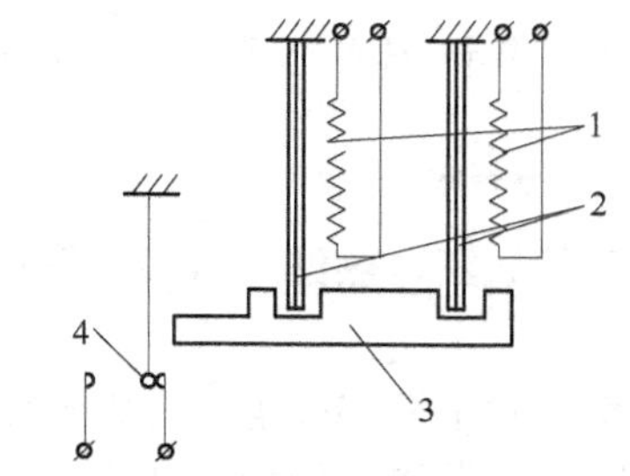

1—热元件；2—双金属片；3—导板；4—触头

图 4–16　热继电器结构

当电动机正常运行时，热元件产生的热量虽能使双金属片弯曲，但还不足以使热继电器的触头动作。当电动机过载时，双金属片弯曲位移增大，推动导板使常闭触头断开，从而切断电动机控制电路以起到保护作用。热继电器动作后，一般不能自动复位，要等双金属片冷却后按下“复位”按钮才能复位。热继电器动作电流的调节，可以借助旋转凸轮到不同位置来实现。

热继电器的符号如图 4–17 所示。

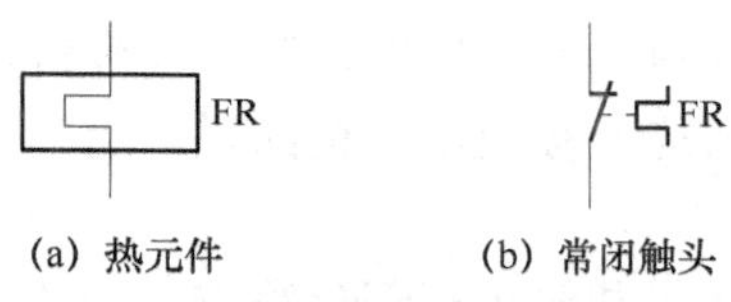

(a) 热元件　　(b) 常闭触头

图 4–17　热继电器的符号

（2）使用与选择

作为电动机的过载保护，选择热继电器时应注意与熔断器的配合，须满足：

$$I_{eR} \geqslant I_{ed}$$

式中：I_{eR}——热继电器热元件的额定电流；I_{ed}——电动机的额定电流。

我国目前生产的热继电器主要有 JR0、JR1、JR2、JR9、R10、JR15、JR16 等系列，JR1、JR2 系列热继电器采用间接受热方式，其主要缺点是双金属片靠发热元件间接加热，热耦合较差；双金属片的弯曲程度受环境温度影响较大，不能正确反映负载的过流情况。JR15、JR16 等系列热继电器采用复合加热方式，并采用了温度补偿元件，因此能正确反映负载的工作情况。JR1、JR2、JR0 和 JR15 系列的热继电器均为两相结构，是双热元件的热继电器，可以用作三相异步电动机的均衡过载保护和星形连接定子绕组的三相异步电动机的断相保护，但不能用作定子绕组为三角形连接的三相异步电动机的断相保护。

JR16 和 JR20 系列热继电器均是带有断相保护的热继电器，具有差动式断相保护机构。热继电器的选择主要根据电动机定子绕组的连接方式来确定热继电器的型号，在三相异步电动机电路中，对星形连接的电动机可选两相或三相结构的热继电器，一般采用两相结构的热继电器，即在两相主电路中串接热元件。对于三相感应电动机，定子绕组为三角形连接的电动机必须采用带断相保护的热继电器。

（3）认识与检修

① 打开热继电器侧面的绝缘盖板。

② 观察热继电器的内部结构，并认识内部各个零件，知道它们的名称、作用及动作原理。

（4）故障分析及处理

热继电器的故障一般有：热元件烧断、热继电器误动作和不动作等现象。

① 热元件烧断。

当热继电器动作频率太高、负载发生短路或电流过大致使热元件烧断时，表现为围绕在双金属片外面的电阻丝烧断，烧断部位发黑。处理方法为更换热元件。

② 热继电器误动作。

a）整定值偏小，以致未过载就动作。处理方法为调整动作值整定旋钮。

b）操作频率太高，使热继电器经常受起动电流冲击；或使用场合有强烈的冲击和震动，使热继电器松动而脱扣。处理方法为拧紧相应部位螺钉。

③ 热继电器不动作。

可能是电流整定值偏大，也可能是连接导线太粗，以致过载很久而热继电器仍不动作。处理方法为调整动作值整定旋钮；更换截面合适的导线。

2）速度继电器

速度继电器的作用是根据速度的大小通断电路、使电机反接制动，这是因为速度继电器有两对常开、常闭触头，分别对应于被控电动机的正、反转运行。

（1）结构与工作原理

速度继电器主要由定子、转子和触头三部分组成，如图 4–18 所示。

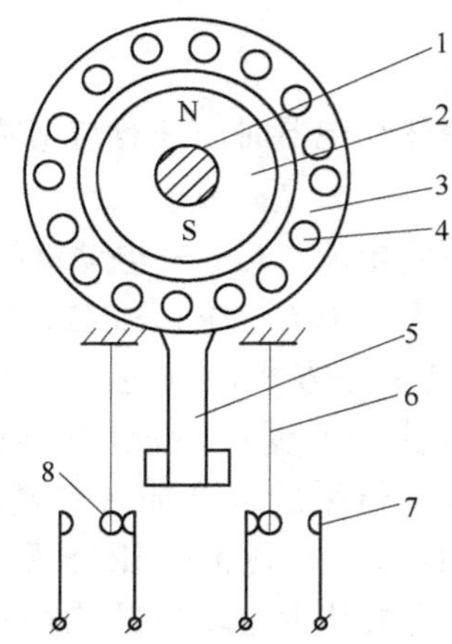

1—转子；2—电动机轴；3—定子；4—绕组；5—定子柄；6—簧片；7—静触头；8—动触头

图 4–18 速度继电器结构

从结构上看，速度继电器与交流电机类似。定子的结构与笼型异步电动机相似，是一个笼型空心圆环，由硅钢片冲压而成，并装有笼型绕组。转子是一个圆柱形永久磁铁。

速度继电器的轴与电动机的轴相连接。转子固定在轴上，定子与轴同心。当电动机转动时，速度继电器的转子随之转动，绕组切割磁场产生感应电动势和感应电流，此电流和永久磁铁的磁场作用产生转矩，使定子向轴的转动方向偏摆，通过定子柄拨动触头，使常闭触头断开、常开触头闭合。当电动机转速下降到接近零时，转矩减小，定子柄在弹簧力的作用下复位，触头也复原。

（2）参数

一般情况下，速度继电器的触头在转速达 120 r/min 时动作，在转速低于 100 r/min 时复位，所以其参数为：动作转速大于 120 r/min，复位转速小于 100 r/min，

（3）符号

速度继电器的符号如图 4–19 所示。

（a）转子　（b）常开触头　（c）常闭触头

图 4–19　速度继电器的符号

常用的感应式速度继电器有 JY1 和 JFZ0 系列。JY1 系列能在 3 000 r/min 的转速下可靠工作。JFZ0 型触头动作速度不受定子柄偏转快慢的影响，触头改用微动开关。JFZ0 系列 JFZ0–1 型适用于 300～1 000 r/min 的转速，JFZ0–2 型适用于 1 000～3 000 r/min 的转速。

（4）选用

速度继电器主要根据所需控制电动机的额定转速、触头数量和电压、电流来选用。

（5）安装

速度继电器的转轴应与电动机同轴连接，使两轴的中心线重合。速度继电器的轴可用联轴器与电动机的轴连接。

安装接线时，应注意：

① 速度继电器的正、反向触头不能接错，否则不能实现反接制动控制。

② 速度继电器的金属外壳应可靠接地。

（6）常见故障及处理

速度继电器的常见故障及处理方法如表 4–4 所示。

表 4–4　速度继电器的常见故障及处理方法

故障现象	可能原因	处理方法
反接制动时速度继电器失效，电动机不制动	（1）胶木摆杆断裂 （2）触头接触不良 （3）弹性动触片断裂或失去弹性 （4）笼型绕组开路	（1）更换胶木摆杆 （2）清洗触头表面油污 （3）更换弹性动触片 （4）更换笼型绕组
电动机不正常制动	速度继电器的弹性动触片调整不当	重新调节紧固螺钉

3）干簧继电器

干簧继电器是一种具有密封触头的电磁式继电器，可以反映电压、电流、功率及电流极性等信号，在检测、自动控制、计算机控制等领域应用广泛。干簧继电器主要由干式舌簧片与励磁线圈组成。干式舌簧片（触头）是密封的，由铁镍合金做成，舌片的接触部分通常镀有贵重金属（如金、铑、钯等），接触良好，具有优良的导电性能。触头密封在充有氮气等惰性气体的玻璃管中，因而有效地防止了尘埃的污染，减少了触头的腐蚀，提高了工作可靠性。其结构如图 4–20 所示。

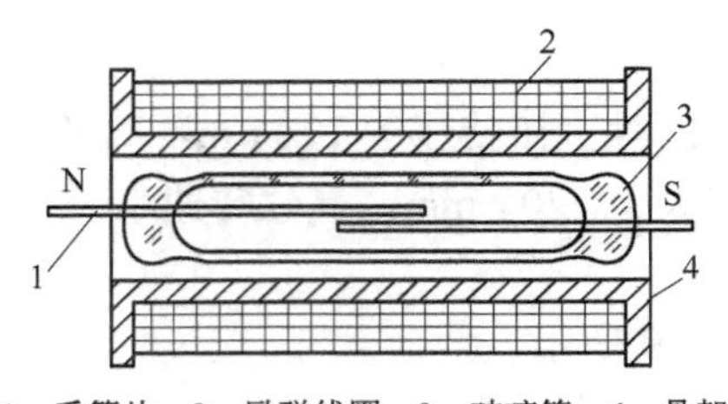

1—舌簧片；2—励磁线圈；3—玻璃管；4—骨架

图 4–20 干簧继电器结构

当励磁线圈通电后，管中两舌簧片的自由端分别被磁化成 N 极和 S 极，相互吸引，因而接通被控电路。励磁线圈断电后，舌簧片在本身的弹力作用下分开，将线路切断。

干簧继电器具有结构简单、体积小、吸合功率小、灵敏度高的特点，吸合与释放时间在 0.5～2 ms 以内。此外，它的触头密封，不受尘埃、潮气及有害气体污染，动片质量小，动程小，触头寿命长，一般可达 1 000 万次左右。

干簧继电器还可以用永磁体来驱动，反映非电信号，用于限位及行程控制，以及非电量检测等。此类干簧继电器的主要部件为干簧水位信号器，适用于工业与民用建筑中的水箱、水塔及水池等开口容器的水位控制和水位报警。

4）可编程通用逻辑控制继电器

可编程通用逻辑控制继电器是近几年发展起来的一种新型通用逻辑控制继电器，亦称通用逻辑控制模块，它将控制程序预先存储在内部存储器中，用户程序采用梯形图或功能图语言编程，形象直观，简单易懂。由按钮、开关等输入开关量信号，通过执行程序对输入信号进行逻辑运算、模拟量比较、计时、计数等。另外还有显示参数、通信、仿真运行等功能，其内部软件功能和编程软件可替代传统逻辑控制器件及继电器电路，并具有很强的抗干扰能力。

另外，其硬件是标准化的，改变控制功能时只需改变程序即可。因此，在继电逻辑控制系统中，可以“以软代硬”替代其中的时间继电器、中间继电器、计数器等，以简化线路设计，并能完成较复杂的逻辑控制，甚至可以完成传统继电器逻辑控制方式无法实现的功能。因此，可编程通用逻辑控制继电器在工业自动化控制系统、小型机械和装置、建筑电器等领域得到广泛应用，在智能建筑中用于对照明系统、采暖通风系统、门、窗、栅栏和出入口等进行控制。

常用产品主要有德国金钟–默勒公司的 Easy、西门子公司的 LOGO、日本松下公司的可选模式控制器——控制存储式继电器等。

任务 4.4 低压开关电器的使用与维护

【任务描述】

低压开关电器是电气控制领域及低压供配电系统中应用较广的低压电器之一。本任务主要介绍低压开关的种类、作用及常用低压开关的结构、工作原理、用途、型号、规格、符号、选用、安装、检测及维护等相关理论知识和技能，为后续电气控制电路的学习打下基础。

【学习目标】

（1）了解低压开关的种类、作用。
（2）了解常用低压开关的结构、工作原理。
（3）掌握常用低压开关的符号、型号及选用方法。
（4）掌握常用低压开关的安装、使用和维修方法。
（5）能对常用低压开关电器进行正确的检测、拆装、调试。

4.4.1　低压刀开关

低压刀开关

1. 开关板用刀开关

开关板用刀开关为不带熔断器式刀开关，主要作用是在低压电路中不频繁地手动接通、断开电路和隔离电源。其符号如图 4–21 所示。

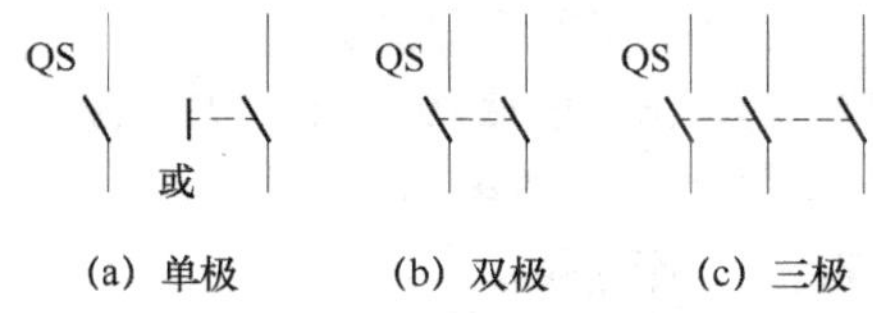

(a) 单极　(b) 双极　(c) 三极

图 4–21　开关板用刀开关的符号

开关板用刀开关目前主要有 HD14、HD17、HS13、HK2、HH4、HR3 几种类型，常用的开关板用刀开关有 HD 系列和 HS 系列，其外形图如图 4–22 所示。

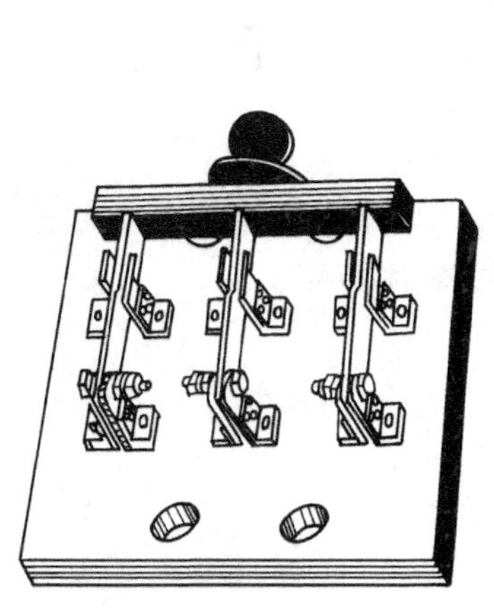
(a) HD系列刀开关

(b) HS系列刀开关

图 4–22　刀开关外形图

开关板用刀开关的型号中通常包含 5 位数字，各位数字的含义如图 4–23 所示。

开关板用刀开关依靠手动操作来实现触刀插入插座与脱离插座，以控制电路的通断，它的参数主要包括额定电压、额定电流、通断能力、动稳定电流、热稳定电流。在选用时，应使其额定电压、额定电流分别大于电路的额定电压、额定电流。

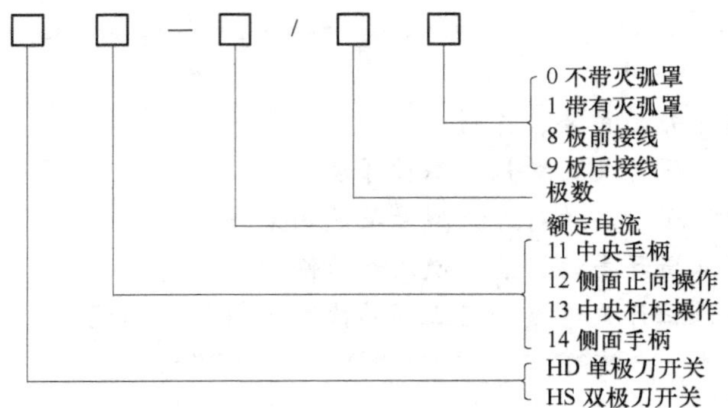

图 4–23 开关板用刀开关的型号

安装开关板用刀开关时，应使手柄向上，电源接上端，负载接下端。

2. 负荷开关

1）开启式负荷开关

① 用途：用于不频繁带负荷操作和短路保护。

② 结构：由刀开关和熔断器组成。瓷底板上装有进线座、静触头、熔丝、出线座及刀片式动触头，工作部分用胶木盖罩住，以防电弧灼伤人手。

③ 分类：分单相双极和三相三极两种。

④ 结构和符号：如图 4–24 所示。

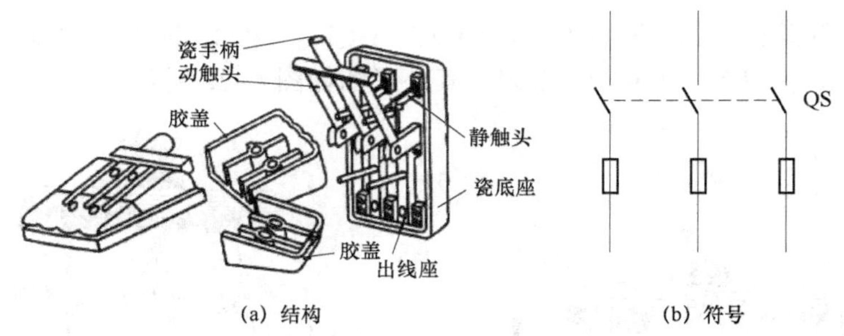

图 4–24 开启式负荷开关的结构和符号

2）封闭式负荷开关（铁壳开关）

① 用途：手动通断电路及短路保护。

② 结构：如图 4–25 所示。

③ 符号：与开启式负荷开关相同。

4.4.2 低压断路器（自动空气开关）

低压断路器

低压断路器是一种不仅可以接通和分断正常负荷电流和过负荷电流，还可以接通和分断短路电流的开关电器。低压断路器在电路中除起控制作用外，还具有一定的保护功能，如过负荷、短路、欠压和漏电保护等。

1. 结构与工作原理

① 结构：低压断路器主要由触头系统、灭弧装置、脱扣机构、传动机构组成，如图 4–26 所示。

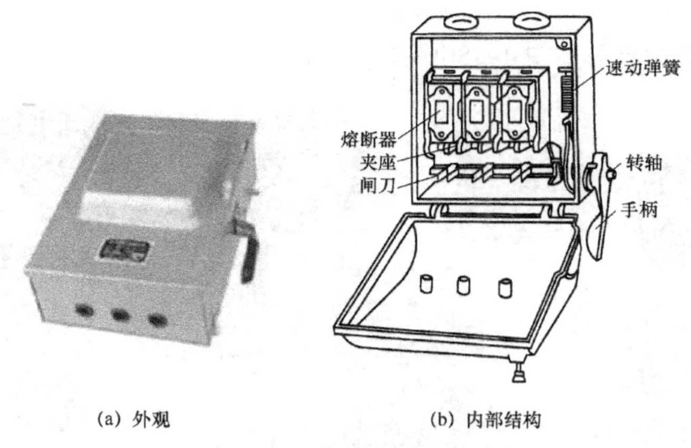

(a) 外观　　(b) 内部结构

图 4–25　封闭式负荷开关

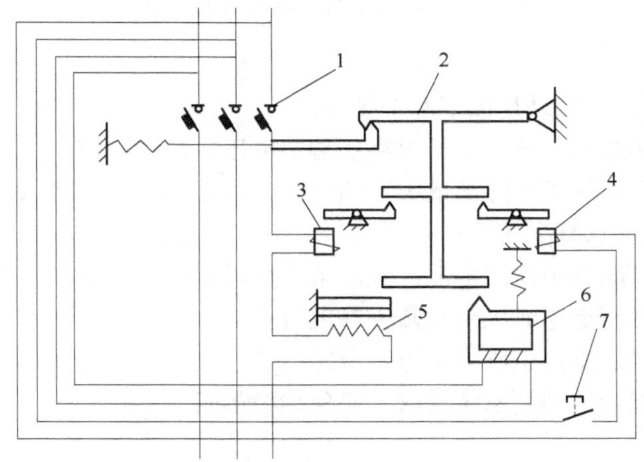

1—主触头；2—自由脱扣机构；3—过电流脱扣器；4—分励脱扣器；5—热脱扣器；6—欠电压脱扣器；7—停止按钮

图 4–26　低压断路器结构

② 应用：非频繁接通、断开电路，在电路发生短路、过载或欠压等故障时自动分断故障电路。

③ 原理：依靠手动或电动合闸，触头闭合后，自由脱扣机构将触头锁在合闸位置上。

④ 保护：过电流脱扣器对线路短路或严重过载起保护作用；热脱扣器对线路过载起保护作用；欠电压脱扣器对电动机的失压或欠电压起保护作用。

用“停止”按钮远距离控制分励脱扣器，使低压断路器跳闸，分励脱扣器不起保护作用。

⑤ 参数：额定电压、额定电流、极数、脱扣器类型、整定电流范围、分断能力、动作时间。

⑥ 类型：单极、双极和多极；塑料外壳式、万能式。

⑦ 符号：如图 4–27 所示。

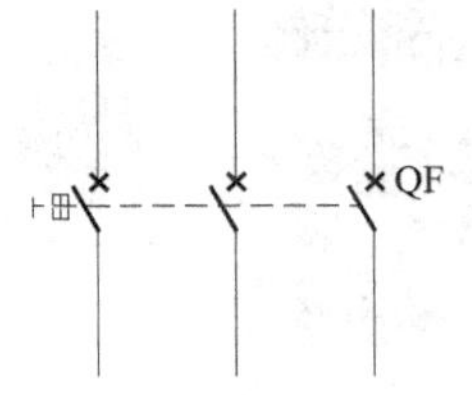

图 4–27　低压断路器的符号

2. 典型产品

低压断路器的典型产品如图 4–28 所示。

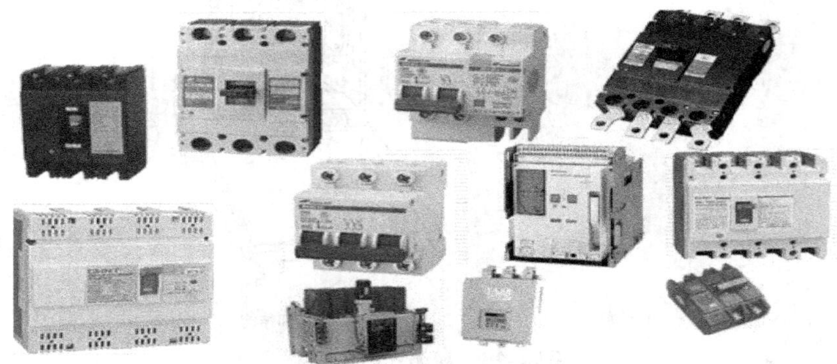

图 4–28 低压断路器的典型产品

3. 选用原则

选用低压断路器时，应满足以下两个条件：

① 额定电压、额定电流分别大于电路的额定电压、额定电流；

② 通断能力大于或等于电路的最大短路电流，符合场合保护要求。

用低压断路器的注意事项如下：

① 过载整定电流约等于使用电流，应注意动作时间；

② 过电流脱扣器整定电流大于正常尖峰电流；

③ 欠电压脱扣器的额定电压大于电路电压；

④ 级间保护的配合应满足系统要求，避免越级跳闸。

4.4.3 转换开关

转换开关又称组合开关，多用于机床电气控制线路中电源的引入开关，起着隔离电源的作用，还可用作直接控制小容量异步电动机不频繁起动和停止的控制开关。

转换开关有 HZ5、HZ10、HZ15 多种型号，其共同特点是通过旋钮来控制电路，典型产品如图 4–29 所示。

万能转换开关

图 4–29 转换开关典型产品

① 应用：用于非频繁接通、断开电路，换接电源和负载，测量三相电压，控制小容量感应电动机。

② 原理：转动手柄使动触头与两侧静触头接通和断开，以此控制电路，其结构示意图如图 4–30 所示。

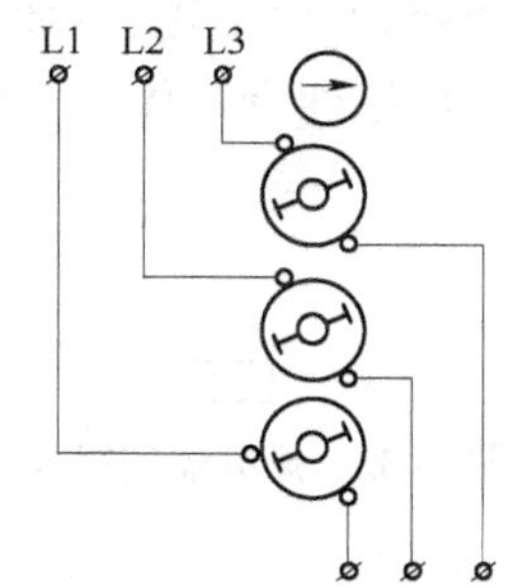

图 4–30　转换开关结构示意图

③ 参数：额定电压、额定电流、通断能力、动稳定电流、热稳定电流。

④ 类型：单极、双极和多极。

⑤ 符号：如图 4–31 所示。

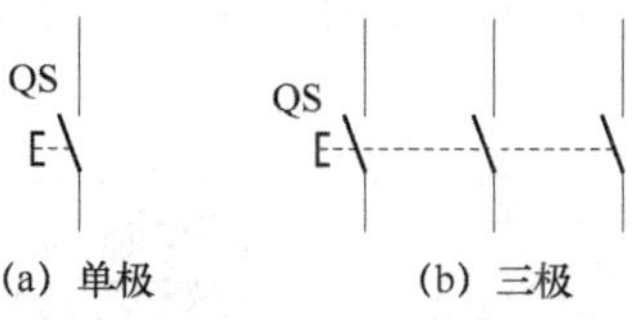

图 4–31　转换开关的符号

⑥ 选用：使转换开关的额定电压、额定电流分别大于电路的额定电压、额定电流。

任务 4.5　熔断器的使用与维护

【任务描述】

熔断器是电气控制领域及低压供配电系统中应用较广的低压电器之一。本任务主要介绍熔断器的种类、作用、结构、工作原理、用途、型号、规格、符号、选用、安装、维护等理论知识和技能，为后续电气控制电路的学习打下基础。

【学习目标】

（1）了解熔断器的种类、作用。

（2）熟悉常用熔断器的结构、工作原理。

（3）掌握常用熔断器的符号、型号及选用方法。

（4）掌握常用熔断器的安装、使用和检测方法。

（5）能对熔断器进行正确的检测、拆装、调试。

4.5.1 熔断器基础

① 作用：短路和严重过载保护。

② 应用：串接于被保护电路的首端，流过电路的电流过大时电流产生的热效应使熔断器的熔丝熔断，从而断开电路，起短路和严重过载保护作用。

③ 优点：结构简单，维护方便，价格便宜，体小量轻。

④ 符号：如图 4–32 所示。

熔断器

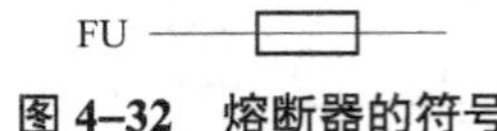

图 4–32 熔断器的符号

4.5.2 熔断器的种类及用途

熔断器包括瓷插式 RC、螺旋式 RL、无填料密封式 RM、有填料式 RT、自恢复熔断器。

1. 瓷插式 RC 熔断器

瓷插式 RC 熔断器结构简单，用于小容量低压分支电路，其结构如图 4–33 所示。

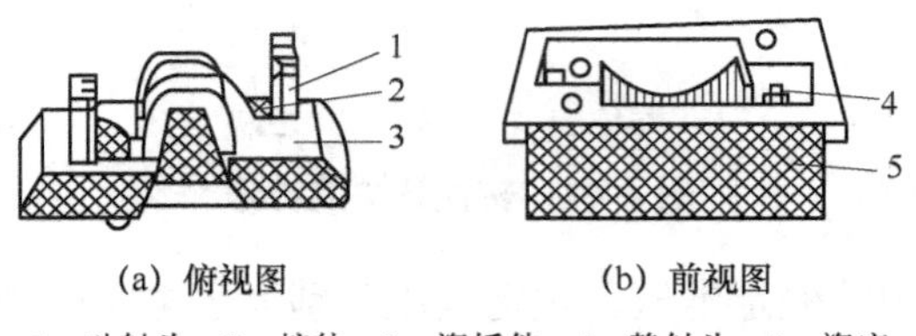

(a) 俯视图　　(b) 前视图

1—动触头；2—熔体；3—瓷插件；4—静触头；5—瓷座

图 4–33 瓷插式 RC 熔断器结构

2. 螺旋式 RL 熔断器

螺旋式 RL 熔断器广泛用于机床电气控制电路中，如图 4–34 所示。安装时应注意低进高出，即电源线接磁座的下接线端子，负载接与金属螺纹壳相连的上接线端子。

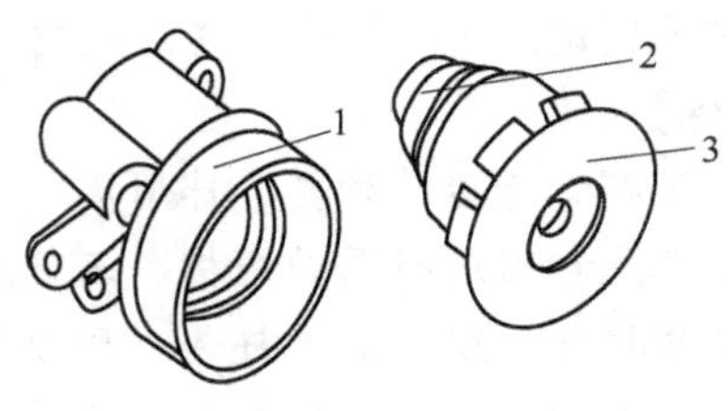

(a) 实物图　　(b) 结构图

1—底座；2—熔体；3—瓷帽

图 4–34 螺旋式 RL 熔断器

3. 无填料密封式 RM 熔断器

无填料密封式 RM 熔断器主要用于供电线路及分断能力较低的配电设备中，如图 4–35 所示。

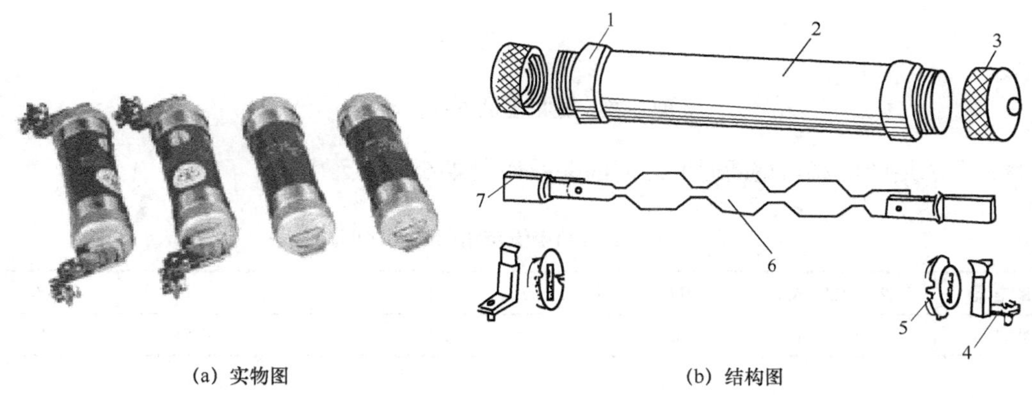

(a) 实物图　　(b) 结构图

1—铜圈；2—熔断管；3—管帽；4—插座；5—特殊垫圈；6—熔体；7—熔片

图 4–35　无填料密封式 RM 熔断器

4. 有填料式 RT 熔断器

有填料式 RT 熔断器主要用于供电线路及要求分断能力较高的配电设备中，如图 4–36 所示。

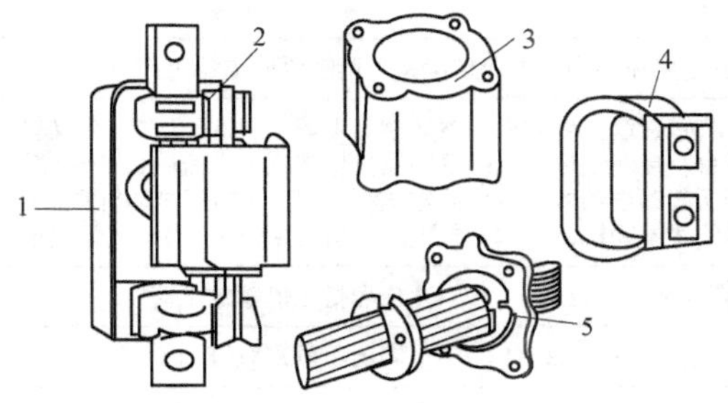

1—瓷底座；2—弹簧片；3—管体；4—绝缘手柄；5—熔体

图 4–36　有填料式 RT 熔断器结构

5. 自恢复熔断器

自恢复熔断器由高分子材料添加导电粒子制成，其基本原理是一种能量平衡，当电流流过元件时产生热量，所产生的热量一部分散发到环境中，另一部分增加了高分子材料的温度。在工作电流下，产生的热量和散发的热量达到平衡，电流可以正常通过；当过大电流通过时，元件产生大量的热量，不能及时散发出去，导致高分子材料温度上升，当温度达到高分子材料结晶融化温度时，高分子材料急剧膨胀，阻断由导电粒子组成的导电通路，限制大电流通过，从而起到过流保护作用。

4.5.3　熔断器的安秒特性

熔断器的电流与熔断时间之间的关系称为熔断器的安秒特性，如图 4–37 所示。

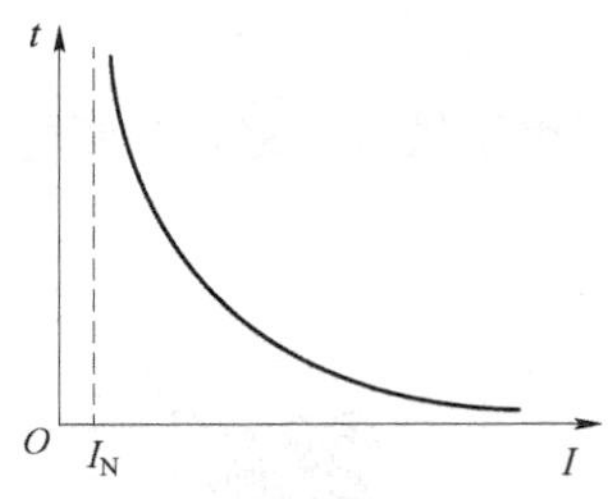

图 4–37 熔断器的安秒特性

熔断器的熔断电流与熔断时间之间的关系如表 4–5 所示。

表 4–5 熔断器的熔断电流与熔断时间之间的关系

熔断电流	（1.25～1.3）I_N	1.6 I_N	2 I_N	2.5 I_N	3 I_N	4 I_N
熔断时间	∞	1 h	40 s	8 s	4.5 s	2.5 s

4.5.4 熔断器的选用

熔断器的选用原则是：熔断器的额定电压不小于线路的工作电压，熔断器的额定电流不小于熔断器熔体的额定电流。熔断器选用原则如表 4–6 所示。

表 4–6 熔断器选用原则

应用场合	选用原则
照明电路	熔体额定电流不小于被保护电路上所有照明电器工作电流之和
电动机	① 单台直接起动电动机：熔体额定电流=（1.5～2.5）×电动机额定电流； ② 多台直接起动电动机：总的保护熔体额定电流=（1.5～2.5）×各台电动机额定电流之和； ③ 降压起动电动机：熔体额定电流=（1.5～2）×电动机额定电流； ④ 绕线式电动机：熔体额定电流=（1.2～1.5）×电动机额定电流
配电变压器低压侧	熔体额定电流：（1.0～1.5）×变压器低压侧额定电流
并联电容器组	熔体额定电流：（1.3～1.8）×电容器组额定电流
电焊机	熔体额定电流：（1.5～2.5）×负荷电流
电子整流元件	熔体额定电流：不小于 1.57×整流元件额定电流

说明：熔体额定电流的取值范围是为了适应熔体的标准件额定值。

任务 4.6 主令电器的使用与维护

【任务描述】

主令电器是电气控制领域及低压供配电系统中应用较广的低压电器之一。本任务主要介绍主令电器的种类、作用、结构、工作原理、用途、型号、规格、符号、选用、安装、维护等理论知识和技能，为后续电气控制电路的学习打下基础。

【学习目标】

（1）了解按钮和行程开关的种类、作用。

（2）熟悉按钮和行程开关的结构、工作原理。

（3）掌握按钮和行程开关的符号、型号及选用方法。

（4）掌握按钮和行程开关的安装、使用和检测方法。

（5）能对按钮和行程开关进行正确的检测、拆装、调试。

4.6.1　控制按钮

控制按钮是自动控制系统中专用于发布控制指令的主令电器，可以实现远距离控制。

1. 结构与符号

控制按钮一般都由按钮帽、复位弹簧、常开静触头、常闭静触头、外壳及支持部件组成，其结构与符号如图 4-38 所示。

按钮

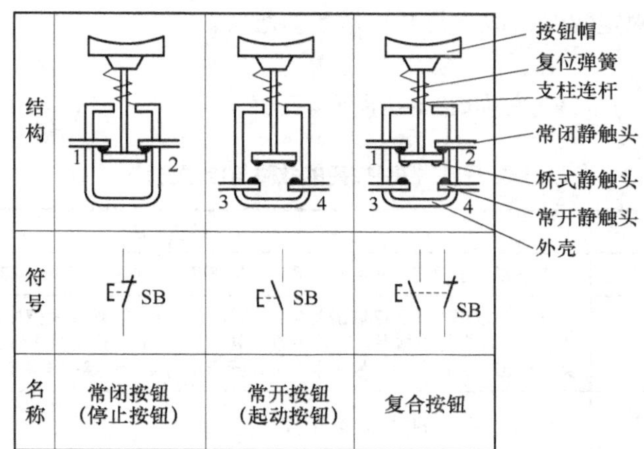

图 4-38　控制按钮的结构与符号

2. 工作原理

控制按钮是一种短时接通或分断小电流电路的电器。它不直接去控制主电路的通断，而是在控制电路中发出“指令”，由指令控制其他电器去执行主电路的通断操作。

3. 型号

控制按钮的型号如图 4-39 所示。

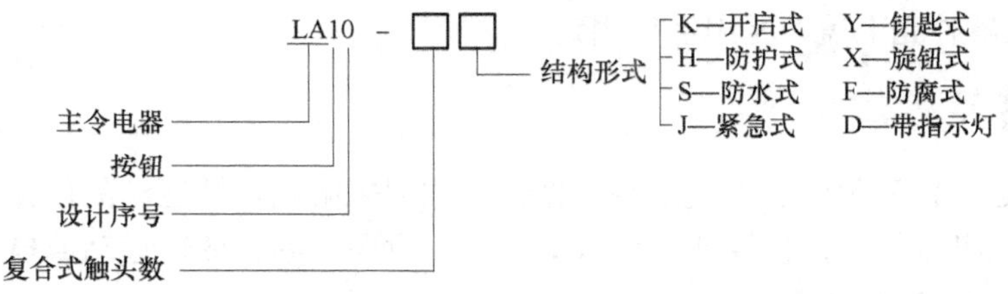

图 4-39　控制按钮的型号

目前常用的控制按钮有 LA2、LA10–2H、LA10–2K、LA10–2S、LA18–22J、LA10–3H、LA10–3K、LA10–3S、LA18–44J、LA18–22Y、LA18–22X、LA19–11D、LA18–44Y、LA18–44X、LA19–22D。可以对照图 4–39 了解各类控制按钮型号的物理意义。

4. 选用

选择控制按钮时，必须根据使用场合、环境要求进行恰当的选择。例如，化工厂内应选用防腐式控制按钮；潮湿环境中应选用防水式控制按钮；要害设备不可随意起动的场合应选用钥匙式控制按钮；需要显示运行状态的应选用带指示灯的控制按钮；机床操作时需要防止无意误操作的应选用旋钮式控制按钮。

5. 拆卸步骤

拆卸步骤如下：

① 取下金属外壳上盖的固定螺钉，打开上盖；

② 用拇指将按钮帽按下，不松手，食指与中指夹紧动触头圆形塑料支架，并顺时针旋转 10° 左右，从复合按钮塑料底座取出动触头、圆形塑料支架、按钮帽整体；

③ 拆下复合按钮塑料底座固定螺钉，取下复合按钮塑料底座；

④ 拆下静触头固定螺钉，取下常开、常闭静触头。

6. 故障与维修

控制按钮的故障与维修方法如表 4–7 所示。

表 4–7 控制按钮的故障与维修方法

故障	维修方法
静触头松动	拆下复合按钮塑料底座固定螺钉，取下复合按钮塑料底座，旋紧静触头固定螺钉即可
动触头脱落	从复合按钮塑料底座取出动触头、圆形塑料支架、按钮帽整体；用拇指将按钮帽用力按下不松手，食指与中指夹紧动触头圆形塑料支架，此时按钮帽连体的螺杆与弹簧从圆形塑料支架中伸出，将脱落的动触头卡入弹簧圆形塑料支架中螺杆与弹簧之间，修复即告成功
塑料底座、圆形塑料支架、按钮帽整体损坏	必须全部更换相关塑料配件
动、静触头烧损	必须更换相应触头

7. 组装步骤

维修完成后，按以下步骤进行组装：

① 将常开、常闭静触头固定在复合按钮塑料底座上；

② 将复合按钮塑料底座固定在金属外壳底座上；

③ 将动触头圆形塑料支架按钮帽整体安装在复合按钮塑料底座中间；

④ 盖上金属外壳上盖，并用螺钉固定。

4.6.2 行程开关

行程开关

行程开关是一种常用的小电流主令电器，通常用来限制机械运动的位置或行程，使运动机械按一定位置或行程自动停止、反向运动、变速运动或自动往返运动等。

1. 行程开关的工作原理

行程开关利用机械运动部件的碰撞使其触头动作，从而控制主电路的接通或分断。但行程开关并不直接操作主电路的通断，而是在控制电路中发出“指令”，由指令控制其他电器动作，控制主电路的通断。

2. 符号

行程开关的符号如图 4–40 所示。

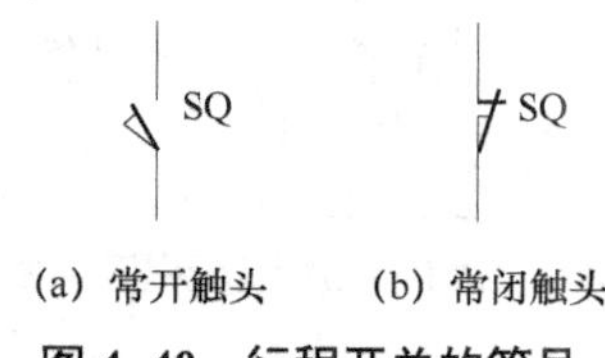

图 4–40　行程开关的符号

3. 型号

行程开关的型号如图 4–41 所示。

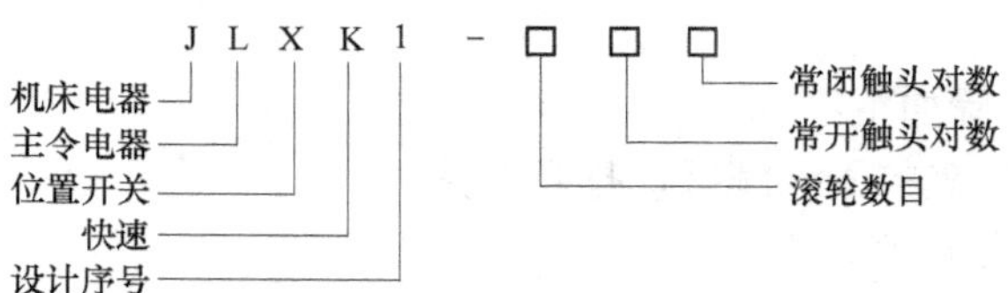

图 4–41　行程开关的型号

目前常用的行程开关型号及规格包括 LX19、LX19–111、LX19–121、LX19–131、LX19–212、LX19–222、LX19–232、LX19–001、JLXK1、LXK3–20S。可以对照图 4–41 了解各行程开关型号的物理意义。

4. 类型与结构

行程开关分以下几种：直动，滚动直动，杠杆单、双轮旋转式，滚动摆杆可调式，杠杆可调式。图 4–42 所示是几种典型的行程开关。

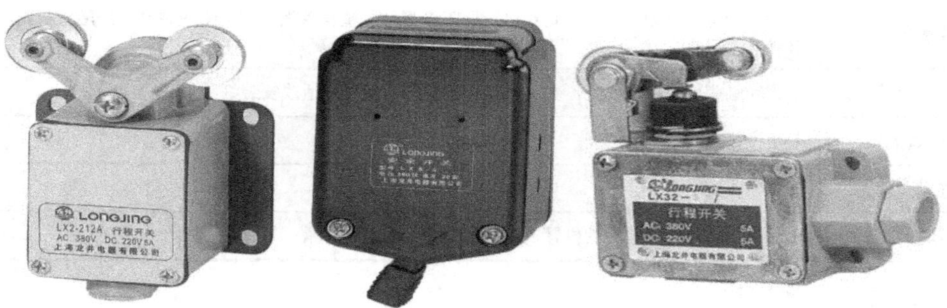

图 4–42　典型的行程开关

无论哪种类型，行程开关主要由金属外壳上盖、金属外壳底座、滚轮、微动开关、传动杠杆、转轴、凸轮、撞块、触头、复位弹簧等组成。图 4–43 所示为 LX19–131 型行程开关的结构。

5. 选用

选择行程开关时，首先必须保证行程开关的额定电压、额定电流分别大于电路的额定电压、额定电流。

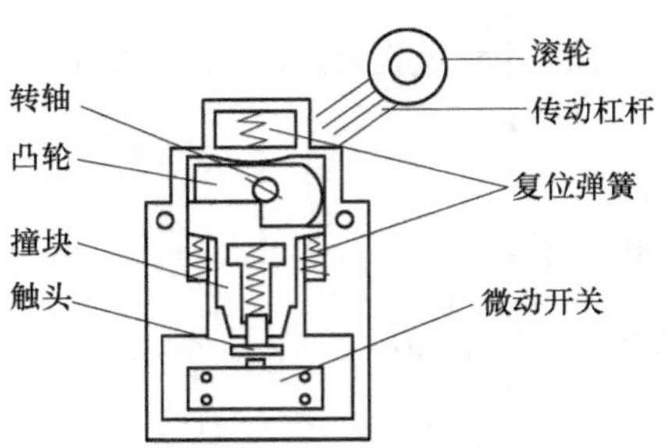

图 4–43 LX19–131 型行程开关的结构

其次，必须根据使用场合、环境要求进行恰当的选择。例如，化工厂内应选用防腐式行程开关；潮湿环境中应选用防水式行程开关；机械冲击力大的场合应选择耐冲击型号的行程开关。

6. 拆卸步骤

行程开关的拆卸步骤如下：

① 取下金属外壳上盖的固定螺钉，打开上盖；

② 取出金属底座内的微动开关；

③ 拆下与运动杠杆连体的端部金属罩；

④ 取出撞块；

⑤ 拆开运动杠杆与转轴。

7. 故障与维修

行程开关的故障与维修方法如表 4–8 所示。

表 4–8 行程开关的故障与维修方法

故障	维修方法
动、静触头松动	拆下微型开关塑料底座固定螺钉，取下微型开关塑料盖板，用尖嘴钳将动、静触头扳正，使其接触良好
动触头脱落	将动触头用尖嘴钳扳正，并且将触头弹簧压力调整合适或安装好
复位弹簧失效	更换复位弹簧
动、静触头烧损	更换相应触头
运动杠杆松脱	对正运动杠杆与转轴的位置，将运动杠杆上的螺钉拧紧

8. 组装步骤

维修完成后，按以下步骤进行组装：

① 安装好运动杠杆与转轴的连接；

② 将撞块装入金属底座的滑槽内；

③ 将凸轮放入运动杠杆联体的端部金属罩；

④ 将微动开关装入金属底座内并固定；

⑤ 盖上金属外壳上盖，并用螺钉固定。

思考与练习 4

一、填空题

1. 熔断器又叫保险丝，用于电路的（　　），或者严重（　　）保护。

2. 交流接触器的线圈得电时，接触器的主触头（　　）、常闭辅助触头（　　）、常开辅助触头（　　）。

3. 交流接触器的线圈失电时，接触器的主触头（　　）。

4. 低压断路器可以实现（　　）、（　　）、（　　）等保护。

5. 接触器的主触头用来接通或分断（　　）。

二、判断题

（　　）1. 对闸刀开关的安装，除垂直安装外，也可以倒装或横装。

（　　）2. 继电器不能用来直接控制较大电流的主电路。

（　　）3. 交流接触器具有失压保护的功能。

（　　）4. 接触器可用于频繁地通断主电路。

（　　）5. 按钮可以接在主电路中发出控制信号。

（　　）6. 热继电器在电路中既能作过载保护，也能作短路保护。

（　　）7. 刀开关可用于频繁地通断主电路。

（　　）8. 按钮不可以接在主电路中发出控制信号。

三、选择题

1. 下列器件中能够实现过载保护的是（　　）。

A. 熔断器　　B. 热继电器　　C. 接触器　　D. 电源开关

2. 按下复合按钮时，（　　）。

A. 常开触头先闭合，常闭触头后断开

B. 常闭触头先断开，常开触头后闭合

C. 常开、常闭触头同时动作

D. 无法确定

3. 行程开关是一种将（　　），以控制运动部件位置或行程的自动控制电器。

A. 电信号转换为机械信号　　B. 机械信号转换为电信号

C. 磁信号转换为电信号　　D. 电信号转换为磁信号

4. 热继电器过载时双金属片弯曲是由于双金属片的（　　）。

A. 机械强度不同　　B. 热膨胀系数不同

C. 温度不同　　D. 厚度不同

项目 5　电气控制线路的运行与维护

【项目描述】

电气控制线路是电气控制技术领域广泛应用的一种技术，是设计、生产和维修不可缺少的内容。电工作业人员的基本条件之一是具备电气控制设备的安装、调试、运行及维护等方面的理论知识和技能。

本项目主要介绍电气控制线路的绘制、识读方法及基本电气控制线路的设计、安装、检测、故障分析及处理方法等，为考取中华人民共和国特种作业操作证打下良好的基础。

任务 5.1　电动机基本控制线路的绘制

【任务描述】

电气控制线路安装、运行与维护是电工从业人员必须掌握的一项基本技能，是电工从业的必备条件之一。本任务通过绘制电气控制系统图，引导学生熟悉常用电气元件的图形和文字符号，了解电气控制系统图的种类；掌握识读方法和绘制方法。

【学习目标】

（1）熟悉常用电气元件的图形符号和文字符号。

（2）掌握电气控制系统电气原理图的绘制方法和识图方法。

（3）掌握电气控制系统电气安装接线图的绘制方法。

（4）掌握电气控制系统电气元件布置图的绘制方法。

（5）能正确绘制和识读电气控制系统电路图。

5.1.1　常用的电气元件的图形符号和文字符号

电气控制系统图一般有三种：电气原理图、电气元件布置图和电气安装接线图。电气控制系统图是按照国家统一规定的图形符号和文字符号来表示电气元件连接关系的图。

为了能读懂电气控制系统图，必须熟悉常用电气元件图形符号和文字符号，并熟悉其工作原理。常用的电气元件图形符号、文字符号见表 5–1。

表 5–1　常见的电气元件图形符号、文字符号一览表

类别	名称	图形符号	文字符号	类别	名称	图形符号	文字符号
开关	单极控制开关		SA	位置开关	常开触头		SQ

续表

类别	名称	图形符号	文字符号
开关	手动开关一般符号		SA
	三极控制开关		QS
	三极隔离开关		QS
	三极负荷开关		QS
	组合旋钮开关		QS
	低压断路器		QF
	控制器或操作开关	后 前 2 1 0 1 2	SA
接触器	线圈操作器件		KM
	常开主触头		KM
	常开辅助触头		KM
	常闭辅助触头		KM
时间继电器	通电延时（缓吸）线圈		KT
	断电延时（缓放）线圈		KT
	瞬时闭合的常开触头		KT

类别	名称	图形符号	文字符号
行程开关	常闭触头		SQ
	复合触头		SQ
按钮	常开按钮		SB
	常闭按钮		SB
	复合按钮		SB
	急停按钮		SB
	钥匙操作式按钮		SB
热继电器	热元件		FR
	常闭触头		FR
中间继电器	线圈		KA
	常开触头		KA
	常闭触头		KA
电流继电器	过电流线圈	I>	KA
	欠电流线圈	I<	KA

续表

类别	名称	图形符号	文字符号	类别	名称	图形符号	文字符号
时间继电器	瞬时断开的常闭触头		KT	电流继电器	常开触头		KA
	延时闭合的常开触头	或	KT		常闭触头		KA
	延时断开的常闭触头	或	KT	电压继电器	过电压线圈	U>	KV
	延时闭合的常闭触头	或	KT		欠电压线圈	U<	KV
	延时断开的常开触头	或	KT		常开触头		KV
电磁操作器	电磁铁的一般符号	或	YA		常闭触头		KV
	电磁吸盘		YH	电动机	三相笼型异步电动机	M 3~	M
	电磁离合器		YC		三相绕线转子异步电动机	M 3~	M
	电磁制动器		YB		他励直流电动机	M	M
	电磁阀		YV		并励直流电动机	M	M
非电量控制的继电器	速度继电器常开触头	n	KS		串励直流电动机	M	M
	压力继电器常开触头	p	KP	熔断器	熔断器		FU
发电机	发电机	G	G	变压器	单相变压器		TC

续表

类别	名称	图形符号	文字符号	类别	名称	图形符号	文字符号
发电机	直流测速发电机	TG	TG	变压器	三相变压器		TM
灯	信号灯（指示灯）		HL	互感器	电压互感器		TV
	照明灯		EL		电流互感器		TA
接插器	插头和插座	或	X 插头 XP 插座 XS		电抗器		L

5.1.2　电气控制系统图的绘制原则

电气原理图的组成及绘制原则

1. 电气原理图的组成及绘制原则

1）电气原理图的组成

电气原理图如图 5–1 所示，一般分主电路和辅助电路两部分。

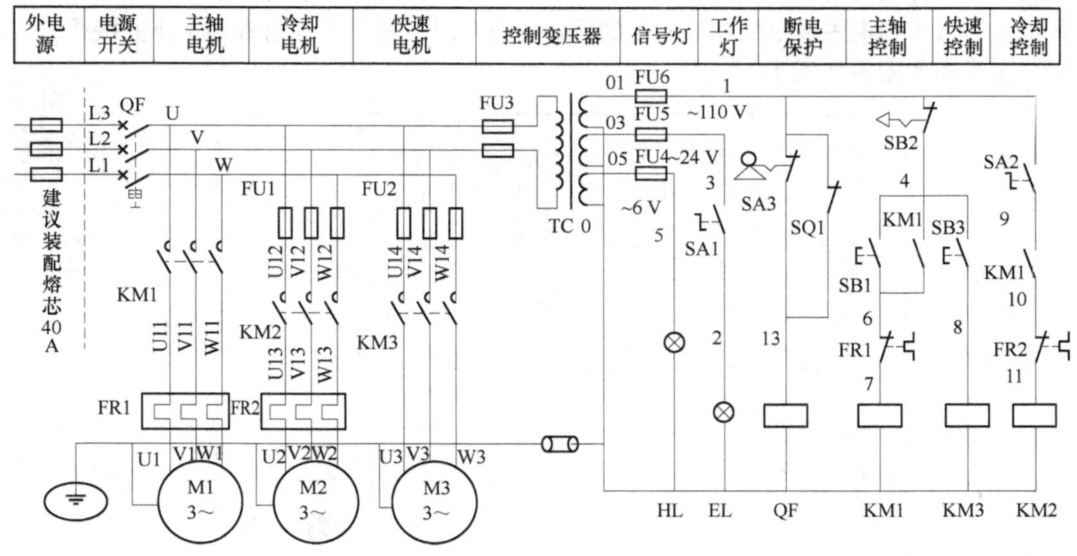

图 5–1　电气原理图

主电路是电气控制线路中大电流通过的部分，包括从电源到电机之间相连的电气元件，一般由低压断路器、主熔断器、接触器主触头、热继电器的热元件和电动机等组成。

辅助电路是控制线路中除主电路以外的电路，其流过的电流比较小。辅助电路包括控制电路、照明电路、信号电路和保护电路。其中，控制电路由按钮、接触器和继电器的线圈及辅助触头、热继电器触头、保护电器触头等组成。

2）电气原理图的绘制原则

① 电气原理图中，所有电器的可动部分均按没有通电或没有外力作用时的状态画出。继电器、接触器的触头，按其线圈不通电时的状态画出，控制器按手柄处于零位时的状态画出；按钮、行程开关等触头，按未受外力作用时的状态画出。

② 电气原理图中，应尽量减少线条和避免线条交叉。各导线之间有电联系时，在导线交点处画实心圆点。根据图面布置需要，可以将图形符号旋转绘制，一般逆时针方向旋转 90°，但文字符号不可倒置。

③ 电气原理图中，所有电气元件都应采用国家标准中统一规定的图形符号和文字符号表示。

④ 电气原理图中，电气元件的布局，应根据便于阅读原则安排。主电路安排在图面左侧或上方，辅助电路安排在图面右侧或下方。无论主电路还是辅助电路，均按功能布置，尽可能按动作顺序从上到下、从左到右排列。

⑤ 电气原理图中，当同一电气元件的不同部件（如线圈、触头）分散在不同位置时，为了表示是同一元件，要在电气元件的不同部件处标注相同的文字符号。对于同类器件，要在其文字符号后加数字序号来区别。如两个按钮，可用 SB1、SB2 文字符号区别。

2. 电气安装接线图的识读和绘制原则

电气安装接线图用于电气设备和电气元件的安装、配线、维护和检修电气故障。图中应标示出各元器件之间的连接关系及安装和布置的位置等。对某些较为复杂的电气控制系统或设备，当电气控制柜中或电气安装板上的元器件较多时，还应该画出各端子排的接线图。电气安装接线图如图 5–2 所示。

电气安装接线图和电气元件布置图的识读和绘制原则

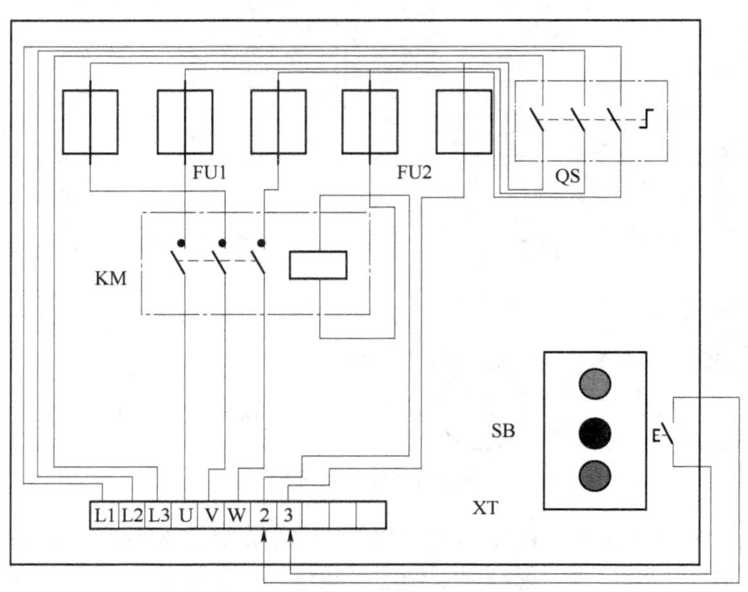

图 5–2　电气安装接线图

一般情况下，电气安装接线图和原理图需配合起来使用。绘制电气安装图应遵循的主要原则如下：

① 必须遵循相关国家标准绘制；

② 各电气元件的位置、文字符号必须和原理图中的标注一致，同一个电气元件的各部件（如同一个接触器的触头、线圈等）必须画在一起，各电气元件的位置应与实际安装位置一致；

③ 不在同一安装板或电气柜中的电气元件或信号的电气连接，一般应通过端子排连接，并按照原理图中的接线编号连接；

④ 走向相同、功能相同的多根导线可用单线或线束表示，画连接线时应标明导线的规格、型号、颜色、根数和穿线管的尺寸。

3. 电气元件布置图的识读和绘制原则

电气元件布置图如图 5–3 所示，主要用来表明电气设备或系统中所有电气元件的实际位置，为制造、安装、维护提供必要的资料。绘制电气元件布置图应遵循以下原则：

① 必须遵循相关国家标准设计和绘制；

② 相同类型的电气元件布置时，应把体积较大和较重的安装在控制柜或面板的下方；

③ 发热的电气元件应该安装在控制柜或面板的上方或后方，但热继电器一般安装在接触器的下面，以方便与电机和接触器的连接；

④ 需要经常维护、整定和检修的电气元件、操作开关、监视仪器仪表，其安装位置应高低适宜，以便工作人员操作；

⑤ 强电、弱电应该分开走线，注意屏蔽层的连接，防止干扰的窜入；

⑥ 电气元件的布置应考虑安装间隙，并尽可能做到整齐、美观。

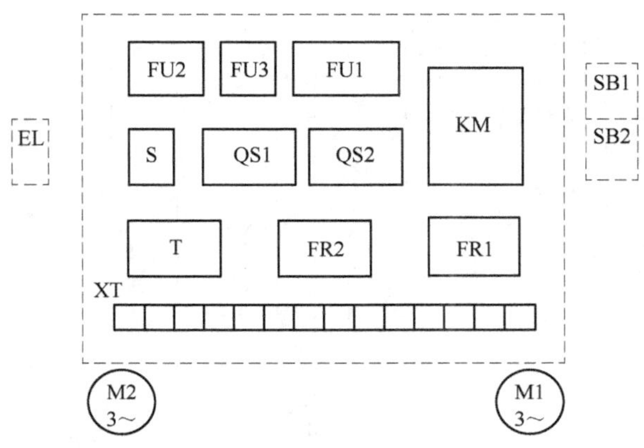

图 5–3　电气元件布置图

任务 5.2 三相异步电动机直接起动控制线路的运行与维护

【任务描述】

本任务通过分析三相异步电动机正转控制线路的工作原理，引导学生熟悉常用电气元件的图形符号和文字符号，进一步掌握电气控制系统图的分析方法和检测方法。

【学习目标】

（1）熟悉三相异步电动机正转控制电路的基本工作原理。

（2）进一步掌握对照电气原理图画电气安装接线图的方法。

（3）掌握电气控制线路安装、检测及按图接线的方法、工艺。

（4）能正确检测电气控制电路。

5.2.1 点动控制线路的运行与维护

电动机的点动控制

1. 点动控制

按下按钮，电动机就得电运转；松开按钮，电动机就失电停转。这种控制方式称为点动控制。

2. 点动控制线路的工作原理

点动正转控制线路如图 5–4 所示。

（1）起动控制：合上开关 QS，按下按钮 SB，接触器线圈 KM 得电，交流接触器 KM 主触头闭合，电动机得电，起动运转。

（2）停止控制：松开按钮 SB，接触器线圈 KM 失电，交流接触器 KM 主触头断开，电动机失电，停止运转。

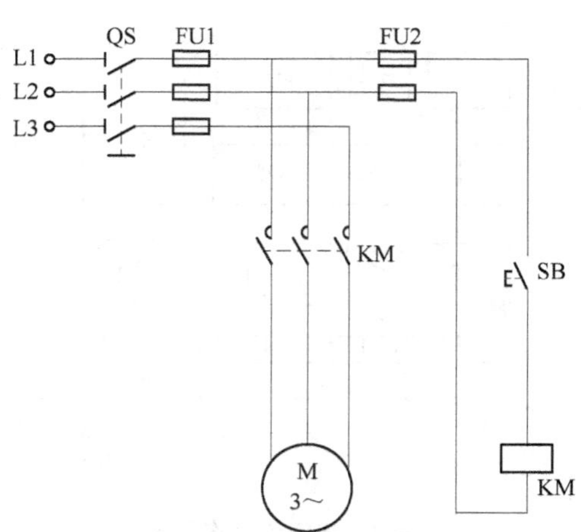

图 5–4 点动正转控制线路

3. 点动控制方式的应用

点动控制方式的应用有：起重机械中吊钩的精确定位操作过程，机械加工过程中的“对刀”操作过程，自动加工机床“起始点”的定位操作过程，等等。

4. 绘制点动正转控制线路电气元件布置图和安装接线图

按任务5.1中介绍的系统图绘制原则绘制，如图5–5、图5–6所示。

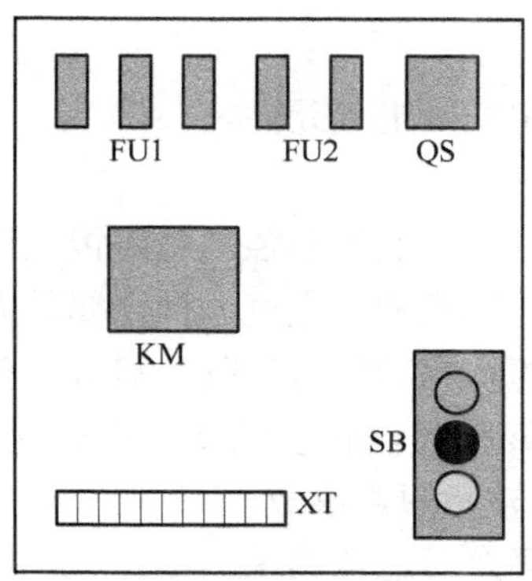

图5–5　点动正转控制线路电气元件布置图

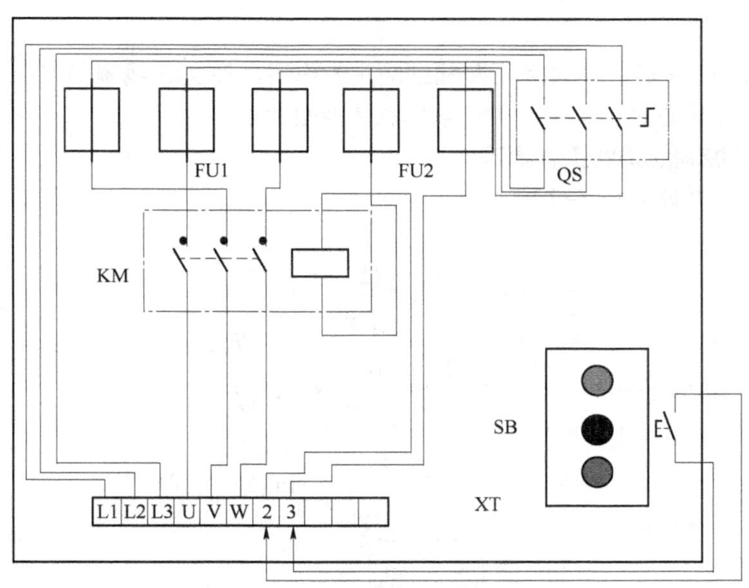

图5–6　点动正转控制线路安装接线图

5. 板前明布线工艺要求

① 布线通道尽可能少，同路平行导线按主、控制电路分类集中，单层密排，紧贴安装面布线。

② 同一平面的导线应高低一致或前后一致，不能交叉。非交叉不可时，该根导线应在从接线端子引出时就水平架空跨越，但必须走线合理。

③ 布线应横平竖直，分布均匀，变换走向时应垂直。

④ 布线时严禁损伤线芯和导线绝缘。

⑤ 导线与接线端子或接线桩连接时，不得压绝缘层，不反圈，不露铜过长。

⑥ 一个电气元件接线端子上的连接导线不得多于两根，每节接线端子板上一般只允许连接一根导线。

6. 点动正转控制线路安装及调试步骤

① 检查各电气元件的质量。

② 画出电气元件布置图。

③ 根据电气元件布置图固定安装电气元件。

④ 画出电气安装接线图。

⑤ 参照布线工艺要求，在安装好的点动控制线路板上进行布线。

⑥ 安装电动机，可靠连接电动机和各电气元件金属外壳的保护接地线。

⑦ 连接外部导线，连接电源、电动机等控制线路板外部的导线。

⑧ 自检安装完毕后的控制线路板。必须经过认真检查且无误后，才允许通电调试，以防止错接、漏接造成不能正常运转和短路事故。

⑨ 交验。经指导教师检查同意后通电调试。

5.2.2 自锁控制线路的运行与维护

电动机的自锁控制

1. 自锁

松开起动按钮 SB 后，靠 KM 常开辅助触头的作用，使 KM 线圈仍然保持得电的现象，称为自锁。其中，常开辅助触头叫自锁触头。

2. 自锁正转控制线路的工作原理

自锁正转控制线路如图 5–7 所示。

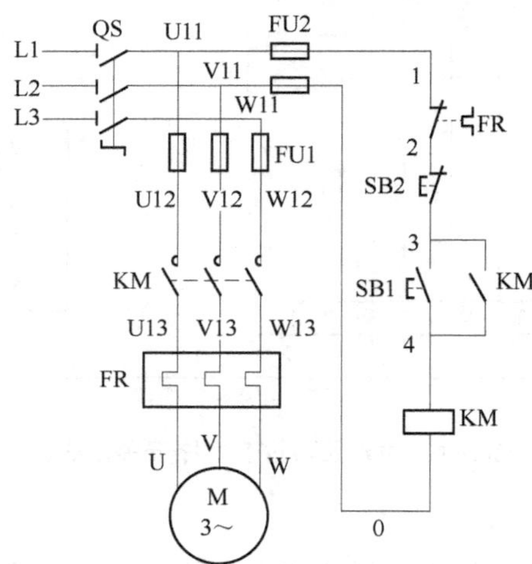

图 5–7 自锁正转控制线路

1）起动控制

合上开关 QS，按下按钮 SB1，接触器线圈 KM 得电，交流接触器 KM 主触头和自锁触头闭合，电动机得电，起动运转。

松开按钮 SB1，接触器线圈 KM 继续得电，交流接触器 KM 主触头和自锁触头继续闭合，电动机继续运转。

2）停止控制

按下按钮 SB2，接触器线圈 KM 失电，交流接触器 KM 主触头断开，电动机失电，停止运转。

3. 欠电压和失电压保护

“欠电压”是指线路电压低于电动机应加的额定电压。“欠电压保护”是指当线路电压下降到低于某一数值时，电动机能自动切断电源停转，避免电动机在欠电压下运行的一种保护。“失电压保护”是指电动机在正常运行中，由于外界某种原因引起突然断电时，能自动切除电动机电源，当重新供电时保证电动机不能自动起动的一种保护。

4. 自锁正转控制线路安装接线图

根据自锁控制电路原理图绘制自锁正转控制线路安装接线图，如图 5–8 所示。

自锁控制电路应用

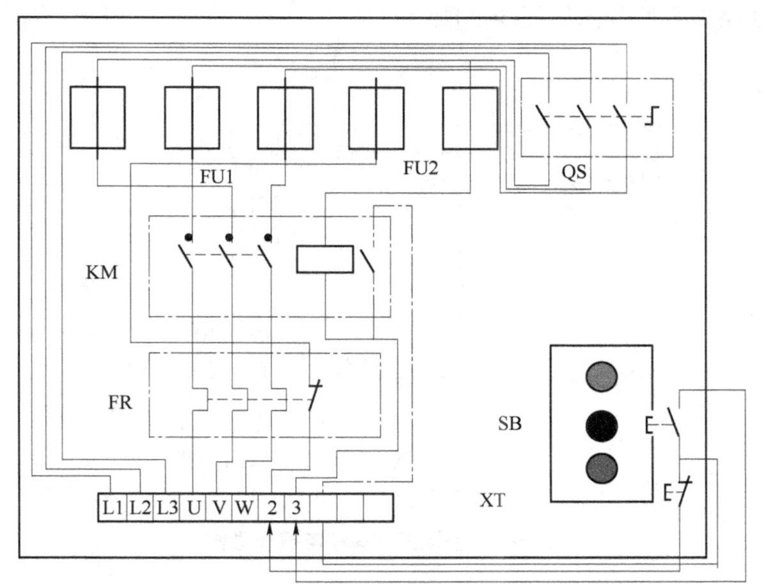

图 5–8　自锁正转控制线路安装接线图

5. 用万用表检查线路的通断

断开 QS，用手操作 KM 来模拟触头的分合动作，万用表置 R×1 挡。

1）检查主电路

拔去 FU2 以切除辅助电路，万用表表笔分别测量组合开关下端 U11～V11、V11～W11、U11～W11 之间的电阻，结果均应该为断路（$R\to\infty$）。

如果某次测量结果为短路（$R\to 0$），则说明所测量两相间的接线有短路问题，应仔细逐线检查。

用手按压接触器的触头架，使三极主触头都闭合，重复上述测量，分别测得电动机各相绕组阻值。若某次测量结果为断路（$R\to\infty$），则应仔细检查所测两相的各段接线。

例如，测量 V11～W11 之间电阻值 $R\to\infty$，则说明主电路 L2、L3 两相之间的接线有断路处。可将一支表笔接 V11 处，另一支表笔依次接 V12、V 各段导线两端的端子，再将表笔移到 W、W12、W11 各段导线两端测量，这样即可准确地查出断路点，并予以排除。

2）检查辅助电路

拆下电动机接线，插好 FU2 的瓷盖，万用表表笔接组合开关下端子 U11、V11（辅助电路电源线）处，应测得断路；按下启动按钮 SB1，测得接触器 KM 线圈的电阻值。如果所测得的结果不正常，则将一支表笔接 U11 处，另一支表笔依次接 1、2……各段导线两端端子检查，即可查出短路或断路点并予以排除。移动万用表表笔测量，逐步缩小故障查找范围是一种快速可靠的故障探查方法。

5.2.3 多地控制线路的运行与维护

在一些大型的机床设备中，为了操作方便，常常要求能够在不同的地点对该设备进行相同的控制，即在各操作地点各安装一套按钮。

多地控制线路电气原理图如图 5–9 所示。

电动机的多地控制

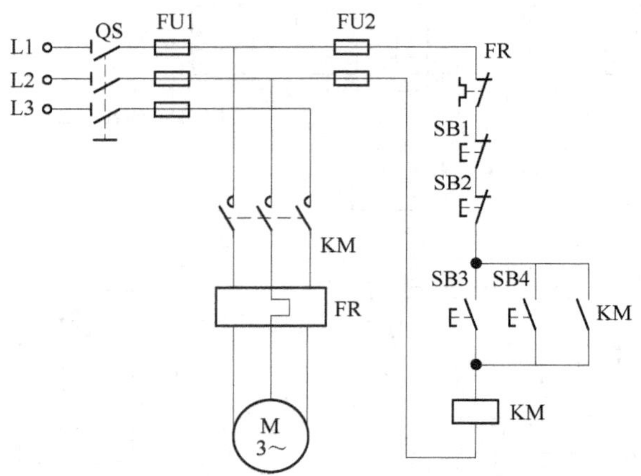

图 5–9 多地控制线路电气原理图

1）起动控制

合上开关 QS，按下按钮 SB3 或 SB4，接触器线圈 KM 得电，交流接触器 KM 主触头和自锁触头闭合，电动机得电，起动正转。

2）停转控制

按下按钮 SB1 或 SB2，接触器线圈 KM 失电，交流接触器 KM 主触头和自锁触头断开，电动机停转。

5.2.4 正反转控制线路的运行与维护

电动机的接触器互锁正反转控制

1. 接触器互锁正反转控制电路的工作原理

互锁控制是指将一个接触器的常闭触头串入另一个接触器的线圈电路中，任一接触器线圈先带电后，即使按下反方向按钮，另一接触器也无法得电。这种两个接触器不能同时得电的关系通常称为接触器互锁，其电气原理图如图 5–10 所示。

1）起动控制

合上开关 QS，按下按钮 SB1，接触器线圈 KM1 得电，交流接触器 KM1 主触头和自锁触头闭合，互锁触头 KM1 断开，电动机得电，起动正转。

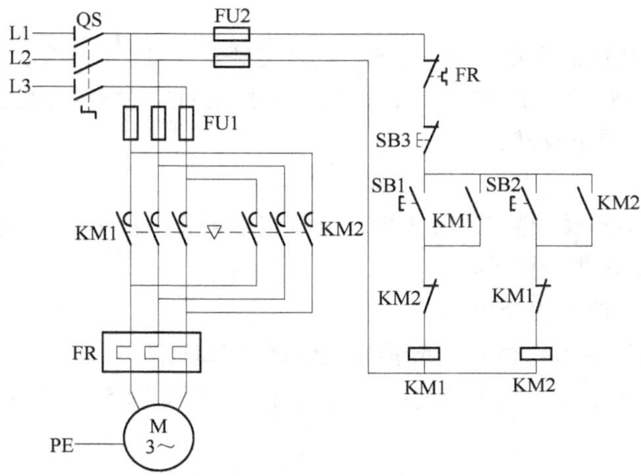

图 5–10　接触器互锁正反转控制线路电气原理图

2）停止控制

按下按钮 SB3，接触器线圈 KM1 失电，交流接触器 KM1 主触头和自锁触头断开，互锁触头 KM1 闭合，电动机失电，停止运转。

3）反转控制

按下按钮 SB2，接触器线圈 KM2 得电，交流接触器 KM2 主触头和自锁触头闭合，互锁触头 KM2 断开，电动机得电，起动反转。

特点：工作可靠，但操作不方便。其中任一接触器工作时，另一接触器失效，不能工作，可以避免两接触器同时工作，造成短路。只有先停止，才能按另一方向的按钮。

2. 按钮互锁正反转控制线路的工作原理

按钮互锁正反转控制线路的电气原理图如图 5–11 所示。

电动机的按钮互锁正反转控制

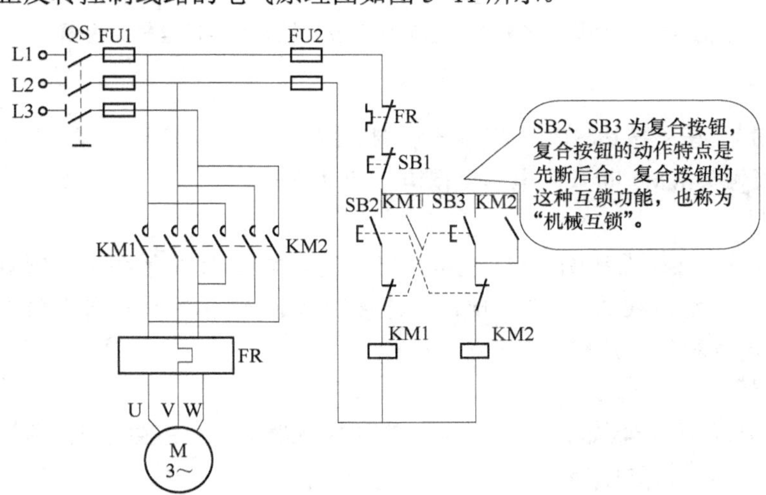

图 5–11　按钮互锁正反转控制线路的电气原理图

1）起动控制

合上开关 QS，按下按钮 SB2，接触器线圈 KM1 得电，交流接触器 KM1 主触头和自锁触头闭合，互锁触头 KM1 断开，电动机得电，起动正转。

2）反转控制

按下按钮 SB3，接触器线圈 KM1 失电，交流接触器 KM1 主触头和自锁触头断开，互锁触头 KM1 闭合，接触器线圈 KM2 得电，交流接触器 KM2 主触头和自锁触头闭合，互锁触头 KM2 断开，电动机得电反转。

3）停转控制

按下按钮 SB1，接触器线圈 KM2 失电，交流接触器 KM2 主触头和自锁触头断开，互锁触头 KM2 闭合，电动机失电停转。

特点：操作方便，但不安全可靠。

3. 按钮、接触器双重互锁的正反转控制线路的工作原理

按钮、接触器双重互锁正反转控制线路的电气原理图如图 5–12 所示。

按钮、接触器双重互锁正反转控制工作原理

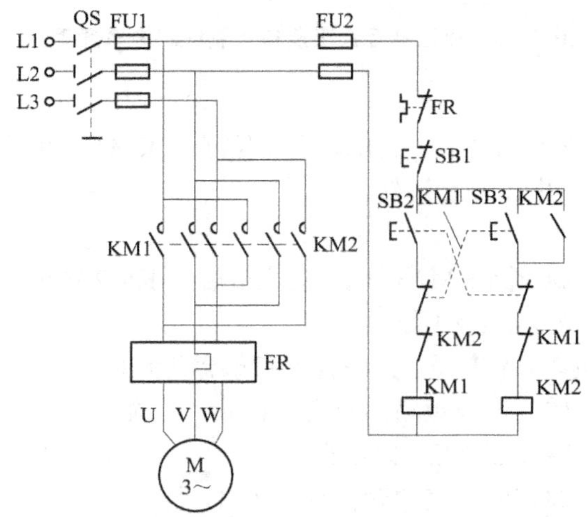

图 5–12 按钮、接触器双重互锁正反转控制线路的电气原理图

1）起动控制

合上开关 QS，按下按钮 SB2，接触器线圈 KM1 得电，交流接触器 KM1 主触头和自锁触头闭合，互锁触头 KM1 断开，电动机得电，起动正转。

2）反转控制

按下按钮 SB3，接触器线圈 KM1 失电，交流接触器 KM1 主触头和自锁触头断开，互锁触头 KM1 闭合，接触器线圈 KM2 得电，交流接触器 KM2 主触头和自锁触头闭合，互锁触头 KM2 断开，电动机得电反转。

3）停转控制

按下按钮 SB1，接触器线圈 KM2 失电，交流接触器 KM2 主触头和自锁触头断开，互锁触头 KM2 闭合，电动机失电停转。

特点：操作方便，安全可靠。该线路既能实现电动机直接正反转的要求，又保证了电路可靠工作，故常用在电力拖动控制系统中。

4. 用万用表检查线路的通断

用万用表检查接触器、按钮双重互锁控制线路的步骤如下。

① 在不带电情况下，用欧姆挡测量 L1 和 L2 两点的阻值，阻值应为无穷大。

② 检测起动情况。合上 QS，按下 SB1，KM1 线圈支路闭合，测量 L1 和 L2 两点的阻值，应为 KM1 线圈的电阻；按下 SB2，KM2 线圈支路闭合，测量 L1 和 L2 两点的阻值，应为 KM2 线圈的电阻。

③ 检测自锁情况。按下 KM1，KM1 线圈支路闭合，测量 L1 和 L2 两点的阻值，应为 KM1 线圈的电阻；按下 KM2，KM2 线圈支路闭合，测量 L1 和 L2 两点的阻值，应为 KM2 线圈的电阻。

④ 检测互锁情况。按下 KM1，KM1 线圈支路闭合，测量 L1 和 L2 两点的阻值，应为 KM1 线圈的电阻；同时按下 KM2 测量，L1 和 L2 两点的阻值，应为无穷大。

5.2.5　三相异步电动机顺序控制线路的运行与维护

在生产实践中，常要求各种机械运动部件之间或生产机械之间能够按照设定的时间先后次序或者起动的先后顺序工作。这种工作形式简称为按顺序工作。例如，车床主轴转动时，要求油泵先输送润滑油；主轴停止运转后，油泵方可停止润滑。

其控制线路主要有以下 3 种形式：顺序起动、同时停止；顺序起动、逆序停止；顺序起动、顺序停止。

1. 顺序起动、同时或逆序停止控制线路的工作原理

顺序起动、同时或逆序停止控制线路的电气原理图如图 5–13 所示。

三相异步电动机顺序控制线路

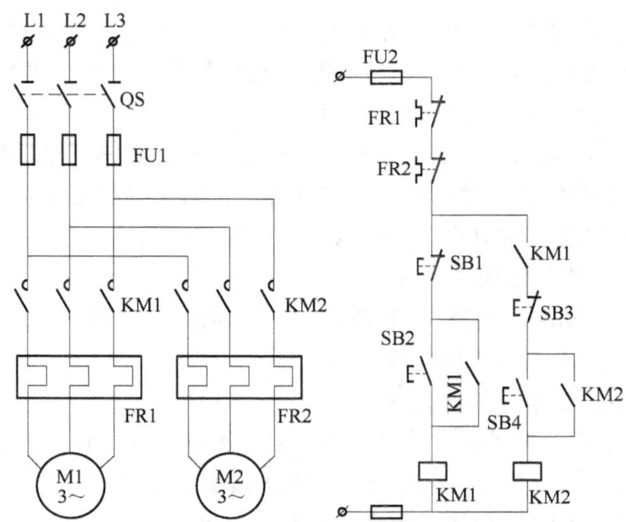

图 5–13　顺序起动、同时或逆序停止控制线路的电气原理图

接触器 KM1、KM2 分别控制电动机 M1 和 M2，由于 KM2 的线圈接在 KM1 的辅助动合触头后面，因此，只有 KM1 得电，即 M1 起动之后，M2 才可以起动。而停止控制时，按

下按钮 SB1，KM1 线圈失电，KM1 主触头和常开辅助触头断开，两台电动机同时停止。此电路如果按下 SB3 按钮，KM2 线圈失电，KM2 主触头和自锁触头断开，电动机 M2 停止运行，之后按下 SB1 按钮，KM1 线圈失电，KM1 主触头和常开辅助触头断开，电动机 M1 停止运行。可见，此线路还可以实现顺序起动、逆序停止的控制。

2. 顺序起动、逆序停止控制电路分析

顺序起动、逆序停止控制线路的主电路图与图 5–13 所示的主电路相同，其控制电路如图 5–14 所示。

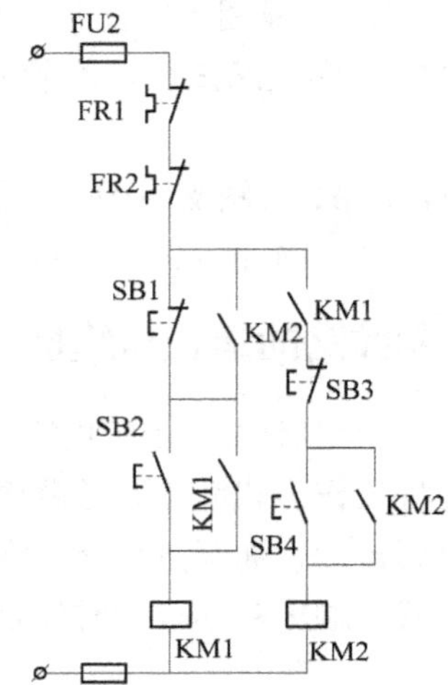

图 5–14　顺序起动、逆序停止控制线路的控制电路

接触器 KM1、KM2 分别控制两台电动机 M1 和 M2，KM2 的线圈由 KM1 的常开辅助触头控制，可以实现电动机的顺序起动。停止时，如果先按下 SB1 按钮，则由于 KM2 辅助常开触头并联在 SB1 两端，KM1 线圈不会失电，所以必须先按下 SB3 按钮，使 KM2 失电，KM1 的主触头和常开辅助触头断开；然后，按下 SB1 按钮，才能使 KM1 线圈失电。可见，此电路实现的功能是顺序起动、逆序停止控制。

综上所述，实现顺序起动的方法是将控制前一台电动机的常开辅助触头串联在控制后起动的那台电动机的接触器线圈回路中，实现逆序停止的方法是将控制后起动电动机的接触器 KM2 的常开辅助触头并联在控制前一台电动机停止的按钮两端。

3. 分析顺序控制电路工作原理训练

已知接触器 KM1、KM2 分别控制电动机 M1 和 M2，试分析：

（1）图 5–15 顺序控制电路工作原理；

（2）图 5–16 顺序控制电路工作原理。

图 5–15 中，KM1 常开辅助触头串联在 KM2 线圈回路中，所以必须先按下 SB3 按钮，KM1 线圈先得电动作，然后按下 SB4 按钮，KM2 线圈才能得电动作，从而实现电动机 M1 和 M2 的顺序控制。KM1 的常开辅助触头并联在 SB2 两端，停止时必须先按下 SB3 按钮，KM1 线圈失电，电动机 M1 停转之后，按下 SB2 按钮，KM2 线圈才能失电，电动机 M2 才能停转，实现顺序停止。

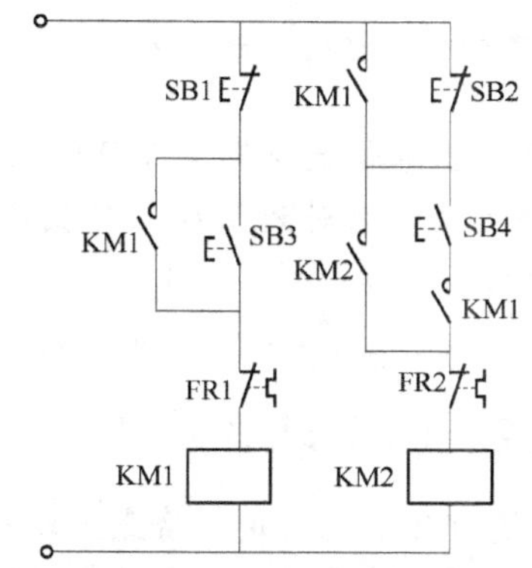

图 5–15　顺序起动、顺序停止控制

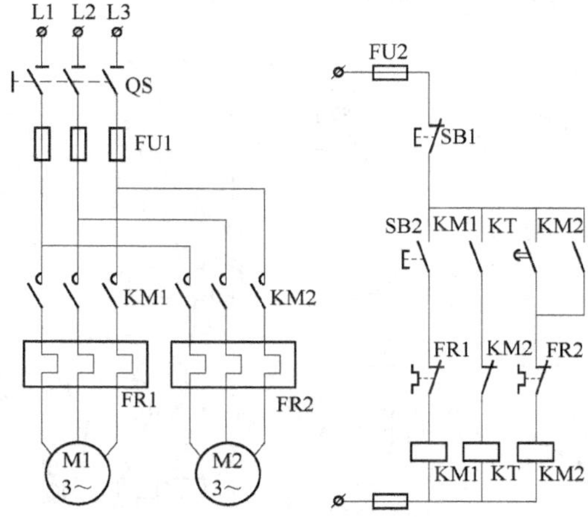

图 5–16　顺序起动、同时停止控制线路

图 5–16 中，采用了时间继电器，此电路实现以下功能：KM1 先得电动作，起动 M1 电动机运转，同时起动时间继电器工作；定时时间到后，KM2 线圈得电，起动 M2 电动机运转，实现电动机的顺序起动；停止时，按下 SB1 按钮，电动机 M1、M2 同时停止运行。

任务 5.3　三相异步电动机降压起动控制线路的运行与维护

【任务描述】

本任务通过分析三相异步电动机降压起动控制线路的工作原理，引导学生熟悉常用电气元件的图形符号和文字符号，进一步掌握电气控制线路电气原理图的分析方法和检测方法。

【学习目标】

（1）熟悉三相异步电动机降压起动控制线路的基本工作原理。

（2）进一步掌握对照电气原理图画电气元件安装接线图的方法。

（3）掌握电气控制线路安装、检测及按图接线方法及工艺。

（4）能正确检测电气控制线路。

【相关知识】

降压起动是指将电源电压适当降低后加到定子绕组上起动，当电动机转速上升到一定值后，再将电压恢复至额定值。有时为了减少起动对设备的冲击，即使能直接起动的电动机，也改用降压起动方法。

5.3.1 串电阻降压起动控制线路的运行与维护

定子串电阻降压起动是在起动时在电动机定子绕组上串联电阻，起动时电阻上产生电压降，实际加到电动机定子绕组的电压低于额定值，电动机起动后，再将串联的电阻短接，使电动机在额定电压下运行。其电气原理图如图 5–17 所示。

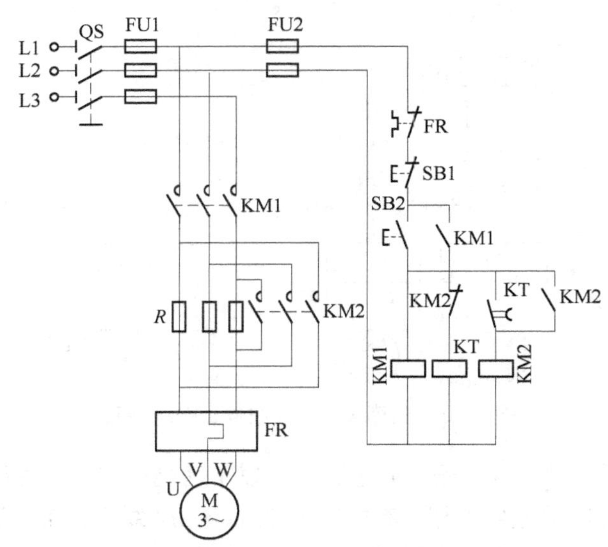

图 5–17 串电阻降压起动控制线路电气原理图

定子串电阻降压起动控制电路工作原理是：按下按钮 SB2，起动接触器 KM1 和时间继电器 KT，KM1 触头闭合接通主回路，电动机开始起动。当时间继电器定时时间到，KM2 线圈得电动作，短接主回路的降压电阻 R，电动机开始全压运行。

5.3.2 星–三角降压起动控制线路的运行与维护

星–三角降压起动控制线路的电气原理图如图 5–18 所示。

正常运行时定子绕组接成三角形的三相异步电动机，都可以采用星–三角降压起动。起动时，定子绕组先接成星形，由于每相绕组的电压下降为正常工作电压的 $1/\sqrt{3}$，起动电流下降为全压起动的 1/3。当转速接近一定值时，电动机定子绕组改接成三角形，进行正常运行。此种起动方式简便、经济，但起动转矩只有全压起动时的 1/3，这种方法适合于电动机轻载或空载起动的场合。

工作过程：闭合 QS，接通电源，按下起动按钮 SB2，KM1、KM2 和 KT 线圈得电，KM1

自锁，电动机接成星形起动，电动机转速上升到一定值时，时间继电器延时时间到，KT 延时触头动作，常开触头闭合，KM3 通电自锁，电动机接成三角形运行，同时 KM3 的辅助常闭触头断开。

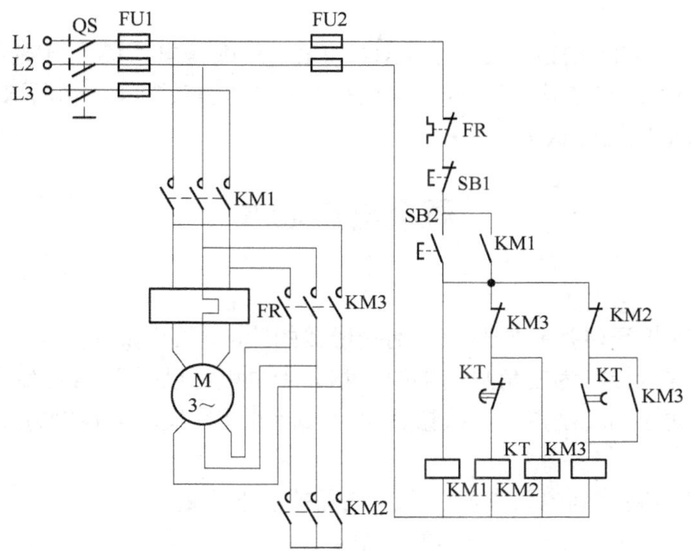

图 5–18　星–三角降压起动控制线路的电气原理图

5.3.3　自耦变压器降压起动控制线路的运行与维护

自耦变压器降压起动控制线路的电气原理图如图 5–19 所示。

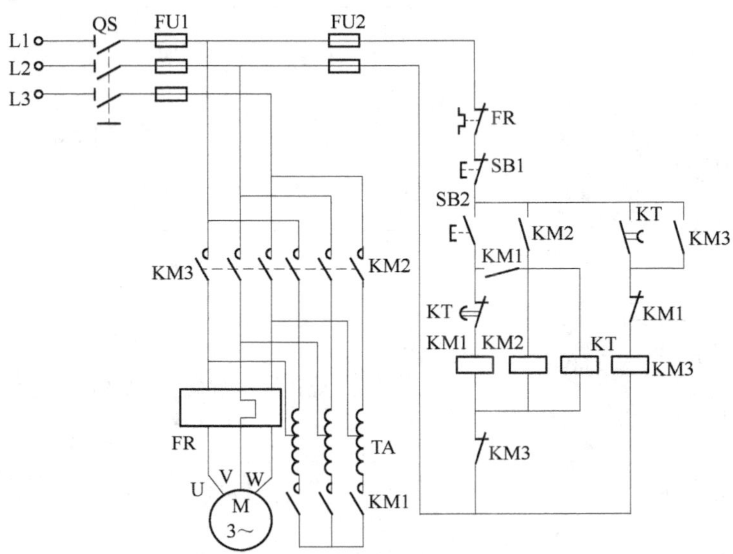

图 5–19　自耦变压器降压起动控制电路电气原理图

自耦变压器降压起动是指电动机起动时，利用自耦变压器降低加在电动机定子绕组上的起动电压。当电动机起动，转速上升到接近一定值时，短接自耦变压器，电动机进入全压运行。采用自耦变压器降压起动时，由于自耦变压器通常有三个不同的中间抽头，使用不同的中间抽头，可以获得不同的限流效果和起动转矩，因此效果比较好，常用于大容量的电动机。

工作过程：按下 SB2 按钮，KM1、KM2 和 KT 线圈得电，接入自耦变压器起动运行，当定时时间到，起动 KM3 接触器，同时 KM3 常闭辅助触头断开，切断 KM1、KM2 和 KT 回路，电动机进入全压运行状态。

思考与练习 5

一、判断题

(　　) 1. 电动机正转控制电路中，两接触器的线圈不能同时得电。

(　　) 2. 正常运行时为三角形连接的三相异步电机可以采用Y–△降压起动。

(　　) 3. 点动控制就是点一下按钮就可以起动并连续运转的控制方式。

二、选择题

1. 单方向连续运转控制电路中，实现过载保护的电器是(　　)。

　A. 熔断器　　B. 热继电器

　C. 接触器　　D. 电源开关

2. 在接触器互锁的正反转控制电路中，其互锁触点应是对方接触器的(　　)。

　A. 主触点　　B. 主触点和辅助常开触点

　C. 辅助常开触点　　D. 辅助常闭触点

3. 下列电路，能实现点动控制的是(　　)。

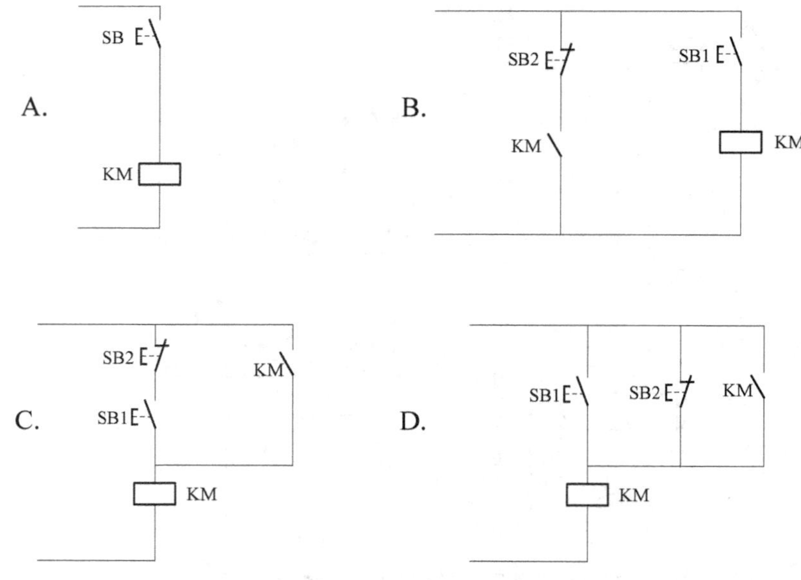

三、分析题

1. 图 5–20 是电动机的控制电路图，分析下列问题：

（1）该电路能够实现什么控制功能？

（2）图中的 KT 是什么器件？

（3）接触器 KM3 与 KM2 主触点接通时电动机的定子绕组连接方式有什么不同？

（4）电路中用到了几个按钮？这些按钮各有什么作用？

（5）该电路中都实现了哪些保护？分别由什么器件实现的？

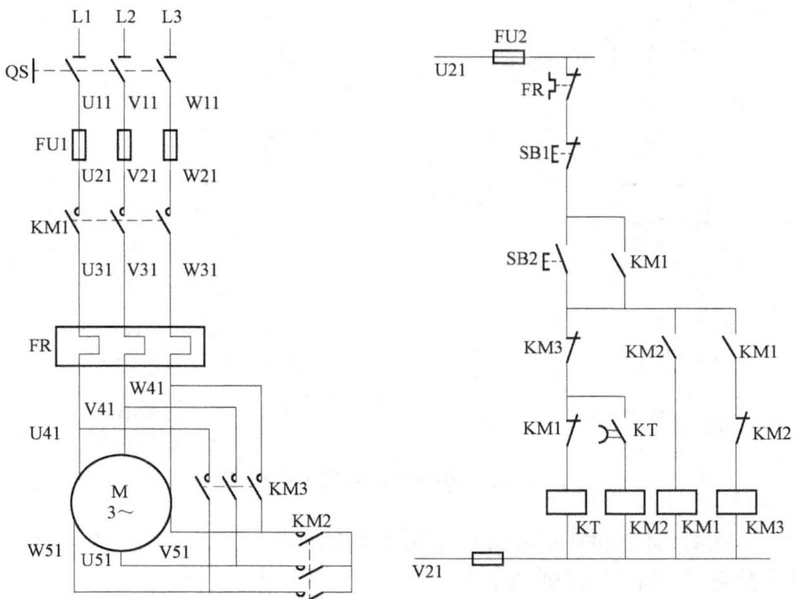

图 5–20　分析题 1 的控制电路图

2. 图 5–21 是电动机的控制电路图，分析下列问题：

（1）该电路能够实现什么控制功能？

（2）图中有几个按钮？各起什么作用？

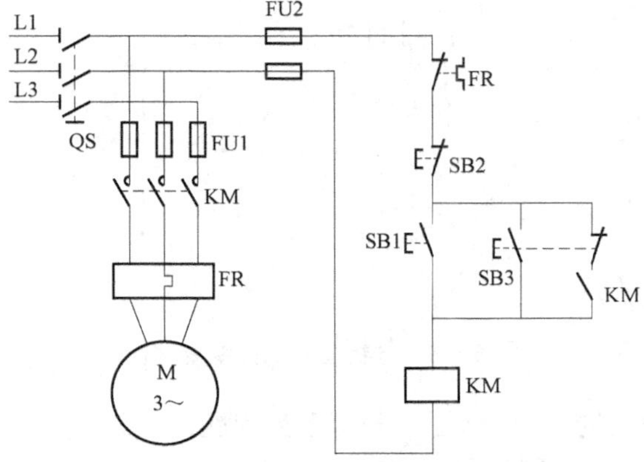

图 5–21　分析题 2 的控制电路图

3. 图 5–22 是电动机的控制电路图，分析下列问题：

（1）该电路能够实现什么功能？

（2）图中接触器 KM3 与 KM2 主触点接通时电动机的连接方式有什么不同？

（3）该电路中都实现了哪些保护？分别由什么器件实现的？

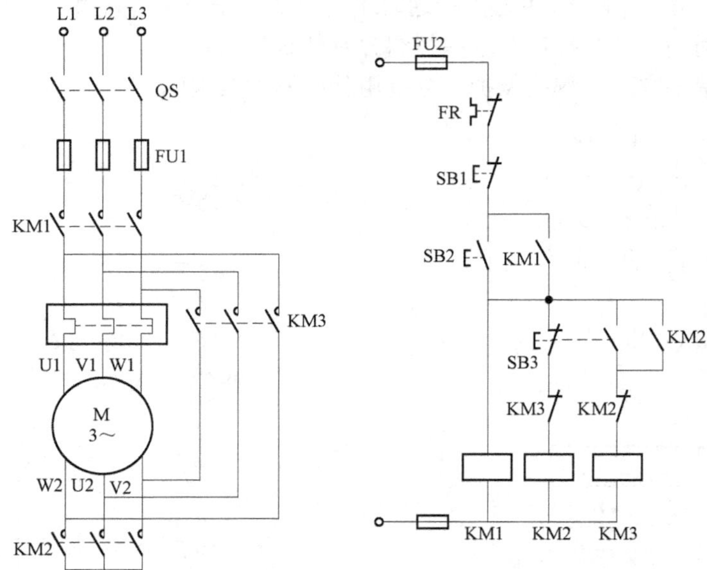

图 5–22 分析题 3 的控制电路图

4. 图 5–23 是电动机的控制电路图，分析下列问题：

（1）该电路能够实现什么控制功能？

（2）说明该控制电路的起动和停止过程。

（3）哪个器件起失压和欠压保护作用？

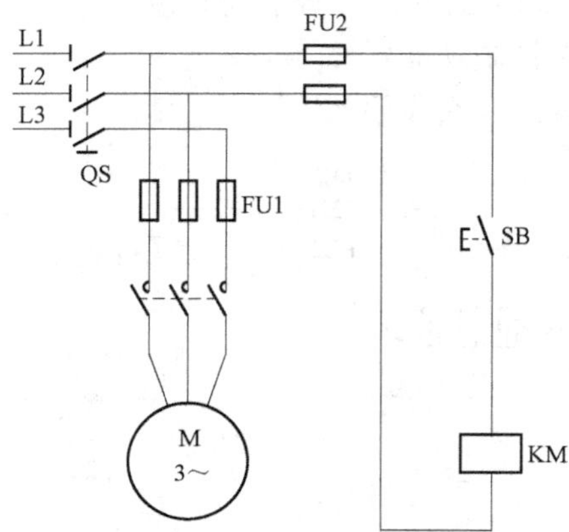

图 5–23 分析题 4 的控制电路图

5. 图 5–24 是电动机的控制电路图，分析下列问题：

（1）该线路能实现什么控制？

（2）图中的 KT 是什么器件？

（3）电路中用到了几个按钮？这些按钮各有什么作用？

（4）该电路中都实现了哪些保护？分别由什么器件实现的？

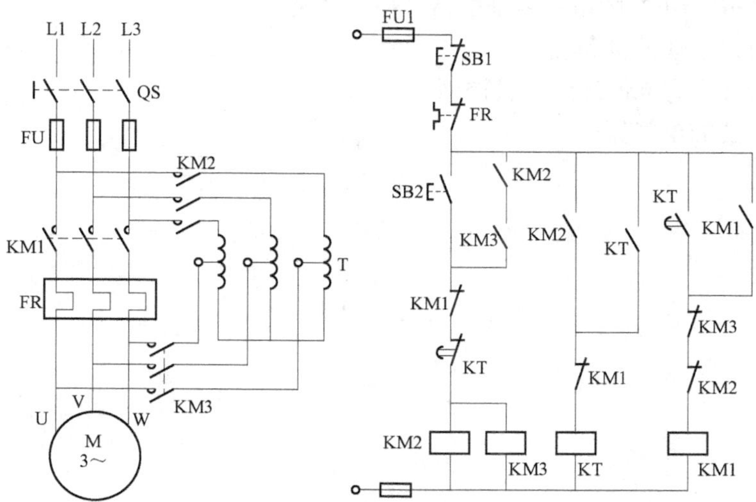

图 5–24　分析题 5 的控制电路图

6. 图 5–25 是电动机的控制电路图，分析下列问题：

（1）该电路能够实现什么控制功能？

（2）哪个按钮是起动按钮？哪个按钮是停止按钮？

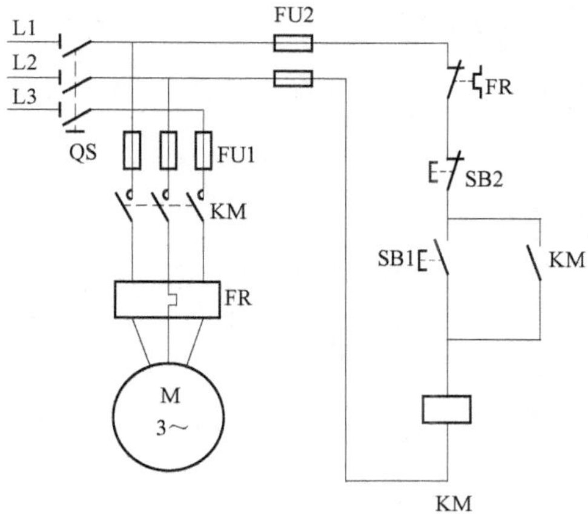

图 5–25　分析题 6 的控制电路图

四、设计题

1. 设计一个料理机的电机控制电路，控制要求：

（1）需要简单打碎食材，可控制料理机点动运转；

（2）具有必要的电气保护。

2. 某粮食加工厂想安装一条传送带进行产品的传送，请帮助他们设计一套电气控制电路，控制要求如下：

（1）可通过 1 个按钮控制传送带单方向连续运转；

（2）可通过 1 个按钮控制传送带停在任意位置；

（3）具有必要的安全保护。

3. 设计一个电动小车的电机控制电路，控制要求：

（1）小车可以实现前进和倒车；

（2）正反转 2 个方向的连续运转控制；

（3）具有必要的电气保护。

项目 6　电容器的运行与维护

【项目描述】

电容器是在电力系统和电子线路中常用的电气设备。电工作业人员的基本条件之一是掌握常用电气设备的安装、运行、维护、检修、调试等方法。

本项目通过电容器的选择、使用与维护训练，主要介绍：电容器的结构，无功补偿工作原理，铭牌中型号及额定值的意义，电容器的安装、接线、运行特性及日常维护方法。

任务 6.1　电容器认知

【任务描述】

本任务的目标是了解电容器的结构、型号含义及作用，掌握无功补偿原理及电容器的选择方法。

【学习目标】

（1）熟悉电容器的结构、型号及作用。

（2）掌握电容器选择原则。

（3）能根据要求选择电容器。

6.1.1　并联电容器的结构和型号

1. 结构

电容器由外壳和内心组成，其结构如图 6–1 所示。

并联电容器

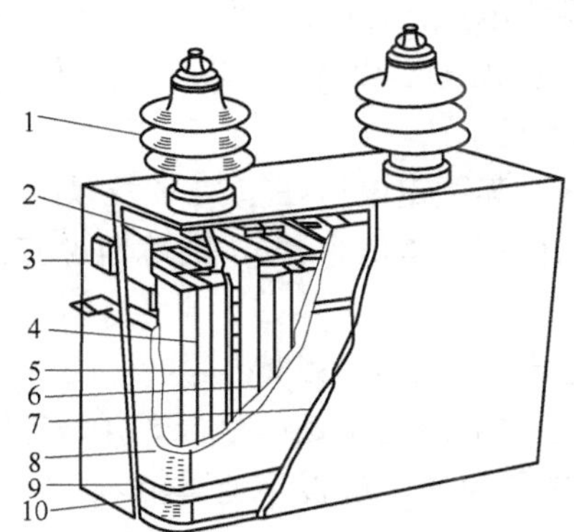

1—出线套管；2—出线连接片；3—连接片；4—扁形元件；5—固定板；6—绝缘件；7—包封件；8—连接夹板；9—紧箍；10—外壳

图 6–1　电容器的结构

外壳用密封钢板焊接而成；外壳上装有出线套管、吊攀和接地螺钉。

内心由电容元件串并联组成，电容元件用铝箔作电极，用电解电容器纸或复合绝缘薄膜作为绝缘介质。

电容器内以绝缘油（矿物油或十二烷基苯等）作为浸渍介质。

有的电容器内部还装有熔丝和放电电阻，用来使已经击穿的电容器自动退出运行，退出运行后自动放电到安全电压。

2. 型号

电力电容器的型号含义如图 6–2 所示。

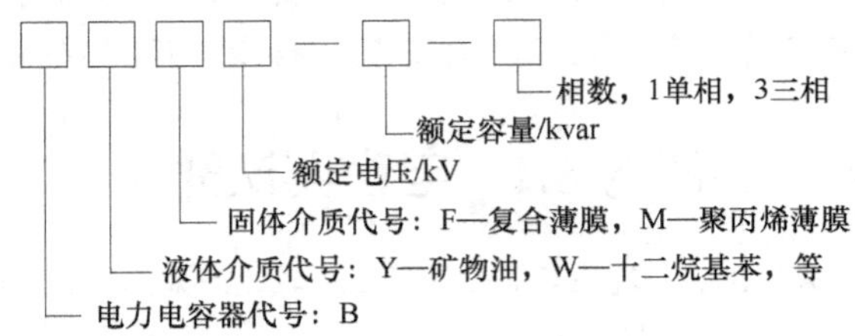

图 6–2 电力电容器的型号含义

电容器的额定电压多为 10.5 kV、6.3 kV、35 kV 等，低压电容器的额定电压为：0.23 kV、0.4 kV、0.525 kV 等。

6.1.2 并联电容器的作用和种类

1. 作用

并联电容器是并联补偿电容器的简称，与需补偿设备并联连接于 50 Hz 或 60 Hz 交流电力系统中，用于补偿感性无功功率，改善功率因数和电压质量，降低线路损耗，提高系统或变压器的输出功率。

2. 种类

并联电容器可分为以下几种：

① 高压并联电容器，其额定电压在 1.0 kV 以上，大多为油浸电容器；

② 低压并联电容器，其额定电压在 1.0 kV 及以下，大多为自愈式电容器，以前曾生产过油浸低压电容器，现在已经不多见了；

③ 自愈式低压并联电容器，其额定电压在 1.0 kV 及以下；

④ 集合式并联电容器（也称密集型电容器），准确地说应该称作并联电容器组，额定电压为 3.5～66 kV；

⑤ 箱式电容器，其额定电压多在 3.5～35 kV。

箱式电容器与集合式并联电容器的区别是：集合式并联电容器由电容器单元（单台电容器有时也叫电容器单元）串、并联组成，放置于金属箱内。箱式电容器由元件串、并联组成心子，放置于金属箱内。

6.1.3 无功补偿的基本原理

无论是工业负荷还是民用负载，大多数均为感性负载。所有电感负载均需要补偿大量的无功功率，提供这些无功功率有两条途径：一是输电系统提供；二是补偿电容器提供。如果由输电系统提供，则设计输电系统时，既要考虑有功功率，也要考虑无功功率。由输电系统传输无功功率，将造成输电线路及变压器损耗的增加，降低系统的经济效益。而由补偿电容器就地提供无功功率，就可以避免由输电系统传输无功功率，从而降低无功损耗，提高系统的传输功率。这也是当今电气自动化技术及电力系统研究领域所面临的一个重大课题，且正在受到越来越多的关注。

无功功率是一种既不能做功，但又会在电网中引起损耗，而且又是不能缺少的一种功率。在实际电力系统中，异步电动机作为传统的主要负荷使电网产生感性无功电流；电力电子装置大多数功率因数都很低，导致电网中出现大量的无功电流。无功电流产生无功功率，给电网带来额外负担且影响供电质量。因此，无功功率补偿（以下简称无功补偿）就成为保持电网高质量运行的主要手段之一，这也是当今电气自动化技术及电力系统研究领域所面临的一个重大课题，且正在受到越来越多的关注。

实际做功的有功电流为 I_R；补偿前感性电流为 I_{L0}；线路总电流为 I_0；并联电容器后，容性电流为 I_t；补偿后线路感性电流减为 I_L；补偿后线路总电流为 I。

如要将功率因数从 $\cos\varphi_1$ 提高到 $\cos\varphi_2$，需要的电容电流为：$I_C=I_{L0}-I_L=I_R(\tan\varphi_1-\tan\varphi_2)$，补偿容量 $Q=P(\tan\varphi_1-\tan\varphi_2)$。

6.1.4　电容器的选择

1. 型式的选择

电容器可由单台电容器组成，也可采用集合式电容器组。

单台电容器组合灵活、方便，更换容易，故障切除的电容器少，剩余电容器只要过电压允许可继续运行。但电容器组占地面积大，布置不方便。

集合式电容器组和大容量箱式电容器组，占地面积小，施工方便，维护工作少，但电容器故障要整组切除，更换故障电容器不方便，有时甚至要返厂检修，运行的可靠性不如单台电容器组。在具体工程中可根据实际情况选择电容器组的型式。

2. 额定电压的选择

电容器的额定电压应能承受正常运行可能出现的工频过电压，其值不大于电容器额定电压的 1.1 倍。当电容器回路接有串联限流电抗器时，应计及因串联电抗器引起的电压升高，电容器的端电压将高于接入处电网电压，其升高的电压与电抗器的电抗率有关，可按以下电抗率确定电容器的额定电压：

当电抗率 $K\leqslant1\%$时，取每相电容器的额定电压。

3. 容量的选择

应根据电容器组的容量、允许的并联台数、串联的段数及标准电容器产品的额定值等因素优化确定。

在条件允许的情况下，应首先选用单台容量大的电容器，可方便布置，减少占地，有利于运行维护。

在有串联电抗器的情况下，整组电容器的实际输出容量应等于整组电容器的额定容量减去电抗器的额定容量。

任务 6.2 电容器的运行与维护

【任务描述】

本任务通过介绍电容器安装、接线、运行及维护方法，引导学生掌握并联电容器的接线方式及其安装、运行及维护技能。

【学习目标】

（1）掌握电容器的接线方式。

（2）掌握电容器的安装方法。

（3）掌握电容器的安装、运行及维护方法。

（4）能根据要求选择电容器接线方式，并能正确安装、运行及维护电容器。

6.2.1 电容器的安装

电力电容器

1. 补偿电容器的搬运

① 若将电容器搬运到较远的地方，应装箱后再运。装箱时，电容器的套管应向上直立放置，电容器之间及电容器与木箱之间应垫松软物。

② 搬运电容器时，应使用外壳两侧壁上所焊的吊环，严禁用双手抓电容器的套管搬运。

③ 在仓库及安装现场，不允许将一台电容器置于另一台电容器的外壳上。

2. 安装补偿电容器的环境要求

① 电容器应安装在无腐蚀性气体及无蒸汽、没有剧烈震动、冲击、爆炸、易燃等危险场所。电容器室的防火等级不低于二级。

② 装于户外的电容器应防止日光直接照射。

③ 电容器室的环境温度应满足制造厂家规定的要求，一般规定为 40 ℃。

④ 电容器室装设通风机时，进风口要开向本地区夏季的主要风向，出风口应安装在电容器组的上端。进、排风机宜在对角线位置安装。

⑤ 电容器室可采用天然采光，也可用人工照明，不需要装设采暖装置。

⑥ 高压电容器室的门应向外开。

3. 安装补偿电容器的技术要求

① 为了节省安装面积，高压电容器可以分层安装于铁架上，但垂直放置层数应不多于三层，层与层之间不得装设水平层间隔板，以保证散热良好。上、中、下三层电容器的安装位置要一致，铭牌向外。

② 安装高压电容器的铁架按一排或两排布置，排与排之间应留有巡视检查的走道，走道宽度应不小于 1.5 m。

③ 高压电容器组的铁架必须设置铁丝网遮栏，遮栏的网孔以 3～4 cm^2 为宜。

④ 高压电容器外壳之间的距离，一般应不小于 10 cm；低压电容器外壳之间的距离应不小于 50 mm。

⑤ 高压电容器室内，上、下层之间的净距不应小于 0.2 m；下层电容器底部与地面的距

离应不小于 0.3 m。

⑥ 每台电容器与母线相连的接线应采用单独的软线，不要采用硬母线连接的方式，以免因安装或运行过程中对瓷套管产生应力而造成漏油或损坏。

⑦ 安装时，电气回路和接地部分的接触面要良好，因为电容器回路中的任何不良接触，均可能产生高频振荡电弧，造成电容器的工作电场强度增高和发热损坏。

4. 电容器的放电装置

电容器组与电网断开后，由于极板上仍然存在电荷，两端之间可能存在一定的残余电压。而且，由于电容器极间绝缘电阻很高，自行放电的速度很慢，残余电压要延续较长的时间。为了尽快消除电容器极板上的电荷，对电容器组要加装与之并联的放电装置，使其停电后能自动放电。不论电容器额定电压是多少，在电容器从电网上断开 30 s 后，其端电压应不超过 65 V。这一方面能防止电容器带电荷再次合闸；另一方面可以防止运行值班人员或检修人员工作时，触及有剩余电荷的电容器而发生危险。在接触自电网断开的电容器的导电部分前，即使电容器已经自动放电，还必须用绝缘的接地金属杆短接电容器的出线端，对电容器进行逐只放电。

6.2.2 电容器的接线

并联补偿的电力电容器，大多采用三角形（△）接线。而低压并联电容器，多数是三相的，内部已接成三角形（△）。

相同电容器的三个单相电容器，采用三角形接法的容量 Q_C 为采用星形接法的容量的 3 倍。这是由于 $Q_C=\omega CU^2$，即 $Q_C\propto U^2$，而三角形接法时加在电容器上的电压 U（△）为星形接法时加在电容器上的电压 U（星形）的 $\sqrt{3}$ 倍，因此 Q_C（△）$=3Q_C$（星形）。同时，电容器采用三角形接法时，任一电容器断线，三相线路仍得到无功补偿；而采用星形接法时，一相电容器断线，将使该相失去补偿，造成三相负荷不平衡。此外，电容器采用三角形接法时，电容器的额定电压与电网额定电压相同，这时电容器接线简单，电容器外壳和支架均可接地，安全性也得到提高。由此可见，当电容器的额定电压与电网额定电压相等时，电容器宜采用三角形接法。

但是也必须指出，电容器采用三角形接法，在一相电容器发生短路故障时，就形成两相直接短路，短路电流非常大，有可能引起电容器爆炸，使事故扩大。如果电容器采用星形接法，情况就完全不同了。

6.2.3 电容器的安全运行

电容器应在额定电压下运行。如暂不可能，可允许在超过额定电压 5%的范围内运行；当超过额定电压 1.1 倍时，只允许短期运行。若长时间出现过电压情况时，应设法消除。

电容器应在三相平衡的额定电流下进行工作。如暂不可能，不允许在超过 1.3 倍额定电流下长期工作，以确保电容器的使用寿命。

装置电容器组地点的环境温度不得超过 40 ℃，24 h 内平均温度不得超过 30 ℃，一年内平均温度不得超过 20 ℃。电容器外壳温度不宜超过 60 ℃。如发现超过上述要求时，应采用人工冷却，必要时将电容器组从电网断开。

6.2.4 电容器的保护

① 容量在 100 kVA 以下时，可用跌落式保险保护；容量在 100～300 kVA 时，采用负荷开关保护，容量在 300 kVA 以上时，采用断路器保护。

② 用合适的避雷器来进行大气过电压保护。

③ 每个电容器上装置单独的熔断器，熔断器的额定电流应按熔丝的特性和接通时的涌流来选定，一般为 1.5～2 倍电容器的额定电流为宜。

④ 电容器不允许装设自动重合闸装置。主要是因电容器放电需要一定时间，当电容器组的开关跳闸后，如果马上重合闸，电容器是来不及放电的，在电容器中就可能残存着与重合闸电压极性相反的电荷，这将使合闸瞬间产生很大的冲击电流，从而造成电容器外壳膨胀、喷油，甚至爆炸。

6.2.5 电容器的投入和退出

当功率因数低于 0.9、电压偏低时应投入；当功率因数趋近于 1 且有超前趋势、电压偏高时应退出。发生下列故障之一时，应紧急退出：

① 连接点严重过热，甚至熔化；

② 瓷套管闪络放电；

③ 外壳膨胀变形；

④ 电容器组或放电装置声音异常；

⑤ 电容器冒烟、起火或爆炸。

注意事项：

① 电力电容器组在接通前应用兆欧表检查放电网络。

② 接通和断开电容器组时，必须考虑以下几点：

a）当汇流排（母线）上的电压超过 1.1 倍额定电压最大允许值时，禁止将电容器组接入电网；

b）在电容器组自电网断开后 1 min 内不得重新接入，但自动重复接入情况除外；

c）在接通和断开电容器组时，要选用不能产生危险过电压的断路器，并且断路器的额定电流不应低于 1.3 倍电容器组的额定电流。

6.2.6 电容器的操作

① 在正常情况下，全所停电操作时，应先断开电容器组断路器，然后再拉开各路出线断路器。恢复送电时应与此顺序相反。

② 事故情况下，全所无电后，必须将电容器组的断路器断开。

③ 电容器组断路器跳闸后不准强送电。保护丝熔断后，查明原因之前，不准更换熔丝送电。

④ 电容器组禁止带电荷合闸。电容器组再次合闸时，必须在断路器断开 3 min 之后才可进行。

6.2.7　电容器运行中的故障处理

① 当电容器喷油、爆炸、着火时，应立即断开电源，并用沙子或干式灭火器灭火。

② 当电容器的断路器跳闸，但熔丝未熔断时，应对电容器放电 3 min，然后再检查断路器、电流互感器、电力电缆及电容器外部情况。若未发现异常，则可能是由于外部故障或电压波动所致，可以试投，否则应进一步对保护做全面的通电试验。通过以上检查、试验，若仍找不出原因，则应拆开电容器组，逐台进行检查、试验。在查明原因之前，不得试投运。

③ 当电容器的熔丝熔断时，应向值班调度员汇报。征得值班调度员同意后，切断电源，对电容器放电，然后检查电容器外观，如套管的外部有无闪络痕迹、外壳是否变形、是否有漏油及接地装置有无短路等，然后用摇表摇测极间及极对地的绝缘电阻值。如未发现故障迹象，可换熔丝继续投入运行。如送电后熔丝仍熔断，则应退出故障电容器。

处理故障电容器的安全注意事项如下：

① 处理故障电容器前，应先断开电容器的断路器，拉开断路器两侧的隔离开关。

② 由于电容器组经放电电阻（放电变压器或放电 PT）放电后，可能有部分残存电荷一时放不干净，所以应进行一次人工放电。人工放电时，先将接地线接地端接好，再用接地棒多次对电容器放电，直至无放电火花及放电声为止。

③ 在接触故障电容器之前，应戴上绝缘手套，先用短路线将故障电容器两极短接，然后方可动手拆卸和更换。

修理电力电容器时，注意事项如下：

① 套管、箱壳上面的漏油，可用锡铅焊料修补，但应注意烙铁不能过热，以免银层脱焊；

② 电容器发生对地绝缘击穿、电容器的损失角正切值增大、箱壳膨胀及开路等故障时，需要送专用修理厂进行修理。

思考与练习 6

简答题

1. 并联电容器有什么作用？
2. 补偿电容器对环境有哪些要求？
3. 安装补偿电容器有哪些要求？

项目 7　供配电线路的运行与维护

供配电线路是工厂供配电系统的一个重要组成部分，本项目通过完成高低压供配电线路导线和电缆型号及截面的选择、接线方式选择，以及线路设计、敷设及运行维护等任务，使学生了解导线的种类、用途、型号及截面选择方法；能看懂配电线路接线方式电路图；了解高低压配电线路的敷设及运行维护方法，为设计和敷设工厂供配电线路及从事供配电系统安装、运行与维护工作打下良好的基础。

任务 7.1　导线、电缆的选择

【任务描述】

通过完成架空线路、电缆线路、低压配电线路导线型号及截面选择等任务，使学生了解导线的种类、型号、用途及截面选择方法，为设计工厂供配电线路打基础。

【学习目标】

（1）了解导线种类、型号及用途。

（2）掌握导线型号的选择方法。

（3）掌握导线截面的选择方法。

7.1.1　导线和电缆型号的选择

1. 架空线路导线种类及型号选择

架空线路的导线、避雷线架设在野外，常年在露天情况下运行，不仅要承受自身张力作用，还受各种气象条件的影响，有时还会受大气中各种化学气体和杂质的侵蚀。因此，导线和避雷线除了要求有良好的导电性能外，还要求有较高的机械强度。对导线的具体要求，一是导电率高；二是耐热性好；三是机械强度好；四是具有良好的耐振、耐磨、耐化学腐蚀性能；五是密度小，价格低，性能稳定。架空线路常用的导线有钢芯铝绞线、铝绞线、铜绞线和钢绞线等，有时也采用绝缘导线。

1）钢芯铝绞线（LGJ）

钢芯铝绞线是用钢线和铝线绞合而成，此种导线的外围用铝线，中间线芯用钢线，克服了铝绞线机械强度差的缺点。由于交流电的趋肤效应，电流实际上只从铝线通过，所以钢芯铝绞线的截面面积是指铝线部分的面积。在机械强度要求较高的场所和 35 kV 及以上的架空线路上多被采用。

2）铝绞线（LJ）

铝绞线的机械强度比钢芯铝绞线小，密度小，一般用于 10 kV 及以下的架空线路上，电杆间距不超过 100～150 m。

3）铜绞线（TJ）

铜绞线的机械强度高，导电性能好，对风雨及化学腐蚀作用的抵抗力强，但造价高，且密度过大，应节约使用，选用要根据实际需要而定。

4）钢绞线（G）

钢绞线的机械强度大，导电性能次于铜和铝，易氧化生锈，仅用于小功率架空线路中，常用作接地装置的地线。

铜、铝、钢三种材料的性能及特点见表7–1。

表7–1 铜、铝、钢三种材料的性能及特点

材料	20 ℃电阻率/（Ω·m）	密度/（g/cm^3）	抗拉强度/MPa	特点（三者比较）
铜	0.018 2	8.9	390	导电性最好，表面易形成氧化膜，抗腐蚀能力强
铝	0.029	2.7	160	密度最小，表面形成氧化膜可防继续氧化，易受酸、碱、盐的腐蚀
钢	0.103	7.85	1 200	抗拉强度最高，在空气中容易锈蚀，需镀锌以防锈蚀，价格最低

5）绝缘导线

绝缘导线

绝缘导线就是在导线外围均匀而密封地包裹一层不导电的材料，如树脂、塑料、硅橡胶、PVC等，形成绝缘层，防止导电体与外界接触而造成漏电、短路、触电等事故发生。

（1）绝缘导线的主要优点

① 绝缘性能好。架空绝缘导线由于多了一层绝缘层，绝缘性能比裸导线优越，可减少线路相间距离，降低对线路支持件的绝缘要求，提高同杆架设线路的回路数。

② 防腐蚀性能好。架空绝缘导线由于外层有绝缘层，比裸导线受氧化腐蚀的程度小，抗腐蚀能力较强，可延长线路的使用寿命。

③ 防外力破坏，减少受树木、飘浮物、金属膜和灰尘等外在因素的影响，减少相间短路及接地事故。

④ 机械强度达到要求。绝缘导线虽然少了钢芯，但坚韧，使整个导线的机械强度达到应力设计的要求。

绝缘导线适用于城市人口密集、线路走廊狭窄、架设裸导线线路与建筑物的间距不能满足安全要求的地区，以及风景绿化区、林带区和污染严重的地区等。

架空配电线路采用绝缘导线替代裸导线具有的优点如下：

① 可解决架空配电线路的走廊问题；

② 可大幅度降低因外力影响而引发的事故，提高供电可靠性；

③ 方便施工，减少维修工作量。

（2）绝缘导线的分类

① 绝缘导线按电压等级可分为：中压绝缘导线：电压等级为1～10 kV的绝缘导线；低压绝缘导线：电压等级为1 kV以下的绝缘导线。

② 绝缘导线按架设方式可分为：分相架设、集束架设。

③ 绝缘导线按结构形式一般可以分为：低压分相式绝缘导线、中压分相式绝缘导线、低压集束型绝缘导线、中压集束型半导体屏蔽绝缘导线、中压集束型金属屏蔽（或称全屏蔽）绝缘导线等。

④ 绝缘导线按绝缘保护层分为：10 kV 绝缘导线的绝缘层分厚绝缘层（3.4 mm）、薄绝缘层（2.5 mm）两种。厚绝缘层导线运行时允许与树木频繁接触，薄绝缘层导线只允许与树木短时接触。

（3）绝缘导线的绝缘材料

目前户外绝缘导线所采用的绝缘材料，一般为黑色耐气候型的聚氯乙烯、聚乙烯、高密度聚乙烯、交联聚乙烯等。这些绝缘材料一般具有较好的电气性能、抗老化及耐磨性能等，暴露在户外的材料添加有 1%左右的炭黑，以防日光老化。

这些材料的特点如下：

① 聚氯乙烯（PVC）绝缘材料。具有较好的电气、机械性能，对酸、碱有机化学成分性能比较稳定，成本低且易加工等特点。但与其他绝缘材料相比，PVC 绝缘材料的介质损失及相对介电系数比较大，绝缘电阻低，耐热性比较差。PVC 的长期允许工作温度不应大于 70 ℃。因此，PVC 绝缘材料一般只适用于低压分相式绝缘导线或集束型绝缘导线的外护套。

② 聚乙烯（PE）绝缘材料具有优异的电气性能，相对介电系数及介质损失角正切值在较大的频率范围内几乎不变，化学稳定性良好，在室温下耐溶剂性好，对非氧性酸、碱的作用性能非常稳定，耐寒性也比较好。但 PE 绝缘材料软化温度比较低，它的长期允许工作温度不应超过 70 ℃。另外，PE 绝缘材料耐环境应力开裂、耐油性和耐气候性比较差，且不阻燃。

③ 交联聚乙烯（XLPE）绝缘材料是采用交联的方法将聚乙烯的线性分子结构转化为网状结构而形成的。它的电气性能与聚乙烯接近，耐热性好，其长期允许工作温度为 90 ℃，抗过载能力强，并且 XLPE 绝缘材料可避免环境应力开裂，机械、物理性能比 PVC、PE 绝缘材料要好。

④ 高密度聚乙烯（HDPE）绝缘材料除长期允许工作温度不应超过 70 ℃和不阻燃之外，其他主要电气、机械性能与交联聚乙烯材料接近。

（4）绝缘导线型号及主要用途

架空线路的绝缘导线，按电压等级可以分为中压绝缘导线和低压绝缘导线；按架设方式可以分为分相架设和集束架设。

额定电压 1 kV 及以下架空绝缘导线的型号及主要用途，如表 7–2 所示。

表 7–2 额定电压 1 kV 及以下架空绝缘导线的型号及主要用途

型号	名称	主要用途
JKV–0.6/1	额定电压 0.6/1 kV 铜芯聚氯乙烯绝缘架空导线	架空固定敷设、接户线等
JKLV–0.6/1	额定电压 0.6/1 kV 铝芯聚氯乙烯绝缘架空导线	
JKLHV–0.6/1	额定电压 0.6/1 kV 铝合金芯聚氯乙烯绝缘架空导线	
JKY–0.6/1	额定电压 0.6/1 kV 铜芯聚乙烯绝缘架空导线	
JKLY–0.6/1	额定电压 0.6/1 kV 铝芯聚乙烯绝缘架空导线	
JKLHY–0.6/1	额定电压 0.6/1 kV 铝合金芯聚乙烯绝缘架空导线	

续表

型号	名称	主要用途
JKYJ–0.6/1	额定电压 0.6/1 kV 铜芯交联聚乙烯绝缘架空导线	架空固定敷设、接户线等
JKLYJ–0.6/1	额定电压 0.6/1 kV 铝芯交联聚乙烯绝缘架空导线	
JKLHYJ–0.6/1	额定电压 0.6/1 kV 铝合金芯交联聚乙烯绝缘架空导线	

2. 电缆的型号及选择

1）电缆的型号

电缆的型号由 8 部分组成，如图 7–1 所示。

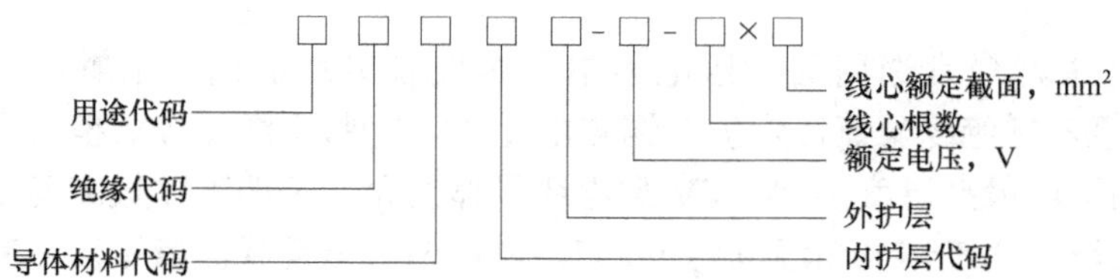

图 7–1 电缆的型号表示方法

电缆型号中代码的含义如表 7–3 所示。

表 7–3 电缆型号中代码的含义

项目	型号	含 义	项目	型号	含 义
类别	Z	油浸纸绝缘	外护套	02	聚氯乙烯套
	V	聚氯乙烯绝缘		03	聚乙烯套
	YJ	交联聚乙烯绝缘		20	裸钢带铠装
	X	橡皮绝缘		（21）	钢带铠装纤维外被
导体	L	铝芯		22	钢带铠装聚氯乙烯外套
	T	铜芯		23	钢带铠装聚乙烯套
内护层	Q	铅包		30	裸细钢丝铠装
	L	铝包		（31）	细圆钢丝铠装纤维外被
	V	聚氯乙烯护套		32	细圆钢丝铠装聚氯乙烯套
特征	P	滴干式		33	细圆钢丝铠装聚乙烯套
	D	不滴流式		（40）	裸粗圆钢丝铠装
	F	分相铅包式		（41）	粗圆钢丝铠装纤维外被
				（42）	粗圆钢丝铠装聚氯乙烯套
				（43）	粗圆钢丝铠装聚乙烯套
				441	双粗圆钢丝铠装纤维外被

电力电缆型号表示示例如下：

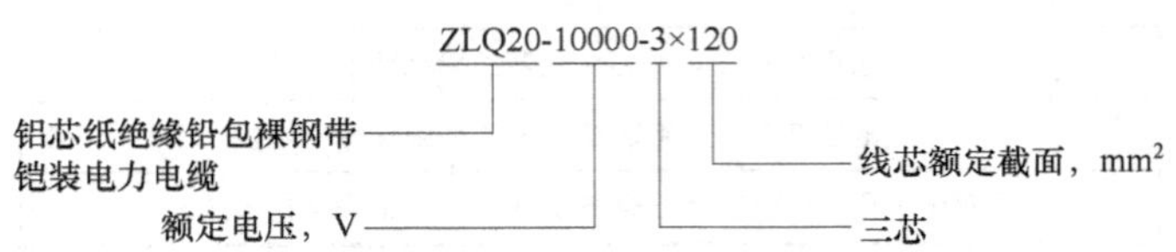

2）电缆的种类及用途

电缆有电力电缆、控制电缆、补偿电缆、屏蔽电缆、高温电缆、计算机电缆、信号电缆、同轴电缆、耐火电缆、船用电缆等。它们都由多股导线组成，用来连接电路、电器等。

在工程设计中，最常选用的低压电力电缆有交联聚乙烯绝缘聚氯乙烯护套铜芯电缆（YJV 型）和聚氯乙烯绝缘聚氯乙烯护套铜芯电缆（VV 型）两种。VV 型与 YJV 型电缆的区别在于允许长期工作最高温度不同，VV 型电缆导体的允许长期工作最高温度为 70 ℃；YJV 型电缆导体的允许长期工作最高温度为 90 ℃，所以两种电缆载流量不同，YJV 型电缆大一些，很久以来同规格（相同的导体截面）的两种电缆价格相差较大，YJV 型电缆比 VV 型电缆价格高出很多，可是最近几年来，由于铜材价格的飞涨，绝缘及护套占电缆的成本比例越来越小，相同规格的 YJV 型电缆和 VV 型电缆价格越来越接近，但是同规格的 YJV 型电缆载流量比 VV 型电缆要高出许多。

3. 绝缘导线的型号及选择

1）绝缘导线的型号及含义

绝缘导线的型号及含义如表 7–4 所示。

表 7–4　绝缘导线的型号及含义

字符	含　义	字符	含　义
A	安装、铝塑料护层	S	钢塑料护套
B	布电线类、扁平、平行	V	聚氯乙烯塑料绝缘
F	聚四氟乙烯、泡沫聚乙烯（YF）	X	橡皮绝缘
K	控制	Y	聚乙烯绝缘
L	铝芯（铜芯不表示）	ZR	阻燃
R	软线	NH	耐火

2）绝缘导线的选择

工厂车间内采用的配电线路及从电杆上引入户内的线路多为绝缘导线。配电干线也可采用裸导线和电缆。绝缘导线的线芯材料有铝芯和铜芯两种。塑料绝缘导线的绝缘性能好，价格较低，又可节约大量橡胶和棉纱，在室内敷设可取代橡皮绝缘线。由于塑料在低温时会变硬、变脆，高温时易软化，因此塑料绝缘导线不宜在户外使用。

车间内常用的塑料绝缘导线型号有：BLV 塑料绝缘铝芯线，BV 塑料绝缘铜芯线，BLVV（BVV）塑料绝缘塑料护套铝（铜）芯线，BVR 塑料绝缘铜芯软线。常用橡皮绝缘导线型号有：BLX（BX）棉纱编织橡皮绝缘铝（铜）芯线，BBLX（BBX）玻璃丝编织橡皮绝缘铝（铜）芯线，BLXG（BXG）棉纱编织浸渍橡皮绝缘铝（铜）芯线（有坚固保护层，适用面宽），BXR 棉纱编织橡皮绝缘软铜线等。上述导线中，软线宜用于仪表、开关等活动部件，其他导线除注明外，一般均可用于在户内干燥、潮湿场所固定敷设。

7.1.2　电缆、母线及导线的截面选择与校验

1. 截面选择与校验方法

1）截面选择应满足的条件

① 正常发热条件：正常运行时发热温度不超过允许值。

② 机械强度：不应小于机械强度要求的最小允许截面。选择截面时：$A \geqslant A_{\min}$，$A_{\min}$ 可查。电缆不必校验此项。

③ 电压损失条件：不应超过正常运行时允许的电压损失。工厂内较短的高压线路可不校验此项。

④ 经济电流密度：适用于 35 kV 及以上的线路或低压特大电流的线路。

⑤ 校验热稳定最小允许截面：$A_{\min} = \dfrac{I_{\infty}}{C}\sqrt{t_{ima}}$，架空线不必校验此项。

对于绝缘导线和电缆，还应按额定电压条件选择。

2）截面选择常用方法

① 选择架空线。当线路长度 $L \leqslant 2$ km 时，可按照正常发热条件选择，再校验机械强度和电压损失。当线路长度 $L > 2$ km 时，可按照电压损失选择，再校验正常发热条件和机械强度。

② 选择 10 kV 及以下的电缆线时，可按照正常发热条件选择，再校验电压损失和热稳定最小允许截面。

③ 选择长距离大电流线路或 35 kV 及以上的线路时，应按照经济电流密度确定经济截面，再校验其他条件。

④ 对于低压线路，动力线可按照正常发热条件选择，再校验机械强度和电压损失；照明线可按照电压损失选择，再校验机械强度和正常发热条件。

按上述方法选择截面，容易满足要求，减少返工。

2. 按发热条件来选择截面

1）按正常发热条件选择三相系统相线截面

导体的长期允许温度为 θ_{al}，对应于导体长期允许温度，导体中所允许通过的长期工作电流，称为该导体的允许载流量 I_{al}。

注意：导体的允许载流量，不仅与导体的截面、散热条件有关，还与周围的环境温度有关。在资料中所查得的导体允许载流量是对应于周围环境温度为 θ_0=25 ℃的允许载流量，如果环境温度不等于 25 ℃，允许载流量应乘以温度修正系数 K_θ。

$$K_\theta = \sqrt{\frac{\theta_{al} - \theta_0'}{\theta_{al} - \theta_0}}$$

式中：K_θ——温度校正系数；

θ_0——测导线允许载流量采用的环境温度，一般为 25 ℃；

θ_0'——实际环境温度，一般取当地最热月平均最高气温，室内时应加 5 ℃；

θ_{al}——导线电缆正常工作时的最高允许温度。一般，铝导线为 70 ℃，铜导线为 70～85 ℃，电缆为 60～80 ℃。

选择导线时所用的环境温度：室外取当地最热月平均最高气温；室内取当地最热月平均最高气温加 5 ℃。

选择电缆时所用的环境温度：土中直埋取当地最热月平均气温；室外电缆沟、电缆隧道取当地最热月平均最高气温；室内电缆沟取当地最热月平均最高气温加 5 ℃。

2）按发热条件选择相线截面

为保证导线、电缆的实际工作温度不超过允许值，导线、电缆的允许载流量应不小于线路的工作电流：

$$K_\theta I_{al} \geqslant I_{30}$$

式中：I_{al}——导线在一定环境温度下的允许载流量，可由附录 A 的表中查得；

I_{30}——线路的工作电流。

选择降压变压器高压侧的导线时，工作电流应取变压器额定一次电流；选择高压电容器的引入线时，工作电流应取电容器额定电流的 1.35 倍；选择低压电容器的引入线时，工作电流应取电容器额定电流的 1.5 倍（主要考虑电容器充电时有较大涌流）。

按正常发热条件查导线允许载流量表，选出三相系统相线截面 A_φ。

注意：对低压绝缘导线和电缆，按发热条件选择时，还应注意与保护（熔断器和自动开关）的配合，以避免发生线路已烧坏但保护未动作的情况。

3）中性线（N 线）截面的选择

三相四线制系统中的中性线，要通过系统的不平衡电流和零序电流，因此中性线的允许载流不应小于三相系统的最大不平衡电流，同时应考虑谐波电流的影响。

① 一般三相四线制线路的中性线截面 A_0 应不小于相线截面 A_φ 的 50%，即：

$$A_0 \geqslant 0.5A_\varphi$$

② 由三相四线线路引出的两相三线线路及单相线路的中性线截面 A_0，由于其中性线电流与相线电流相等，因此其中性线截面 A_0 应与相线截面 A_φ 相同，即：

$$A_0 = A_\varphi$$

③ 三次谐波电流突出的三相四线制线路的中性线截面 A_0，由于各相的三次谐波电流都要通过中性线，使得中性线电流可能等于甚至超过相线电流，因此中性线截面 A_0 宜等于或大于相线截面 A_φ，即：

$$A_0 \geqslant A_\varphi$$

4）保护线（PE 线）截面的选择

保护线要考虑三相系统发生单相短路故障时单相短路电流通过时的短路热稳定度。根据短路热稳定度的要求，保护线（PE 线）的截面 A_{PE}，按《低压配电设计规范》（GB 50054—2011）规定：

① 当 $A_{\varphi} \leqslant 16\ \text{mm}^2$ 时，　　$A_{PE} \geqslant A_{\varphi}$

② 当 $16\ \text{mm}^2 < A_{\varphi} \leqslant 35\ \text{mm}^2$ 时，　　$A_{PE} \geqslant 16\ \text{mm}^2$

③ 当 $A_{\varphi} \geqslant 35\ \text{mm}^2$ 时，　　$A_{PE} \geqslant 0.5\ A_{\varphi}$

5）保护中性线（PEN 线）截面的选择

保护中性线兼有保护线和中性线的双重功能，因此 PEN 线截面选择应同时满足上述 PE 线和 N 线的要求，取其中的最大截面。

相同截面时，铜的载流能力是铝的 1.3 倍，因此当导线为 TJ 型铜绞线时，其允许载流量为相同截面 LJ 型铝绞线允许载流量的 1.3 倍。

电缆通过不同散热条件地段，其对应的缆芯工作温度会有差异，应按发热条件最恶劣地段来选择。

按发热条件选择截面时，在同样条件下，其电压损耗及功率损耗，都大于按经济电流选择的导线截面积。

按这种方法选择的导线截面积，只在线路较短的情况下较合适，所以必须进行电压损耗的校验。配电设计中，按电压损耗校验截面，使电压偏差在规定的范围内，一般规定端电压与额定电压的偏差不得超过±5%。

［例 7–1］ 有一条采用 BLX–500 型铝芯橡皮线明敷的 220/380 V 的 TN-S 线路，线路计算电流为 150 A，当地最热月平均最高气温为+30 ℃。试按发热条件选择此线路的导线截面。

解：(1) 相线截面 A_{φ} 的选择

查附录表 A–1：环境温度为 30 ℃时，明敷的 BLX–500 型截面为 $50\ \text{mm}^2$ 的铝芯橡皮线 I_{al}=163 A，大于 150 A，满足发热条件。则选得相线截面为：$A_{\varphi}=50\ \text{mm}^2$ 校验机械强度：查附录表 A–2，假设为室外明敷，且 $15\ \text{m} < L \leqslant 25\ \text{m}$，查得：$A_{min}=10\ \text{mm}^2$。由于 $A_{\varphi} > A_{min}$，所以满足机械强度要求。

(2) 中性线的选择

因 $A_0 \geqslant 0.5A_{\varphi}$，选 $A_0=25\ \text{mm}^2$。

校验机械强度：因 $A_{min}=10\ \text{mm}^2$，则 $A_{\varphi} > A_{min}$，满足机械强度要求。

(3) 保护线截面的选择

因 $A_{\varphi} > 35\ \text{mm}^2$，故选 $A_{PE} \geqslant 0.5A_{\varphi}=25\ \text{mm}^2$

校验机械强度：$A_{min}=10\ \text{mm}^2$，则 $A_{\varphi} > A_{min}$，满足机械强度要求。

所选导线型号可表示为：BLX–500–（3×50+1×25+PE25）。

3. 按经济电流密度选择截面

截面选得越大，电能损耗就越小，但线路投资及维修管理费用就越高；截面选得小，线路投资及维修管理费用虽然低，但电能损耗则增加。综合考虑这两方面的因素，定出总的经济效益为最好的截面，称为经济截面。对应于经济截面的电流密度称为经济电流密度。

$$A_{ec} = \frac{I_{max}}{J_{ec}}$$

式中：A_{ec} ——导线的经济截面；

I_{max}——线路最大长期工作电流；

J_{ec}——经济电流密度，可查表 7–5。

表 7–5 导线和电缆的经济电流密度 单位：A/mm²

线路类别	导线材料	年最大有功负荷利用小时		
		<3 000 h	3 000～5 000 h	>5 000 h
架空线路	铜	3.00	2.25	1.75
	铝	1.65	1.15	0.90
电缆线路	铜	2.50	2.25	2.00
	铝	1.92	1.73	1.54

经济电流密度 J_{ec} 与年最大负荷利用小时数有关，年最大负荷利用小时数越大，负荷越平稳，损耗越大，经济截面因而也就越大，经济电流密度就会变小。

4. 按机械强度校验截面

架空裸导线和不同敷设方式的绝缘导线的截面不应小于其最小允许截面的要求，可查表进行校验。规程规定 1～10 kV 架空线路不得采用单股线，电缆不必校验机械强度。架空裸导线的最小截面如表 7–6 所示。

表 7–6 架空裸导线的最小截面 单位：mm²

导线种类	最小允许截面			备注
	35 kV	3～10 kV	低压	
铝及铝合金线	35	35	16	与铁路交叉跨越时应为 35 mm²
钢芯铝绞线	35	25	16	

5. 按允许电压损失选择截面

因为供配电线路存在电阻和电抗，所以当电流通过供配电线路时，除有电能损耗外，还会产生电压损耗，影响供电质量。电压损耗是指线路首端电压 U_1 和末端电压 U_2 的代数差，即：$\Delta U=U_1-U_2$。通常以其占额定电压的百分数表示，即：

$$\Delta U\%=\frac{\Delta U}{U_N}\times100\%=\frac{U_1-U_2}{U_N}\times100\%$$

按规定，高压配电线路（6～10 kV）的允许电压损耗不得超过线路额定电压的 5%；从配电变压器二次侧出口到用电设备受电端的低压输配电线路的电压损耗，一般不超过设备额定电压（220 V、380 V）的 5%；对视觉要求较高的照明线路，则不得超过其额定电压的 2%～3%。

为了保证用电设备端子处电压偏移不超过其允许值，设计线路时，高压配电线路的电压损耗一般不超过线路额定电压的 5%，从变压器低压侧母线到用电设备端子处的低压配电线路的电压损耗，一般也不超过线路额定电压的 5%（以满足用电设备要求为限）。如果线路电压损耗超过了允许值，应适当加大导线截面，减小线路电阻，使电压损耗小于允许电压损耗。

对于输电距离较长或负荷电流较大的线路，必须按允许电压损耗来选择或校验导线的截面。

1）线路末端接一个集中负荷的三相线路 ΔU 的计算

因为三相对称，所以取一相进行分析，如图 7–2 所示。

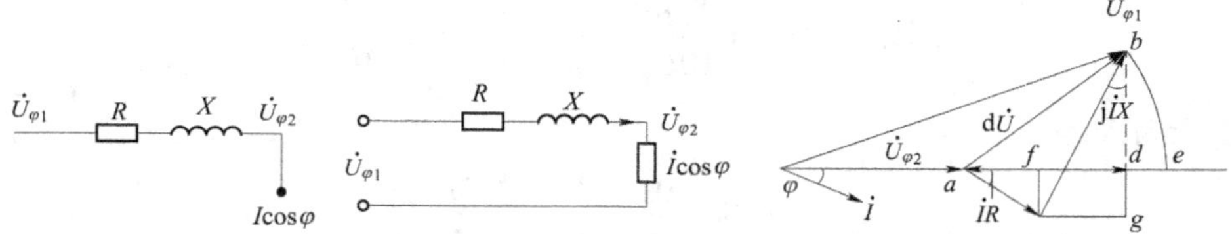

图 7–2　线路末端接一个集中负荷的等值电路图和相量图

由相量图可看出：电压损失为 *ae* 段。为计算方便，用 *ad* 段代替 *ae* 段。其误差为实际电压损失的 5%以内。

ae 段为：$\Delta U_{\varphi} \approx ad = af + fd = IR\cos\varphi + IX\sin\varphi$

用线电压的电压损失表示为：

$$\Delta U = \sqrt{3}\Delta U_{\varphi} = \sqrt{3}I(R\cos\varphi + X\sin\varphi)$$

因

$$P \approx \sqrt{3}U_{\mathrm{N}}I\cos\varphi \quad Q \approx \sqrt{3}U_{\mathrm{N}}I\sin\varphi$$

故

$$\Delta U = \frac{PR + QX}{U_{\mathrm{N}}}$$

式中：P、Q、U、X、R 单位分别为 W、VA、V、Ω、Ω，或 kW、kVA、kV、Ω、Ω。

2）线路各段接有三个集中负荷时的三相线路 ΔU 的计算

线路各段接有三个集中负荷时的三相线路如图 7–3 所示。

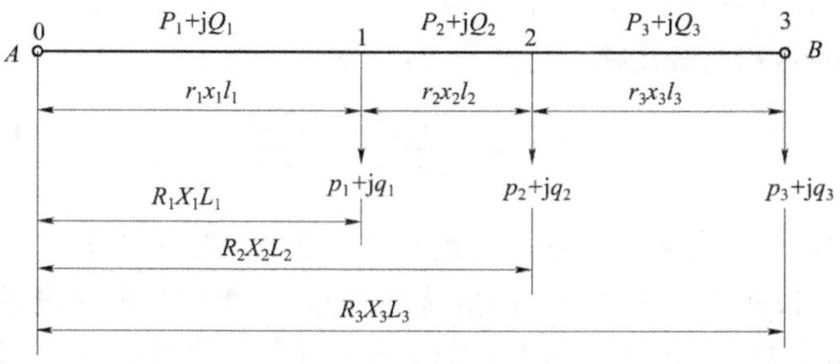

图 7–3　接有三个集中负荷

线路的实际电压耗损如下：

$$\Delta U = \frac{\sum[P(R_0 l) + Q(X_0 l)]}{U_{\mathrm{N}}} = \frac{\sum(PR + QX)}{U_{\mathrm{N}}}$$

式中：ΔU 为线路实际的电压损耗；P、Q 分别为干线上总的有功负荷和无功负荷；l 为线路首端至各负荷点的长度；R_0、X_0 分别为线路单位长度的电阻和电抗；U_{N} 为线路的额定电压。

3）无电感线路 ΔU 的计算

对于无电感的线路，即 $\cos\varphi \approx 1$ 或 $X=0$ 的线路，线路电压损耗为：

$$\Delta U=\frac{\sum pR}{U_{\mathrm{N}}} \text{ 或 } \Delta U\%=\frac{\sum pR}{10U_{\mathrm{N}}^{2}}$$

$$\text{因为：} R=\frac{L}{\gamma A} \text{ 或} r=\frac{l}{\gamma A}$$

$$\text{所以：} \Delta U\%=\frac{\sum pR}{10U_{\mathrm{N}}^{2}}=\frac{\sum pL}{\gamma A10U_{\mathrm{N}}^{2}}=\frac{\sum Pl}{\gamma A10U_{\mathrm{N}}^{2}}$$

或表示为：

$$\Delta U\%=\frac{100\sum M}{\gamma AU_{\mathrm{N}}^{2}}=\frac{\sum M}{CA}$$

式中：U_{N} 的单位为 V；P 的单位为 kW；r 为导线的电导率，单位为 S/m；A 为导线的截面，单位为 mm^2；l 的单位为 m；M 为功率矩，单位为 kW • m；C 为计算系数，可查表 7–7。

表 7–7 计算系数 *C*

线路类型	线路额定电压/V	计算系数 C	
		铝导线	铜导线
三相三线或三相四线	220/380	46.2	16.5
两相三线		20.5	34
单相或直流	220	7.74	12.8
	110	1.94	3.21

4）均一无感的两相三线线路 ΔU 的计算

对于均一无感的两相三线线路，可推导出：

$$\Delta U\%=\frac{225\sum M}{\gamma AU_{\mathrm{N}}^{2}}=\frac{\sum M}{CA}$$

5）均匀分布负荷的三相线路电压损失的计算（适于低压线路）

如图 7–4 所示，设线路上单位长度的负荷电流为 i_0，单位长度的电阻为 R_0，则微小线段 $\mathrm{d}l$ 的负荷电流为 $i_0\mathrm{d}l$，线段 l 的电阻为 $R=R_0l$，不计电抗，电流 $i_0\mathrm{d}l$ 在 l 段上产生的电压损失为：$\Delta U_l=\sqrt{3}i_0\mathrm{d}l\cdot R_0\cdot l$。

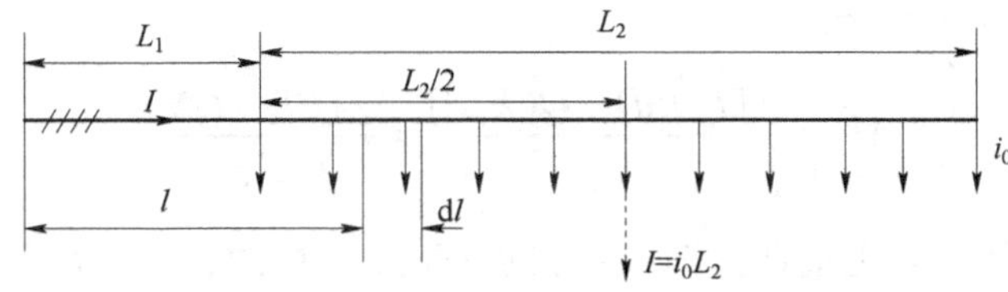

图 7–4 负荷分布均匀的电路

整条线路的电压损失为：

$$\Delta U=\int_{l_1}^{l_1+l_2}\sqrt{3}i_0\cdot R_0\cdot l\mathrm{d}l=\sqrt{3}i_0\cdot R_0\int_{l_1}^{l_1+l_2}l\mathrm{d}l$$

$$\Delta U=\sqrt{3}i_0l_2R_0\left(l_1+\frac{l_2}{2}\right)$$

［例 7–2］ 某 220/380 V 的 TN-C 线路，如图 7–5 所示。线路拟采用 BX–500 型铜芯橡皮绝缘线户内明敷，环境温度为 30 ℃，允许电压损失为 5%，试选择该线路的导线截面。

解：（1）线路等效变换，如图 7–5 所示。

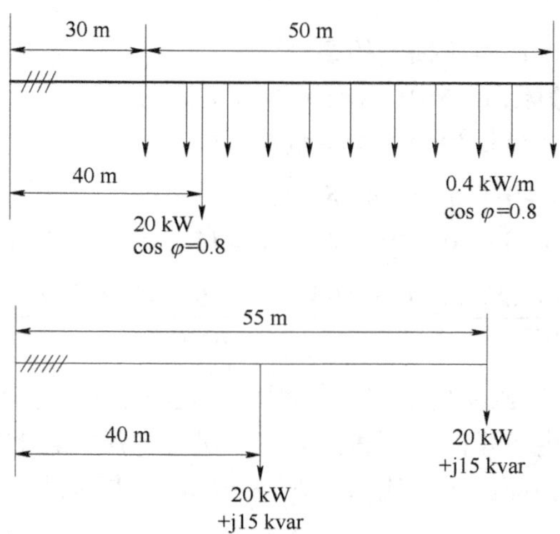

图 7–5　例 7–2 的电路图

原集中负荷：p_1=20 kW，cos φ_1=0.8，tan φ_1=0.75，q_1=20×0.75=15（kvar）。

原分布负荷：p_2=0.4×50=20（kW），cos φ_2=0.8，tan φ_2=0.75，q_2=20×0.75=15（kvar）。

（2）按正常发热条件选择导线截面

线路中总的计算负荷为：$P=p_1+p_2$=20+20=40（kW）

$$Q=q_1+q_2=15+15=30\text{（kvar）}$$

$$s=\sqrt{P^2+Q^2}=\sqrt{40^2+30^2}=50\text{（kVA）}$$

$$I=\frac{S}{\sqrt{3}U_{\mathrm{N}}}=\frac{50}{\sqrt{3}\times0.38}=76\text{（A）}$$

查附录表 A–3，得 BX–500 型铜芯导线 A=10 mm²，在 30 ℃明敷时的 I_{al}=79 A＞I=76 A，因此可选 3 根 BX–500–3×10 导线作相线，另选 1 根 BX–500–1×10 导线作 PEN 线。

（3）校验机械强度：查附录表 A–2，室内明敷铜芯线最小截面为 1.5 mm²，因 10 mm²＞1.5 mm²，故满足机械强度要求。

（4）校验电压损失，查附录 A–4 表知 BX–500–3×10 电缆单位长度每相阻抗值为 2.19 Ω/km，线距按 150 mm 计时，X_0=0.31 Ω/km。

电压损失为：

$$\Delta U=\frac{(p_1L_1+p_2L_2)R_0+(q_1L_1+q_2L_2)X_0}{U_N}$$
$$=\frac{(20\times0.04+20\times0.055)\times2.19+(15\times0.04+15\times0.055)\times0.31}{0.38}$$
$$=12\text{（V）}$$

用百分数表示：

$$\Delta U\%=\frac{\Delta U}{U_N}\times100=\frac{12}{380}\times100=3.2\%<5\%$$

因此所选线路也满足允许电压损失的要求。

所选导线 BLX–500 截面为：3×10+1×10=40（mm^2）。

还可以把两个相同的负荷作为一个集中负荷，即：

$$L=40+15/2=47.5\text{（m）}$$
$$p=20+20=40\text{（kW）}\quad q=15+15=30\text{（kvar）}$$

$$\Delta U\%=\frac{pR_0L+qX_0L}{10U_N^2}=\frac{40\times0.047\,5\times2.19+30\times0.047\,5\times0.31}{10\times0.38^2}=3.2\%$$

对于 35 kV 及 110 kV 高压供电线路，其截面主要按照经济电流密度来选择，但应按允许载流量来校验。对于工厂内较短的高压线路，可不进行电压损耗的校验。车间内动力线路一般按照允许载流量来选择截面。照明线路一般按照电压损耗来选择。

任务 7.2 供配电线路接线方式选择

【任务描述】

本任务通过完成高、低压配电线路接线方式的选择，使学生了解高、低压配电线路基本接线方式的特点及应用，掌握根据工厂的负荷情况选择高、低压配电线路接线方式的方法。

【学习目标】

（1）了解高、低压配电线路的接线方式、特点及应用。

（2）能根据工厂的负荷情况为工厂合理地选择高、低压配电线路的接线方式。

【相关知识】

配电线路是工厂供配电系统的重要组成部分，担负着输送和分配电能的重要任务。

工厂的配电线路，按电压高低分为高压配电线路（即 1 kV 以上线路）和低压配电线路（即 1 kV 及以下线路）；按其结构形式不同，可分为架空线路、电缆线路和车间（室内）线路等。

7.2.1 高压配电线路的接线方式

工厂高压配电线路是指厂区中由总降压变电所到车间变电所的高压配电线路，一般采用

10 kV 或 6 kV 电压，一般优先选择 10 kV。

工厂高压配电线路的基本接线方式有放射式、树干式及环式。

放射式接线方式

1. 放射式接线方式

高压放射式接线是指，由工厂变配电所高压母线上引出的每一路配电干线，只直接向一个车间变电所或高压用电设备供电，沿线不分接其他负荷。

1）单回路放射式接线方式

单回路放射式接线方式如图 7–6（a）所示。这种接线方式的特点是简洁，操作、维护方便，各配电线路互不影响，供电可靠性较高，还便于装设自动装置，保护装置也较简单。其高压开关设备用得较多，且每台断路器须装设一个高压开关柜，从而使投资增加。某一线路发生故障或需检修时，该线路供电的全部负荷都要停电。此接线方式用于对容量较大、位置较分散的三级负荷供电。

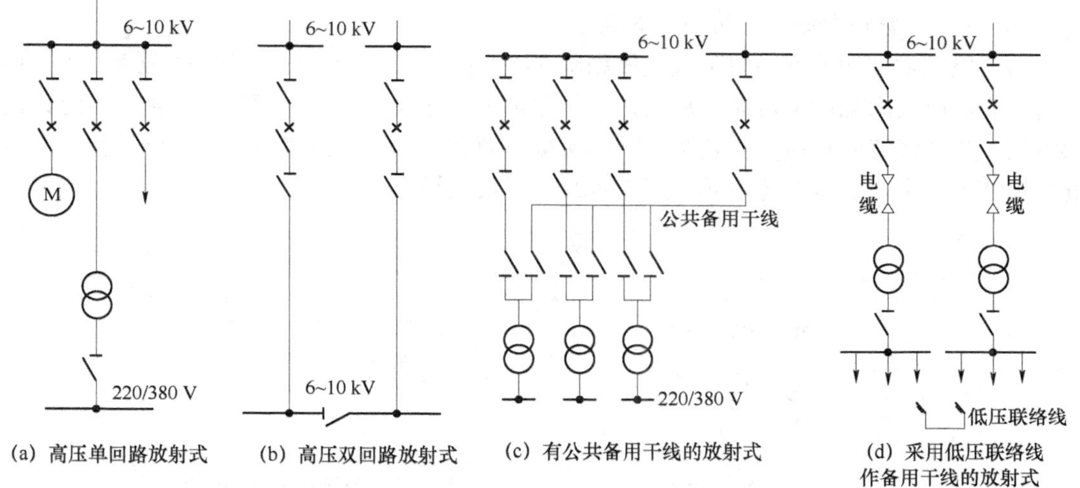

(a) 高压单回路放射式　(b) 高压双回路放射式　(c) 有公共备用干线的放射式　(d) 采用低压联络线作备用干线的放射式

图 7–6　高压放射式接线方式

2）双回路放射式接线方式

为了提高供电可靠性，对于重要的用户，为保证供电回路故障时不影响对用户的供电，可采用双回路放射式接线，如图 7–6（b）所示。采用两路电源进线，可将双回路的电源端接于不同的电源，以保证电源和线路同时得以备用，再经分段母线用双回路对用户进行交叉供电。此方式供电可靠性高，但投资相对较大，因此一般仅用于对供电可靠性要求高的一、二级负荷供电。

3）有公共备用干线的放射式接线方式

公共备用干线的放射式接线如图 7–6（c）所示，和单回路放射式接线相比，除拥有其优点外，供电可靠性得到了提高。开关设备的数量和导线材料的消耗量比单回路放射式接线方式有所增加。当二级负荷比较分散时，也可采用公共备用干线的放射式接线，以节省投资；如果备用干线采用独立电源供电且分支较少，则可用于一级负荷。

4）低压联络线路作备用干线的放射式接线方式

如图 7–6（d）所示，此方式比较经济、灵活，除了可提高供电可靠性以外，还可实现变压器的经济运行。

2. 树干式接线方式

高压树干式接线是指，由工厂变配电所高压母线上引出的每路高压配电干线上，沿线分接几个车间变电所或高压用电设备。

1）单回路树干式接线方式

单回路树干式接线如图 7–7（a）所示。这种接线从变配电所高压母线上引出的配电线路少，与单回路放射式接线比较，出线大大减少，高压开关柜数量也相应减少，同时可节约有色金属的消耗量，投资较少；因多个用户采用一条公用干线供电，各用户之间互相影响，当某条干线发生故障或需检修时，将引起干线上的全部用户停电，所以供电可靠性差，且不容易实现自动化控制。所以，一般干线上连接的变压器不得超过 5 台，总容量不应大于 3 000 kVA。此方式一般用于对三级负荷配电，在城镇街道应用较多。

2）两端电源供电的单回路树干式接线

两端电源供电的单回路树干式接线如图 7–7（b）所示，若一侧干线发生故障，可采用另一侧干线供电，因此供电可靠性较高，和单侧供电的双回路树干式相当。正常运行时，由一侧供电，或在线路的负荷分界处断开，由两端电源供电。发生故障时，要手动切换，而且寻查故障时也需中断供电。此方式可用于对二、三级负荷供电。

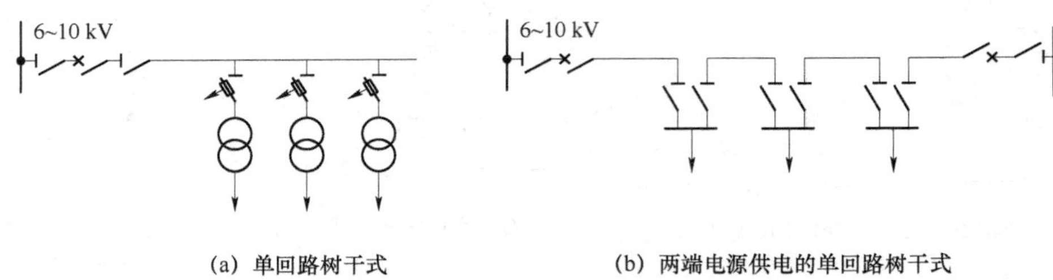

(a) 单回路树干式　　(b) 两端电源供电的单回路树干式

图 7–7　高压树干式接线方式

3）双回路树干式接线方式

双回路树干式接线如图 7–8 所示，对可靠性要求高的用户，采用双回路树干式接线，将双回路引自不同的电源，以保证电源和线路同时得以备用，可用于向一、二级负荷供电。

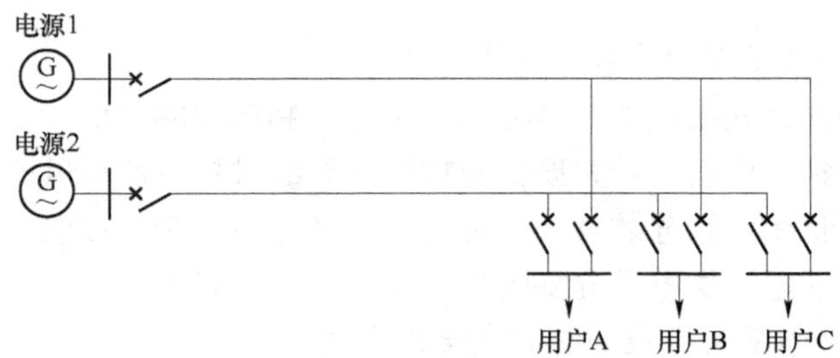

图 7–8　双回路树干式接线方式

4）两端供电的双回路树干式接线方式

两端供电的双回路树干式接线方式如图 7–9 所示，供电可靠性比单侧供电的双回路树干式有所提高，而且其投资不比单侧供电的双回路树干式增加很多，关键是要有双电源供电的条件。此方式主要用于二级负荷供电。当供电电源足够可靠时，也可用于一级负荷供电。

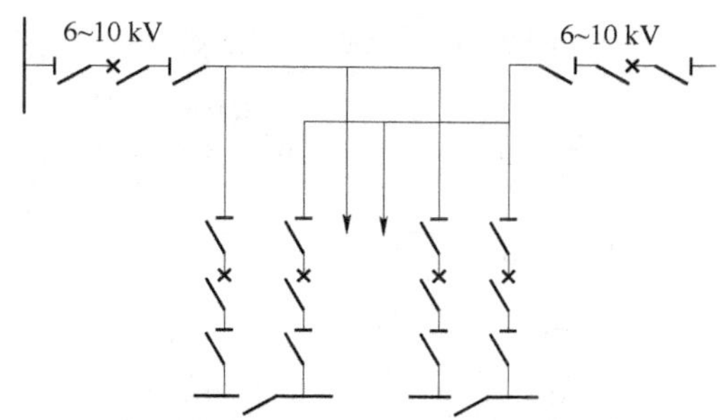

图 7–9　两端供电的双回路树干式接线方式

3. 环式接线方式

高压环式接线其实是树干式接线的改进，如图 7–10 所示。两路树干式线路连接起来就构成了环式接线。这种接线方式运行灵活，供电可靠性高。当干线上任何地方发生故障时，只要找出故障段，拉开其两侧的隔离开关，把故障段切除后，全部线路可以恢复供电。由于闭环运行时继电保护整定较复杂，同时也为避免环形线路上发生故障时影响整个电网，应限制系统短路容量。所以，正常运行时一般采用开环运行方式，即环形线路中有一处开关是断开的。高压环形电网中通常采用以负荷开关为主开关的高压环网柜。环式接线一般用于城市供配电网络中，可用于对二、三级负荷供电，电源可为多个或一个。

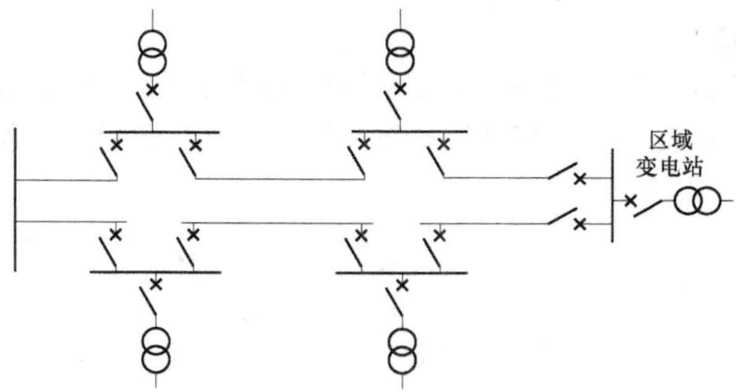

图 7–10　高压环式接线

拉手式环式接线如图 7–11 所示，比普通环式接线多了一侧电源。每段线路检修时，用户不受影响，供电可靠性较高，但发生故障停电时，需要人工倒闸操作，会影响用户用电。

双路拉手环式接线如图 7–12 所示，在拉手式接线的基础上再增加一个回路。对于双电源供电的用户，此方式基本上可以做到不停电。

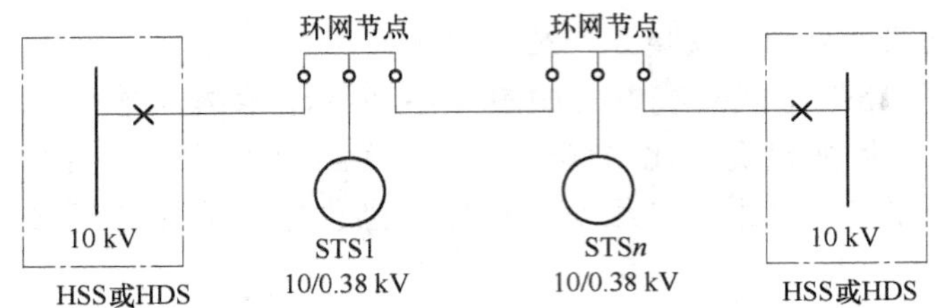

图 7–11　拉手式环式接线

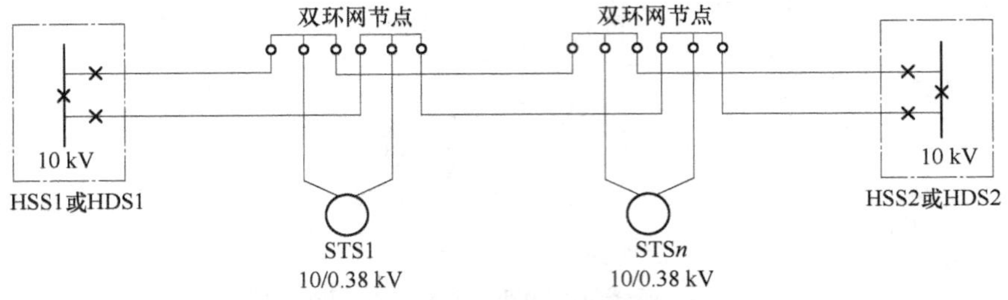

图 7–12　双路拉手环式接线

实际的高压供配电线路往往是几种接线方式的组合，究竟采用什么接线方式，应根据具体情况，考虑对供电可靠性的要求，经技术经济综合比较后才能确定。对大中型工厂，高压配电线路宜优先考虑放射式接线，因为放射式接线的供电可靠性较高，便于运行管理。由于放射式接线投资较大，对于供电可靠性要求不高的辅助生产区和生活住宅区，可考虑采用树干式或环式接线方式。

7.2.2　低压配电线路的接线方式

低压配电线路的接线方式

低压配电线路是指由变电所低压母线引出的，将电能送至配电箱或低压用电设备的配电线路。工厂低压配电线路的基本接线方式有放射式、树干式及环式三种类型。

1. 放射式接线方式

低压放射式接线方式是指，由变配电所低压母线引出的每一路配电干线，只直接接一个配电箱或低压用电设备，沿线不分接其他负荷，如图 7–13 所示。这种接线方式供电可靠性

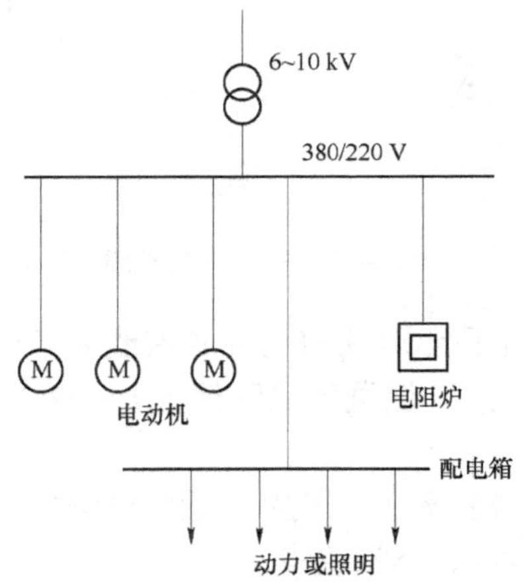

图 7–13　低压放射式接线

较高，所用开关设备及配电线路也较多，投资高，多用于用电设备容量大、负荷性质重要、车间内负荷排列不整齐及车间为有爆炸危险的厂房等情况。

2. 树干式接线方式

低压树干式接线是指，由工厂变配电所低压母线上引出的每路低压配电干线上，沿线分接了几个配电箱或低压用电设备。

1）低压母线放射式配电的树干式接线方式

低压母线放射式配电的树干式接线如图 7–14 所示，由变电所低压母线上引出配电干线较少，采用的开关设备较少，金属消耗量也少，这种接线多采用成套的封闭式母线槽，运行灵活方便，也比较安全。干线出现故障时，会使所连接的用电设备均受到影响，停电的范围大，和放射式相比供电的可靠性较差。此方式适用于用电容量较小而用电设备分布均匀的场所，如机械加工车间的中小型机床设备及照明配电。

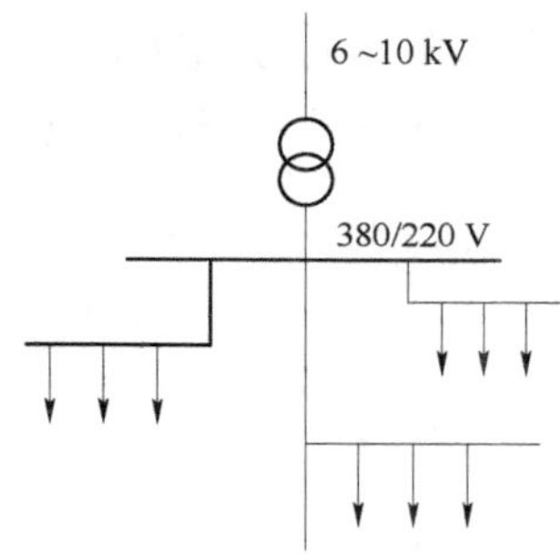

图 7–14　低压母线放射式配电的树干式接线

2）“变压器–干线组”的树干式接线方式

“变压器–干线组”的树干式接线如图 7–15 所示，省去了变电所低压侧的整套低压配电装置，简化了变电所的结构，大大减少了投资。为了提高干线的供电可靠性，一般接出的分支回路数不宜超过 10 条，而且不适用于需频繁起动、容量较大的冲击性负荷和对电压质量要求高的设备。

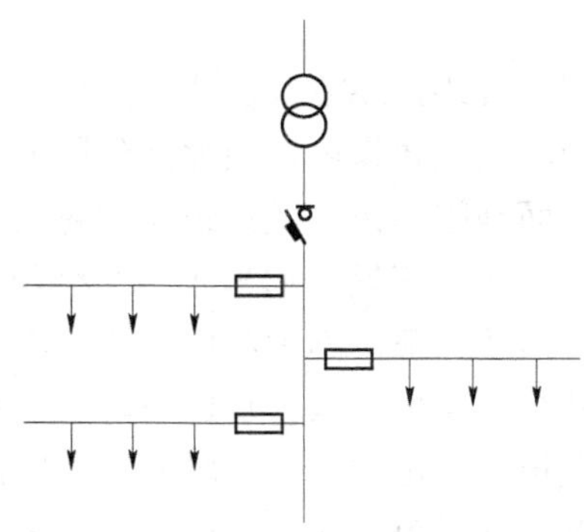

图 7–15　“变压器–干线组”的树干式接线

3）链式接线方式

链式接线是变形的树干式接线，如图 7–16 所示。此方式适用于用电设备彼此距离近、容量都较小的情况。链式线路只在线路首端设置一组总的保护，可靠性低，而且连接的用电设备不能超过 5 台、配电箱不超过 3 个，且总容量不宜超过 10 kW。

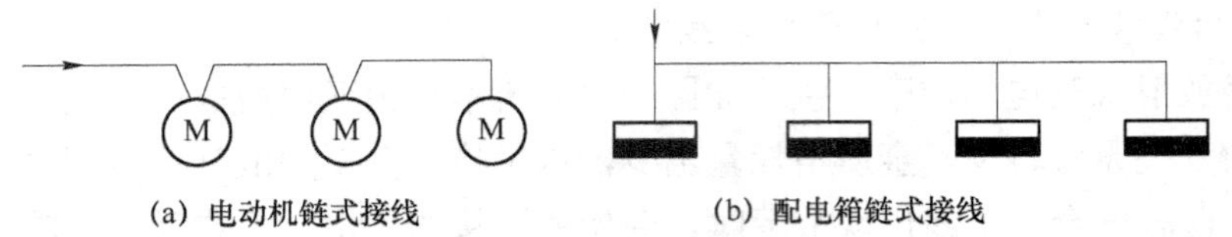

图 7–16 链式接线

3. 环式接线方式

环式接线方式如图 7–17 所示，多用于各车间变电所低压侧之间的联络线，彼此连成环式，互为备用。正常时，备用电源不供电。此方式供电可靠性高，一般的线路故障或检修，只是引起短时停电或不停电，经切换操作后就可恢复供电。其保护装置整定配合比较复杂，所以低压环形供电多采用开环运行。

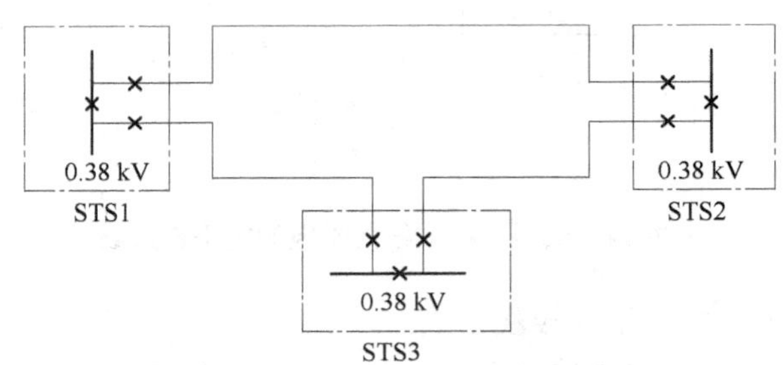

图 7–17 环式接线

7.2.3 高、低压配电线路的电网设计与接线方式选择

工厂高、低压配电线路的接线方式选择原则：接线力求简单，经济，操作维护方便。

实际上，工厂的高、低压配电线路接线方式往往是几种接线方式的组合，根据工厂的具体情况而定。一般在环境正常的车间或建筑内，当大部分用电设备容量不很大又无特殊要求时，宜采用树干式接线，这一方面是因为树干式接线比放射式接线经济，另一方面是因为我国各工厂的供电人员对采用树干式接线积累了相当成熟的经验。运行经验表明，供配电系统如果接线复杂，层次过多，不仅浪费投资，维护不便，而且因操作错误或元件故障而引发的事故也随之增多，且事故处理和恢复供电的操作也比较麻烦，从而延长了停电时间。同时，由于配电级数多，继电保护级数也相应增加，动作时间也相应延长，对供配电系统的故障保护十分不利。因此《供配电系统设计规范》规定：供配电系统应力求简单可靠，同一电压供电系统的变配电级数不宜多于两级。

1. 高压配电网的设计

高压配电网设计的基本原则如下：

① 应满足用电设备对供电可靠性的要求，根据负荷等级确定电源个数，一、二级负荷一般选取两个电源，双电源进线时，若其中一路停电，另一路应能够承担全部一、二级负荷用电；

② 应考虑接线简单、操作方便、安全、经济等因素，对于三级负荷，应优先选用树干式接线；

③ 应具有一定灵活性，当供配电系统出现故障时能尽快恢复供电；

④ 还要考虑负荷增加和电能质量等要求；

⑤ 配电级数不宜多于两级。

2. 高压接线方式的选取

① 对于三级负荷，为节省投资可采用树干式。

② 负荷较大且分散时，则可采用放射式或分区树干式接线。

③ 对一般负荷及容量在 1 000 kVA 及以下的变压器，宜采用普通环式接线。

④ 对于重要负荷，可采用双回路放射式或采用工作电源接线为放射式、备用电源接线为树干式的组合形式，也可采用双路拉手环式接线。

3. 低压配电网设计的基本原则

① 应满足用电设备对供电可靠性和电能质量的要求，同时应注意接线简单、操作方便、安全、灵活、便于检修。

② 电能质量要高，配电电压等级一般不超过两级。

③ 单相用电设备应该适当配置，力求三相负荷平衡。

④ 同一流水线的用电设备尽量采用同一线路供电。

4. 低压接线方式的选取

① 正常环境的车间或建筑物内，当大部分用电设备为中小容量，且无特殊要求时，宜采用树干式配电。

② 用电设备的容量较大或性质重要，宜采用放射式配电。

③ 部分用电设备距供电点较远，而彼此相距很近、容量很小的次要用电设备，可采用链式配电。

④ 高层建筑物内，当向楼层各配电点供电时，宜采用分区树干式配电。

任务 7.3　架空线路的敷设、运行与维护

【任务描述】

通过学习架空线路的结构、敷设方法、运行与维护方法等，掌握根据故障现象查找故障点并进行相关处理的技能，为从事架空线路安装、运行与维护工作打基础。

【学习目标】

（1）了解架空线路和电缆线路的结构、敷设、运行与维护的相关知识。

（2）能正确巡视、运行与维护架空线路。

（3）能根据故障现象查找故障点并进行相关处理。

7.3.1 架空线路的结构

架空线路是用杆塔将导线悬挂在空中，导线利用绝缘瓷瓶支持在杆塔的横担上的线路。

工厂架空电力线路是由电杆、导线、金具、绝缘子、横担构成的。为了平衡电杆各方向的拉力，增强电杆稳定性，有的电杆上还装有拉线。为防雷击，有的架空线路上还架有避雷线。架空线路的基本结构如图 7–18 所示。

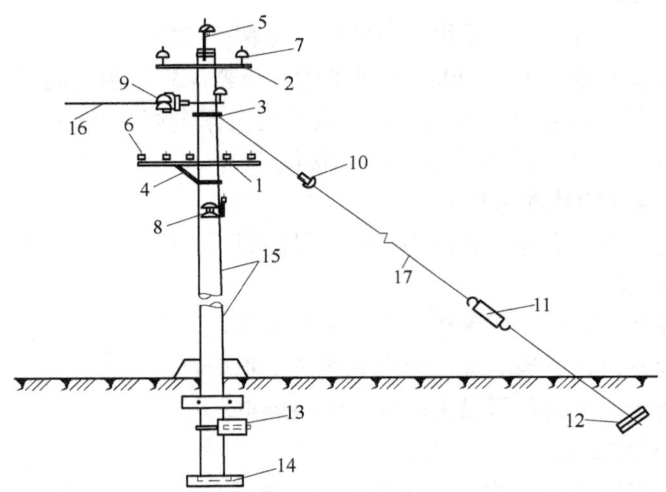

1—低压横担；2—高压横担；3—拉线抱箍；4—横担支撑；5—高压杆头；6—低压针式绝缘子；7—高压针式绝缘子；8—低压蝶式绝缘子；9—悬式蝶式绝缘子；10—拉紧绝缘子；11—花篮螺栓；12—地锚（拉线盘）；13—卡盘；14—底盘；15—电杆；16—导线；17—拉线

图 7–18 架空线路的基本结构

架空线路造价低、架设简便、取材方便、便于检修，容易发现和排除故障，所以使用广泛。目前，工厂、学校、建筑工地、机关单位，甚至由公用变压器供电的城市小区、乡镇居民点等的低压输配电线路大都采用架空线路。但它受外界环境影响较大，容易出故障，并有碍美观，所以不能普遍采用。

1. 导线的种类及选用

导线的种类与选用

导线是架空线路的主体，担负着输送电能的任务。

1）导线的种类

常用的架空导线有钢芯铝绞线、铝绞线、铜绞线和钢绞线等，有时也采用绝缘导线。

（1）钢芯铝绞线（LGJ）

钢芯铝绞线是用钢线和铝线绞合而成的，其内部几股是钢线，外部几股是铝线。导线上所受的力主要由钢线承担，而导线中的电流绝大部分从铝线中通过。

（2）铝绞线（LJ）

铝绞线的机械强度比钢芯铝绞线小，一般用于 35 kV 以下的架空线路上，电杆间距不超过 100～150 m。

（3）铜绞线（TJ）

铜绞线的机械强度高，导电性能好，抗腐蚀性强，但价格较贵，应节约使用。在有盐雾或化学腐蚀气体存在的地区，宜采用防腐钢芯铝绞线（LGJF）或铜绞线。

（4）钢绞线（G）

钢绞线机械强度很高，且价廉，但导电性差，功率损耗大，并且易生锈。所以，钢绞线一般只用作避雷线和接地装置的地线，而且必须镀锌，其最小使用截面不得小于 25 mm^2。

（5）绝缘导线

低压架空导线大多采用绝缘导线。尤其是工厂、城市 10 kV 及以下的架空线路，适合在安全距离不能满足要求，或者靠近高层建筑、繁华街道及人口密集区，以及有空气严重污染的地区和建筑施工等场所敷设。

2）导线的选用

① 在选用架空线路的导线时，必须考虑导电性能、截面、绝缘、防腐性、机械强度、敷设环境等要求。此外，还要求密度小、投资省、施工方便、使用寿命长。

② 高压架空线路一般采用多股裸导线，所以必须进行外观检查，检查导线有无松股、交叉、折叠、硬弯、断裂及破损等，然后再检查有无严重腐蚀现象。对钢绞线还要检查其表面镀锌是否完好、是否有断股现象。

常用裸导线全型号的表示和含义如下：

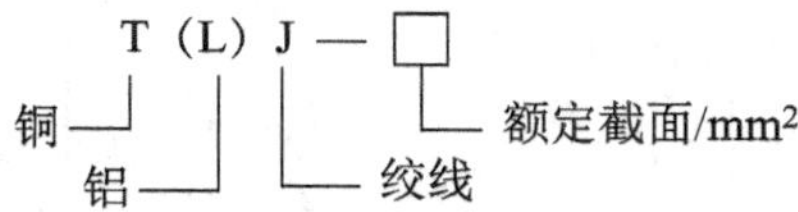

2. 电杆的种类及选用

电杆是架空线路的重要组成部分，是支持导线及其附属的横担、绝缘子等的支柱。电杆应具有足够的机械强度，造价要低，尽可能经久耐用，且便于搬运和安装。

1）按电杆的材质分类

电杆按其材质可分为木杆、金属杆和水泥杆。

（1）木杆

木杆的密度小，施工方便，成本低，但缺点是易腐朽、使用年限短（约 5～15 年），而且木材又是重要的建筑材料，一般不宜采用。

（2）金属杆（铁杆、铁塔）

金属杆较坚固，使用年限长；但缺点是消耗钢材多、易生锈腐蚀、造价和维护费用大。金属杆多用于 35 kV 以上的架空线路。

（3）水泥杆（钢筋混凝土杆）

水泥杆经久耐用（40～50 年），造价较低；但缺点是笨重、施工费用较高。为节约木材和钢材，水泥杆是目前使用最广泛的一种电杆。

常用的杆型有方形和环形两种，一般架空线路采用环形杆。环形杆又分为锥形杆和等径杆两种。电杆长度一般为 8，10，12，15 m 等数种。锥形水泥杆应用最广。

2）按电杆在线路中的作用和地位分类

电杆按其在线路中的作用和地位，可分为 6 种。

（1）直线杆

直线杆又叫中间杆，如图 7–19 所示。直线杆位于线路的直线段上，只承受导线的垂直荷重和侧向的风力，承受沿线路方向的导线拉力。

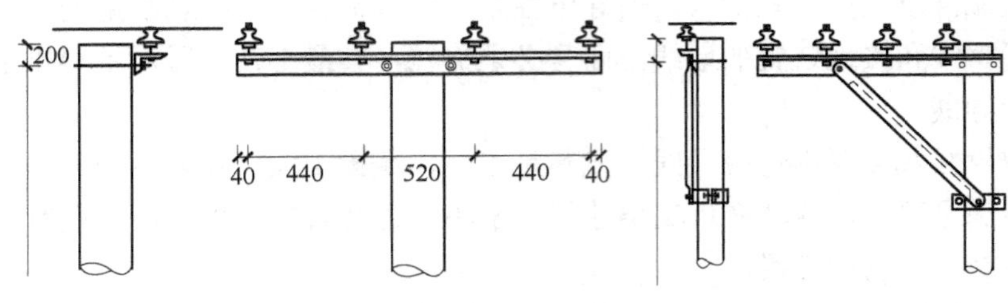

图 7–19　直线杆

（2）耐张杆

耐张杆又叫承力杆，如图 7–20 所示。耐张杆位于线路直线段上的数根直线杆之间，或位于有特殊要求的地方（如架空导线需要分段架设等处）。这种电杆在断线事故和架线中紧线时，能承受一侧导线的拉力，所以耐张杆的强度比直线杆大很多。

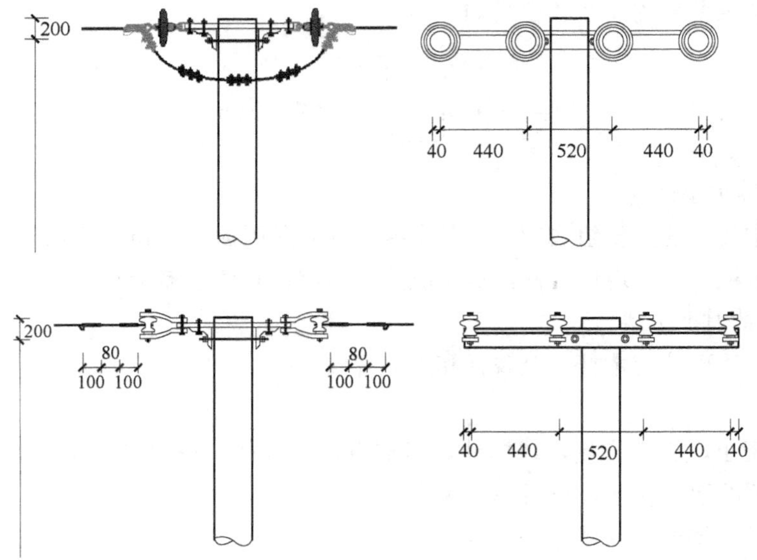

图 7–20　耐张杆

（3）转角杆

转角杆位于线路改变方向的地方，它的结构应根据转角的大小而定。转角杆可以是直线杆型的，也可以是耐张杆型的。如是直线杆型的，就要在拉线不平衡的反方向一面装设拉线。

（4）终端杆

终端杆位于线路的始端与终端。在正常情况下，终端杆除受导线自重和风力外，还要承受单方向的不平衡拉力。

（5）跨越杆

跨越杆用于铁道、河流、道路和电力线路等交叉跨越处的两侧。由于它比普通电杆高，承受力较大，故一般要增加人字形或十字形拉线。

（6）分支杆

分支杆位于干线与分支线相连接处，在主干线路方向上有直线杆型和耐张杆型两种；在分支方向侧为耐张杆型，应能承受分支线路导线的全部拉力。

架空线路的杆型特征及应用如图 7–21 所示。

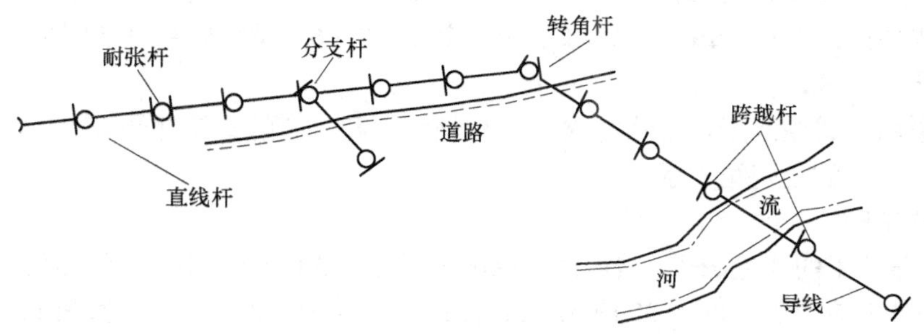

图 7–21　架空线路的杆型特征及应用

3）电杆的选用

杆身的弯曲不得超过杆长的 0.1%，电杆横向裂纹宽度应不超过 0.1 mm，电杆裂纹横向长度应小于 1/2 周长，电杆裂纹纵向长度应小于 1 m。电杆表面应平整光滑，内外壁均不得有流浆、露筋等缺陷。杆顶必须有封堵，混凝土杆用的拉盘、底盘、卡盘表面应无裂缝、剥落等缺陷，如因运输碰损，其碰损面积不得超过总面积的 2%（深度不大于 20 mm）。

3. 绝缘子的种类和选用

绝缘子用来固定导线，使导线与导线之间、导线与大地之间绝缘，支持、悬挂导线，并将其固定在杆塔的横担上。此外，绝缘子还要承受导线的垂直荷重和水平拉力，所以它应有良好的电气绝缘性能和足够的机械强度。

1）绝缘子的种类

低压架空线路常用的绝缘子有针式绝缘子、蝶式绝缘子两种，其他还包括柱式、悬式、棒式、瓷横担绝缘子和拉紧绝缘子，下面仅介绍常用的两种绝缘子。

绝缘子的电气性能

（1）针式绝缘子

针式绝缘子分为高压和低压两种。高压针式绝缘子用于 3，6，10，35 kV 线路；低压针式绝缘子用于 1 kV 以下的线路。针式绝缘子按针脚的长短分为长脚和短脚两种：长脚的用在木横担上，短脚的用在铁横担上。

低压针式绝缘子型号及含义如下：

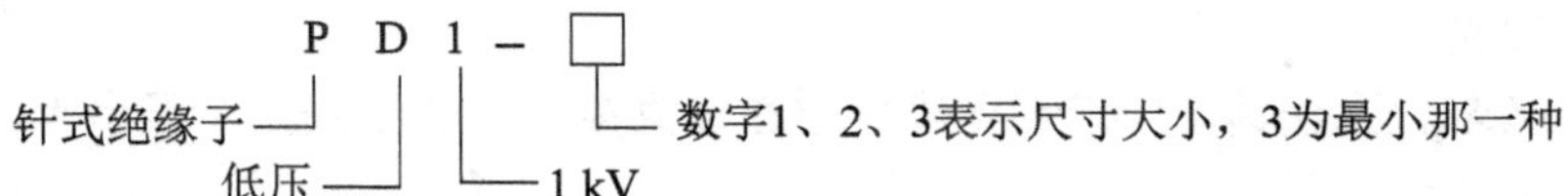

（2）蝶式绝缘子

蝶式绝缘子分为高压和低压两种。高压蝶式绝缘子用于 3，6，10 kV 线路；低压蝶式绝缘子用于 1 kV 以下线路，一般组装在耐张杆上。

低压蝶式绝缘子型号及含义如下：

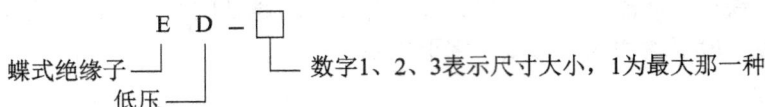

E D –□

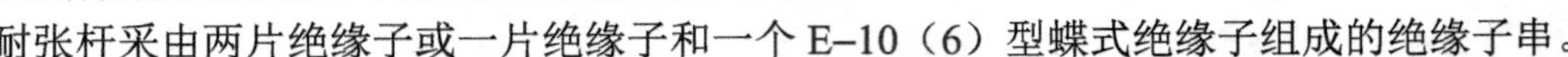

2）绝缘子的选用

绝缘子类型

（1）高压配电线路

直线杆采用瓷横担、高压针式瓷瓶或柱式瓷瓶。

耐张杆采由两片绝缘子或一片绝缘子和一个 E–10（6）型蝶式绝缘子组成的绝缘子串。

（2）低压配电线路

直线杆采用针式绝缘子，耐张杆采用一片绝缘子和一个蝶式绝缘子。

组装方式：应防止瓷裙积水。

（3）电气试验

10 kV 线路使用的新绝缘子，其最低绝缘电阻不低于 500 MΩ；10 kV 线路使用的运行中的绝缘子，其最低绝缘电阻不低于 300 MΩ；380/220 V 线路使用的绝缘子，其最低绝缘电阻不低于 20 MΩ。

（4）外观检查

瓷面裂纹和硬伤面积超过 100 mm^2 瓷沿硬伤面积超过 200 mm^2 以上绝缘子，不得使用。

（5）机械强度

机械强度方面，安全系数符合规程要求。

4. 金具的种类及检查

在架空配电线路中，绝缘子连接成串、横担在电杆上的固定、绝缘子与导线的连接、导线与导线的连接、拉线与杆桩的固定等，都需要一些金属附件，这些金属附件在电力线路中称为金具。金具要和其他部件配套使用，常用的金具有悬垂线夹、耐张线夹等。

1）金具的种类及用途

（1）悬垂线夹

悬垂线夹也称支持金具，用于将导线固定在绝缘子串上，也可用于耐张杆、转角杆固定跳线。常用的悬垂线夹是 U 形螺栓型。

悬垂线夹的型号为：

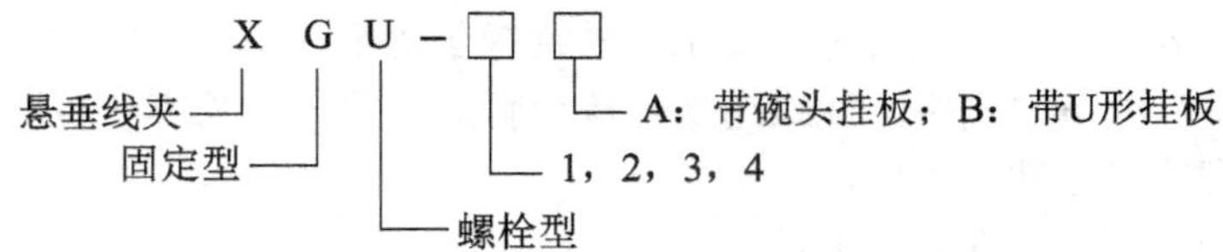

（2）耐张线夹

耐张线夹又名紧固金具，用于将导线固定在非直线杆塔的耐张绝缘子串上。常用的耐张线夹是倒装式螺栓型。

（3）连接金具

连接金具用于将悬式绝缘子组装成串，并将一串或数串绝缘子连接起来，悬挂在杆塔的横担上。常用型号如下：

① 球头挂环：Q–7、QP–7；

② 碗头挂板：W–7A，W–7B，WS–7；

③ 直角挂板：Z–7，ZS–7；

④ U 形挂环：U–7，U–7L，“L”表示延长型。

（4）接续金具

接续金具主要用于架空配电线路的导线及避雷线终端的接续，分为承力接续、非承力接续两种。承力接续金具主要有导线、避雷线接续管和接续管预绞丝。用于导线连接的接续管主要有液压管、爆压管和钳压管。

（5）保护金具

① 电气保护金具：一般用于防止绝缘子串或电瓷设备上的电压分布过分不均匀而损坏绝缘子或设备，主要有均压环等。

② 机械保护金具：机械保护金具主要有防震锤、护线条、预绞丝、铝包带、间隔棒和重锤等。防震锤、护线条、预绞丝的作用主要是防止导线、避雷线断股。间隔棒主要防止导线在挡距中间互相吸引和鞭击。重锤用于防止直线杆塔悬型绝缘子串摇摆过大，或在寒冷天气中导线出现“倒拔”而引发事故。

（6）拉线金具

拉线金具用于拉线的连接、紧固和调节。常用的拉线金具有钢丝卡子、楔形线夹（俗称上把）、UT 线夹（俗称下把）、拉线用 U 形挂环。

2）金具的检查内容

线路金具在使用前均应进行外观检查，检查内容和要求如下：

① 表面光洁，不应有裂缝、毛刺、飞边、砂眼、气泡等缺陷；

② 线夹船体压板与导线接触面应光滑、平整；

③ 悬垂线夹以回转轴为中心，能自由转动 45° 以上。

④ 镀锌层应完整无损，遇有镀层剥落时，应先除锈，然后补刷防锈漆及油漆。

常用的各种架空线路金具如图 7–22 所示。

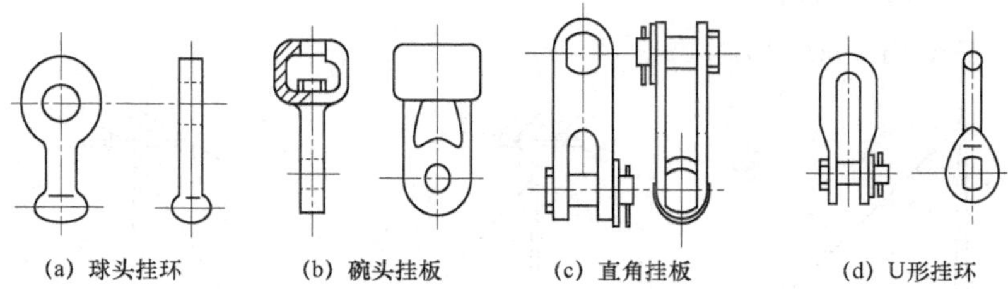

(a) 球头挂环　(b) 碗头挂板　(c) 直角挂板　(d) U形挂环

图 7–22　常用的金具

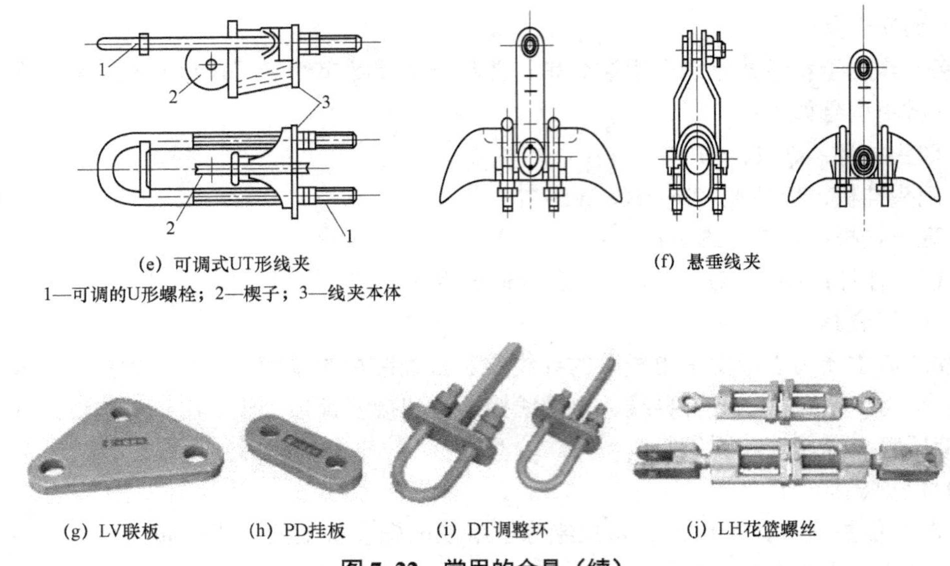

(e) 可调式UT形线夹

1—可调的U形螺栓；2—楔子；3—线夹本体

(f) 悬垂线夹

(g) LV联板　(h) PD挂板　(i) DT调整环　(j) LH花篮螺丝

图 7–22　常用的金具（续）

5. 拉线

架空线路的电杆在架线以后，会发生受力不平衡现象，因此必须用拉线稳固电杆。此外，当电杆的埋设基础不牢固时，也常使用拉线来补强；当负荷超过电杆的安全强度时，也常用拉线来减少其弯曲力矩。

拉线按用途和结构可分以下 5 种。

电力线路拉线

① 普通拉线又叫终端拉线，用于线路的耐张杆、终端杆、转角杆和分支杆，主要起拉力平衡的作用。

② 转角拉线用于转角杆，主要起拉力平衡作用。

③ 人字拉线又叫两侧拉线，用于基础不坚固和交叉跨越加高杆或较长的耐张段（两根耐张杆之间距离较长）中间的直线杆上，主要作用是在狂风暴雨时保持电杆平衡，以免倒杆、断杆。

④ 高桩拉线又叫水平拉线，用于跨越道路、渠道和交通要道处，高桩拉线应保持一定高度，以免妨碍交通。

⑤ 自身拉线又叫弓形拉线。为了防止电杆受力不平衡或防止电杆弯曲，因地形限制不能安装普通拉线时，可采用自身拉线。

上述几种拉线如图 7–23 所示。

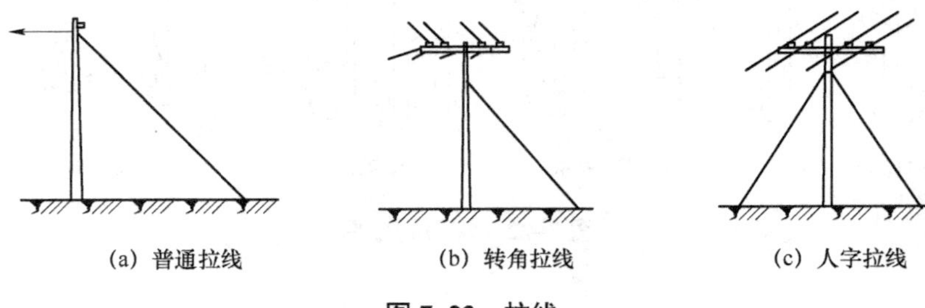

(a) 普通拉线　(b) 转角拉线　(c) 人字拉线

图 7–23　拉线

(d) 高桩拉线　　(e) 自身拉线

图 7–23　拉线（续）

6. 横担的种类及安装

横担的主要作用是固定绝缘子，并使各导线相互之间保持一定的距离，防止风吹或其他作用力产生摆动而造成相间短路。目前使用的主要是铁横担、木横担、瓷横担等。从保护环境和经久耐用出发，现在普遍采用的是铁横担和瓷横担，一般不用木横担。

瓷横担具有良好的电气绝缘性能。一旦发生断线故障，它能做相应的转动，以避免事故的扩大。另外，磁横担结构简单，安装方便，便于维护，在 10 kV 及以下的高压架空线路中广泛应用。但瓷横担脆而易碎，在运输和安装中要注意。

铁横担是用角钢制成的，坚固耐用，但易生锈。为防生锈，应镀锌或涂漆。

木横担有圆形和方形两种。一般用杉木制成的横担是圆形的，用硬木制成的横担是方形的，通常朝上一面略圆，以利雨水流落。

为了施工方便，一般都在地面上将电杆上部的横担、金具等全部组装好后，再整体立杆。

绝缘子在横担上安装的距离是由电杆与电杆之间的挡距决定的。挡距在 40 m 以下时，绝缘子距离为 30 cm；挡距在 40 m 以上时，绝缘子距离为 40 cm。为考虑登杆的需要，靠近电杆两侧的绝缘子距离不得小于 60 cm。铁横担两端距离约 4 cm，木横担两端距离为 10 cm。木横担两端应用铁线缠绕固定，以防横担开裂。

常用的低压铁横担按安装形式可分为正横担、侧横担和合横担、交叉横担等，如图 7–24 所示。其中正横担最常用；侧横担在线路靠近建筑物而电杆又必须竖立在小于与建筑物规定的距离以内时使用；和合横担用于转角、耐张、终端等承力杆，安装形式有平面和合、上下和合两种，平面和合承力较大，上下和合结构简单；交叉横担用于分支或巨大转角处。

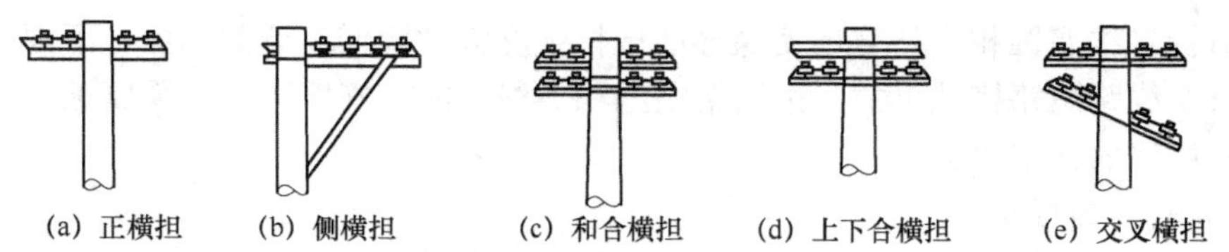

(a) 正横担　(b) 侧横担　(c) 和合横担　(d) 上下合横担　(e) 交叉横担

图 7–24　横担的安装形式

横担在电杆上安装的位置应符合下列要求：

① 直线杆上的横担应安装在负荷的一侧；

② 转角杆、分支杆、终端杆上的横担应安装在所受张力的反方向；

③ 多层横担均应装在同一侧；

④ 横担应装得水平且与线路方向垂直，其倾斜度不应大于 1/100。

铁横担的长度和截面选择见表 7–8 和表 7–9。

表 7–8　铁横担长度的选择　　单位：mm

二线	四线	六线
700	1 500	2 300

表 7–9　铁横担截面的选择表

导线截面/mm^2	低　压直线杆	低压承力杆	
		二线	四线以上
16，25，35，50	∠50×5	2×∠50×5	2×∠63×5
70，95，120	∠63×5	2×∠63×5	2×∠70×6

7. 避雷线

避雷线的作用是防止雷电直接击于导线上，并把雷电流引入大地。避雷线悬挂于杆塔顶部，并在每根杆塔上均通过接地线与接地体相连接，当雷云放电雷击线路时，因避雷线位于导线的上方，雷首先击中避雷线，并借以将雷电流通过接地体泄入大地，从而减少雷击导线的概率，起到防雷保护作用。35 kV 线路一般只在进、出发电厂或变电站两端架设避雷线，110 kV 及以上线路一般沿全线架设避雷线，避雷线常用镀锌钢绞线。

7.3.2　架空绝缘线路的敷设

1. 选用架空绝缘线路的场所

1）架空线与建筑物的距离

架空线与建筑物的距离不能满足《10 kV 及以下架空配电线路设计规范》（DL/T 5220—2021）要求又不能采用电缆线路的。

2）飘金属灰尘及多污染的区域

在老工业区，环保达不到标准，金属加工企业经常有飞飘金属灰尘随风飘扬，火力发电厂、化工厂污染严重，易造成架空配电线路短路、接地故障。采用架空绝缘导线，是防止 10 kV 配电线路短路接地的较好途径。

3）盐雾地区

盐雾对裸导线腐蚀相当严重，使裸导线抗拉强度大大降低，遇到刮风、下雨，易引发导线断裂，引发线路短路接地事故。采用架空绝缘导线，能较好地防止盐雾腐蚀，延缓线路的老化，延长线路的使用寿命。

4）雷电较多的区域

由于架空绝缘导线有一层绝缘保护，可降低线路引雷，减少接地故障的停电时间。

5）旧城区改造

由于架空绝缘导线可承受电压 15 kV，绝缘导线与建筑物的最小垂直距离为 1 m，水平距离为 0.75 m。因此，用 10 kV 架空绝缘导线代替低压干线，直接送入负荷中心，可降低配电线路的占用空间。

6）台风地区

由于架空裸导线线路的抗台风能力较差，台风一到，线路跳闸此起彼伏。采用架空绝缘导线后，导线瞬间相碰不会造成短路，减少了故障，大大提高了线路的抗台风能力。

低压配电系统宜采用架空绝缘配电线路（或采用常规架空方式，或采用集束线方式，既适应了环境在安全上的要求，又达到了降低功率损耗的目的）。此外，架空绝缘配电线路还用于高层建筑群地区、人口密集的小城镇、繁华街道区、风景绿化区、林带区。

2. 绝缘导线防雷措施

国内外线路运行的大量数据表明，雷击断线事故是城市配电事故绝缘化后的主要事故。配电线路绝缘化的防雷问题不可忽视。其中断线点在绝缘子及距离绝缘子 60 cm 内的事故占据了雷击断线事故的 92.09%。

架空配电线路存在两种过电压：一种是内部过电压，不会对薄绝缘结构的绝缘线造成伤害；另一种是大气过电压，当雷击裸导线时（直击雷或感应雷），雷电流经过断路器、变压器等设备处的避雷器迅速导入大地，或在工频电流烧断导线之前引起断路器跳闸，所以较少有断线事故发生。

目前可以采取的防雷措施主要有以下几种。

① 安装避雷线。此种方法避雷效果最好，但由于受周围环境（如树线矛盾、与建筑物的距离的矛盾）、成本提高较多等因素影响，普及推广难度较大。

② 采用紧凑型架空绝缘线即 10 kV 集束线。因为紧凑型架空绝缘线固定在按一定间隔配置的绝缘支架上，而绝缘支架顶端挂在承载钢索上，承载钢索在每杆处都是接地的，相当于一根避雷线，对线路起到了避雷作用，从而使雷击断线事故大大减少。

③ 将 10 kV 立绝缘子、耐张绝缘子全部更换为防雷绝缘子，如将立绝缘子更换为放电钳位柱式绝缘子，将起到较好的防雷效果。

④ 按一定间距安装杆上避雷器或放电间隙，一般以 3 挡为好，即约 150 m。在多雷地区，每杆应安装一组避雷器或放电间隙，从而起到避雷作用，减少雷击断线事故。

⑤ 延长闪络路径。其目的是通过延长闪络路径，使得电弧容易熄灭。局部增加绝缘厚度及采用长闪络路径避雷器可以达到此目的。在导线与绝缘子相连处的部位加强绝缘，可提高绝缘强度，使放电只能从加强绝缘边沿处击穿导线，产生沿面闪络。

⑥ 在距立绝缘子 40～60 cm 处，将绝缘导线的绝缘层剥去 10 cm 左右（注意：一定要在绝缘端口处绑扎绝缘胶带，以防水进入绝缘导线内），使得此处相当于裸导线，从而使电弧剥离部分滑动熄灭，而不是固定在某一点上烧蚀。这种方法简单、经济、实用。

⑦ 提高线路的绝缘水平，即提高绝缘子的 50%放电电压。

3. 绝缘导线接地

1）接地

大地是一个无穷的散流体。无穷大是相对电压、电流而言的。也就是说，无论多大的电流和多大的电压，都不能改变大地零电位的特点。通过计算可以知道，距接地点 20 m 远的地方，大地基本呈现为零电压，即大地的导电性能好、散流速度快。

① 电气接地：利用大地基本保持零电位这一特点，将电气设备中带电或不带电的部位与大地连接，就叫电气接地。

② 工作接地：将电气设备带电部位接地，利用大地构成它的回路，叫工作接地。

③ 保护接地：将电气设备不带电部位或邻近不带电设施与大地连接，保护人身和设备安全，叫保护接地或安全接地。

④ 保护接零：在低压系统中，将电气设备不带电部位与零线连接，叫保护接零。保护

接零是保护接地的一种形式。

⑤ 重复接地：为了使接零保护发挥其应有的保护作用，不至于因在零线上的某一处断线而失去接零的保护作用，在接零的保护系统中，要进行多处接地，叫重复接地。

⑥ 雷电保护接地：为了让雷电保护装置向大地泻入雷电流而装设的接地，叫雷电保护。

⑦ 防静电接地：为了防止静电对易燃油、易燃纤维、导电尘埃、天然气储罐和管道等的危险作用而设的接地，叫防静电接地。

⑧ 中性线：把低压系统电源中性点与负荷、设备中性点连接起来的导线叫中性线，又叫 N 线。

⑨ 保护线：低压系统中为了防止触电而用来与设备金属部件、接地极、电源接地点或人工中性点等处连接的导线叫保护线，又叫 PE 线。

⑩ 保护中性线：具有中性线和保护线两种功能的接地线叫保护中性线，又叫 PEN 线。

⑪ 等电位连接线：为了确保等电位而使用的连接线，叫等电位连接线。

2）需要接地的设备

① 铁杆（包含钢管杆和铁塔）。

② 变压器外壳。

③ 柱上负荷开关（包含油断路器、真空断路器和 SF_6 断路器）的外壳。

④ 户外电缆头的金属护层。

⑤ 低压交流配电箱、无功补偿箱、控制箱、分接箱、金属接户线箱，金属电表箱的外壳和低压架空电缆钢绞线等。

⑥ 城镇地区的低压三相四线线路的干线、分支路终端处零线，应重复接地。

⑦ 避雷器的接地端。

⑧ 箱式变电站的金属外壳。

3）接地电阻的阻值要求

根据《交流电气装置的接地设计规范》（GB/T 50065—2011）、《交流电气装置的过电压保护和绝缘配合设计规范》（GB/T 50064—2014）对接地电阻的有关规定，接地施工后，应在干燥的天气遥测接地电阻，数据规定如下：

① 变压器中性点接地电阻，凡容量在 100 kVA 及以下者不大于 10 Ω，容量在 100 kVA 及以上者不大于 4 Ω，在土壤电阻率大于 500 Ω • m 的地区不宜大于 30 Ω;

② 防雷接地和设备金属外壳接地，不大于 10 Ω;

③ 铁杆接地电阻，不宜超过 30 Ω。

各类土壤接地的电阻率如表 7–10 所示，架空线路（接地装置）接地电阻允许值如表 7–11 所示。

表 7–10 各类土壤接地的电阻率

陶土名称	电阻率ρ/（Ω • m）	土壤名称	电阻率ρ/（Ω • m）
陶黏土	10	沙质黏土、可耕地	100
泥炭、泥灰岩、沼泽地	20	黄土	200
捣碎的木炭	40	含沙黏土、沙土	300
黑土、田园土、陶土	50	多石土壤	400
黏土	60	砂、沙砾	1 000

表 7–11　架空线路（接地装置）的接地电阻允许值

线路电压等级	接地装置使用条件	允许的工频接地电阻值/Ω	备注
3～10 kV	通过居民区的钢筋混凝土及金属杆塔	≤30	
0.23/0.4 kV 及高低压同杆并架	钢筋混凝土电杆的铁横担和金属电杆	未作规定	① 铁横担和金属杆应与零线连接； ② 钢筋混凝土杆的钢筋宜与零线连接

4）接地棒

接地棒俗称线钎子，一般采用ϕ20 mm、长 2 m 圆钢，焊接ϕ8 mm 钢引线（塔接长度应为其直径的 6 倍，双面施焊），热镀锌处理之间距离不小于 2 m，钎子下端应砸入地下 4 m，接地引上线不少于 3 m。

5）接地引线

接地引线应使用截面不小于 25 mm^2 的铜芯绝缘线。

6）有关接地的主要技术规定

① 各种接地装置除利用直接埋入地中或水中的自然接地极外，还设置将接地极和人工地极分开的测量井。除利用自然接地极外，还应敷设人工接地极。

② 当利用自然接地极和引外接地装置时，应采用不少于两根导体在不同地点与接地网连接。

4. 绝缘导线交叉跨越

① 中压绝缘线路每相过引线、引下线与邻相的过引线、引下线及低压绝缘线之间的净空距离不应小于 200 mm；中压绝缘线与拉线、电杆、构架间的净空距离不应小于 200 mm。

② 低压绝缘线每相过引线、引下线之间的净空距离不应小于 100 mm；低压绝缘线与拉线、电杆、构架之间的净空距离不应小于 50 mm。

③ 中低压配电线路与弱电线路的交叉跨越，具体形式如下：

a）电力线路在上，弱电线路在下；

b）电力导线在最大弧垂时与弱电线路的交叉跨越最小垂直距离为：10 kV 不小于 2 m，低压不小于 1 m；小水平距离为：10 kV 不小于 2 m，低压不小于 1 m；

c）跨越一、二级弱电线路时，10 kV 线路直线应采用跨越杆。

④ 中低压裸线、绝缘线与其他电力线路导线的垂直距离和水平距离，在上方导线最大弧度时，不应小于表 7–12 所列数值。

表 7–12　电力线路导线之间的垂直距离、交叉跨越距离和水平距离

距离	线路电压/kV	≤1	10	35～110	220	500
最小垂直距离/m	中压	2	2	3	4	6
	低压	1	2	3	4	6
最小水平距离/m	中压	2.5	2.5	5.0	7.0	—
	低压	2.5	2.5	5.0	7.0	—

⑤ 中低压绝缘线之间的交叉跨越垂直距离，不应小于表 7–13 所列数值。

表 7–13 中低压绝缘线之间的交叉跨越垂直距离

线路电压	中压/m	低压/m
中压	1	1
低压	1	0.5

⑥ 配电线路导线在最大风偏（边相）情况下，与建筑物水平距离不应小于表 7–14 所列数值。配线路一般不允许跨房，因地形所限必须跨房时，在导线最大弧垂直时与房顶的垂直距离不应小于表 7–14 所列数值。

表 7–14 中低压配线电路导线与建筑物距离

距离	裸绞线/m		绝缘线/m	
	中压	低压	中压	低压
垂直距离	3.0	2.5	2.5	2.0
水平距离	1.5	1.0	0.75	0.2

⑦ 导线与树木的距离。导线在最大弧垂及风偏情况下，最小净距离应符合表 7–15 所列数值，应考虑树木在修剪周期内自然生长的高度。

表 7–15 导线与树木之间最小净距离

类别		裸绞线/m		绝缘线/m	
		中压	低压	中压	低压
公园、绿化区、防护林带	垂直	3.0		3.0	
	水平			1.0	
果林、经济林、城市灌木林		1.5		—	
城市街道绿化树木	垂直	1.5	1.0	0.8	0.2
	水平	2.0	1.0	1.0	0.5

⑧ 导线最大弧垂时与山坡、峭壁、岩石之间的最小净空距离，在最大风偏情况下不应小于表 7–16 所列数值。

表 7–16 导线最大弧垂时与山坡、峭壁、岩石之间净空距离

线路经过地区	裸绞线/m		绝缘线/m	
	中压	低压	中压	低压
步行可以达到的山坡、峭壁、岩石	4.5	3.0	3.5	—
步行不能达到的上坡、峭壁、岩石	1.5	1.0	1.5	—

⑨ 导线最大弧垂时与地面、水面及跨越物的最小垂直距离，不应小于表 7–17 所列数值。

表 7–17　导线最大弧垂时与地面、水面及跨越物的最小垂直距离

线路经过地区		裸绞线及绝缘线/m	
		中压	低压
居民区		6.5	6.0
非居民区		5.5	5.0
交通困难地区		4.5	4.0
至铁路轨顶		7.5	7.5
城市道路		7.0	6.0
至电车行车线		3.0	3.0
至通航河最高水位		6.0	6.0
不至通航河最高水位		3.0	3.0
至索道距离		2.0	1.5
人行过街桥	裸绞线	宜入地	
	绝缘线	4.0	3.0

5. 停电工作接地点设置

① 中低压绝缘线路上的变压器台架的一、二侧应设置停电工作接地点。

② 停电工作接地点处宜安装专用停电接地金具，用以悬挂接地线。

③ 下列部位应预留底线挂接口：

a）各种隔离开关（出站隔离开关、柱上断路器一侧或两侧隔离开关、用户进线隔离开关）的负荷侧；

b）柱上断路器前、后一基电杆处；

c）丁字杆、十字杆、断连杆、终端杆的弓子线处的一侧或两侧；

d）变压器台架母线上；

e）必要时，在线路主导线上安装专用地线环（分线环），铜地线环截面积应不小于 50 mm^2。

④ 挂接地线口施工工艺：

a）弓子线处的地线挂接口应设在紧靠线夹处；

b）隔离开关处的地线挂接口应设在引线弧垂最低点处；

c）分支 T 接杆的地线挂接口应设在分支引线弧垂最低点处；

d）断连杆，当中相为上翻弓子线时，应将其一端弓子线延长，使弓子线的线夹及地线挂接口处于线路主导线的下方；

e）地线挂接口宽度均为 20 mm，导线绝缘层的剥离端口处应包缠两层绝缘自粘带，防止导线进水、进潮；

f）相邻地线挂接口应错开 200 mm 及以上。

⑤ 线路主导线专用地线环安装：一般中相距横担 800 mm，边相距横担 500 mm。地线环除下端环裸露外，其余部分均应用绝缘自粘带包缠两层，其表层再缠绕一层具有憎水性能的自粘带。

7.3.3 架空配电线路运行与维护

为了掌握线路及其设备的运行情况，及时发现并消除缺陷与安全隐患，必须定期进行巡视与检查，确保配电线路安全、可靠、经济地运行。

1. 架空配电线路的巡视

架空配电线路的巡视

巡视也称为巡查或巡线，指巡线人员较为系统和有序地查看线路及其设备。巡视是线路及其设备管理工作的重要环节和内容，是保证线路及其设备安全运行的最基本工作，目的是及时了解和掌握线路健康状况、运行环境，检查有无缺陷或安全隐患，同时为线路及其设备的检修、消缺计划提供科学的依据。

1）巡视人员的职责

巡视人员是线路及其设备的卫士和侦察兵，要有责任心及一定的技术水平。巡视人员要熟悉线路及其设备的施工、检修工艺和质量标准，熟悉安全规程、运行规程及防护规程，能及时发现存在的设备缺陷及对安全运行有威胁的问题，做好保杆护线工作，保障配电线路的安全运行。

巡视人员主要承担以下职责：

① 负责所辖设备的安全、可靠运行，按照规程要求及时对线路及其设备进行巡视、检查和测试；

② 负责所辖设备的缺陷处理，发现缺陷时应及时做好记录并提出处理意见，发现重大缺陷和危及安全运行的情况时要立即向班长和部门领导汇报；

③ 负责所辖设备的绝缘监督、油化监督、负荷监督和防雷、防污监督等现场的日常工作等，负责建立健全所辖设备的各项技术资料，应做到及时、清楚、准确；

④ 负责所辖设备的维护。在班长和部门领导的领导下，积极参加故障巡查及故障处理。当线路发生故障时，巡视人员在接到寻找与排除故障点的任务后，要迅速投入到故障巡查及故障处理工作中。

2）巡视的种类

巡视可以分为定期巡视、特殊巡视、夜间巡视、故障巡视及监察性巡视几种。

（1）定期巡视

规程规定：城镇公用电网及专线每月巡视一次，郊区及农村线路每季至少巡视一次。

巡视人员按照规定的周期和要求对线路及其设备巡视检查，查看架空配电线路各类部件的状况、沿线情况及有无异常等，经常地全面掌握线路及其沿线情况。巡视的周期可根据线路及其设备实际情况、不同季节气候特点及不同时期负荷情况来确定，但不得少于相关规程的规定。配电线路巡视的季节性较强，不同季节在全面巡视的基础上有不同的侧重点。例如，雷雨季节到来之前，应检查处理绝缘子缺陷，检查并安装好防雷装置，检查、维护接地装置；高温季节到来之前，应重点检查导线接头、导线弧垂、交叉跨越导线间距离，必要时进行调整，以防止安全距离不满足要求；严冬季节，注意检查弧垂和导线覆冰情况，防止断线；大风季节到来之前，应在线路两侧剪除树枝、清理线路附近杂物等，检查加固杆塔基础及拉线；雨季前，对易受洪水冲刷或因挖地动土的杆塔基础进行加固；在易发生污闪事故的季节到来之前，应加强对线路绝缘子的测试、清扫、缺陷处理。

（2）特殊巡视

特殊巡视应根据需要进行，指的是在气候骤变、自然灾害等严重影响线路安全运行时所进行线路巡视。特殊巡视不一定对全线路都进行检查，只是对特殊线路或线路的特殊地段进行检查，以便发现异常现象并采取相应措施。特殊巡视的周期未做规定，可根据实际情况随时进行。大风巡线时，应沿着线路上风侧前进，以免触及断线。

（3）夜间巡视

夜间巡视至少在冬、夏季节各进行一次。在高峰负荷或阴雨天气时，检查导线各种连接点是否存在发热、打火现象，绝缘子有无闪络现象，因为这两种情况在夜间最容易观察到。夜间巡线应沿着线路外侧进行。

（4）故障巡视

故障巡视应根据需要进行，指的是巡视检查线路发生故障的地点及原因。无论线路断路器重合闸是否成功，均应在故障跳闸或发生接地事故后立即进行巡视。故障巡线时，应始终认为线路是带电的，即使明知该线路已经停电，也应认为线路随时有恢复送电的可能。巡线人员发现导线断落地面或悬吊在空中时，应该设法防止行人靠近断线地点 8 m 以内，并应迅速报告领导，等候处理。

（5）监察性巡视

对于重要线路和事故多的线路，每年至少进行一次监察性巡视。

巡视组由部门领导和线路专责技术人员组成。巡视中应了解线路和沿线情况，检查巡视人员的工作质量，指导巡视人员的工作。监察性巡视可结合春、秋季节安全大检查或高峰负荷期间进行，可全面巡视，也可以抽巡。

3）巡视管理

为了提高巡视质量和落实巡视维护责任，应设立巡视维护责任段和对应的责任人，由专人负责某个责任段的巡视与维护。

线路及其设备的巡视，必须设有巡视卡，巡视完毕后及时做好记录。巡视卡是检查巡视工作质量的重要依据，应由巡视人员认真填写，并由班长和部门领导签名同意。检查出的线路及其设备缺陷应认真记录，分类整理，制订方案，明确治理时间，及时安排专人消除线路及设备缺陷。此外，巡视人员应携带巡线手册（专用记事本），随时记录线路运行状况及发现的设备缺陷。

4）巡视内容

（1）查看沿线情况

① 查看线路上有无断落悬挂的树枝、风筝、衣物、金属物等杂物，防护地带内有无堆放的杂草、木材、易燃易爆物等。如果发现，应立即予以清除。

② 查明各种异常现象和正在进行的工程，如有可能危及线路安全运行的天线、井架、脚手架、机械施工设备等；在线路附近爆破、打靶及可能污染腐蚀线路及其设备的工厂；在防护区内土建施工、开渠挖沟、平整土地、植树造林、堆放建筑材料等；与公路、河流、房屋、弱电线路及其他与电力线路的交叉跨越距离是否符合要求。

③ 查看线路经过的地方是否存在电力线路与广播、电视、通信线相互搭挂和交叉跨越情况，是否采取防止强电侵入弱电线路的防范措施，线路下方是否存在线路对树木放电而引起的火烧山隐患。

如有发现，应采取措施予以清除，或及时书面通知有关单位停止建设、拆除。

（2）查看杆塔及部件情况

① 查看杆塔有无倾斜、地基有无下沉及是否雨水冲刷、裂纹及露筋情况。

② 检查标示的路线、名称及杆号是清楚正确。

【知识链接】

转角杆、直线杆至斜度不应大于 1.5%，转角杆不应向内角倾斜，终端杆不应向导线侧倾斜，向拉线侧倾斜应小于 200 mm，混凝土电杆不应有纵向裂纹，横向裂纹不应超过 1/3 周长，且裂纹宽度不应大于 0.5 mm。

③ 检查杆塔所处的位置是否合理，是否给交通安全、城市景观造成不便。

④ 查看横担是否锈蚀、变形、松动或严重歪斜，铁横担、金具锈蚀不应起皮和出现麻点。

【知识链接】

直线杆塔倾斜度：钢筋混凝土电杆 1.5%；钢管杆（塔）0.5%；角铁塔 0.5%（50 m 及以上）、1.5%（50 m 及以下高度铁塔）；杆塔横担 1.0%，钢管塔 0.5%。

（3）查看绝缘子情况

① 查看绝缘子是否脏污、闪络，是否有硬伤或裂纹，铁脚是否弯曲，铁件有无严重锈蚀。② 查看槽型悬式绝缘子的开口销是否脱出或遗失，大点销是否弯曲或脱出；球型悬式绝缘子的弹簧销子是否脱出；针式（或柱式、瓷横担）绝缘子的螺丝帽、弹簧垫是否松动或短缺，其固定铁脚是否弯曲或严重偏斜；瓷拉棒有否破损、裂纹及松动歪斜等情况。

（4）查看导线情况

① 查看导线有无断股、松动，弛度是否平衡，三根导线弛度应力是否一致。

② 查看导线接续、跳引线触头、线夹处是否存在变色、发热、松动、腐蚀等现象，各类扎线及固定处缠绕的铝包带有无松开、断掉等现象。

③ 巡线时一般用肉眼直接进行观察，若看不清楚，可用望远镜和红外线观测技术对有疑问的地方详细观察，直至得出可靠结论。

④ 检查引流线对邻相及对地（杆塔、金具、拉线等）距离是否符合要求：最大风偏时，10 kV 对地不小于 200 mm，线间不小于 300 mm；低压对地不小于 100 mm，线间不小于 150 mm。

（5）查看接户线情况

查看接户线与线路的接续情况。接户线的绝缘层应完整，无剥落、开裂等现象；导线不应松弛、破旧，与主线连接处应使用同一种金属导线，每根导线接头不应多于 1 个，且用同一型号导线连接。接户线的支持构架应牢固，无严重锈蚀、腐朽现象。绝缘子无损坏，线间距离、对地距离及交叉跨越距离应符合技术规程的规定。三相四线制低压接户线，在巡视好相线触头的同时，应特别注意零线触头是否完好。此外，还应注意接户线的增减情况。

（6）查看拉线情况

① 查看拉线有无松动、锈蚀、断股、张力分配不均等现象，拉线地锚有无松动、缺土及土壤下陷、雨水冲刷等情况，拉线桩、保护桩有无腐蚀、损坏等现象，线夹、花篮螺丝、连接杆、报箍、拉线棒是否存在腐蚀、松动等现象。

② 查看穿过引线、导线、接户线的拉线是否装有拉线绝缘子，拉线绝缘子对地距离是

否满足要求；拉线所处的位置是否合理，是否会给交通安全、城市景观造成不良影响或给行人造成不便；水平拉线与通车路面中心的垂直距离是否满足要求；拉线棒应无严重锈蚀、变形、损伤及上拔等现象；拉线基础应牢固，周围土壤无突起、沉陷、缺土等现象。

2. 架空配电线路的防护

配电线路及设备的防护应认真执行《电力法》《电力设施保护条例》《电力设施保护条例实施细则》的有关规定，做好保杆护线宣传工作，发动沿线有关部门和群众进行保杆护线工作，防止外力破坏，及时发现和消除设备缺陷。

对可能威胁线路安全运行的各种施工或活动，应进行劝阻或制止，必要时向有关单位和个人签发防护通知书。对于造成事故或电力设施损坏者，应按情节与后果，提请公安司法机关依法惩处。

配电线路维护人员对下列事项可先行处理，但事后应及时通知有关单位：

① 修剪超过规定界限的树木；

② 为处理电力线路事故或防御自然灾害，应修剪林区个别林木；

③ 清除可能影响供电安全的招牌或其他凸出物。

配电线路及其设备应有明显的标志，包括名称、编号、相序标志、安全警示标志等，它们是防护的工作内容之一。通常，配电线路的每基杆塔和变压器台应有名称和编号标志，每回馈线的出口杆塔、分支杆、转角杆，以及装有分段、联络、支线断路器、隔离开关的杆塔应设有相色标志，用黄、绿、红三色分别代表线路的 A、B、C 三相标志。柱上开关、开闭所、配电所（站、室）、箱式变压器、环网单元、分支箱的进出线应有名称、编号、相序标志。此外，配电线路还应设立安全警示标志和安全防护宣传牌，交通路口的杆塔或拉线有反光标志，当线路跨越通航江河时，应采取措施设立标志，防止船桅碰及线路。

3. 架空配电线路的检修

1）检修内容

架空配电线路检修的内容主要包括：清扫绝缘子，正杆、更换电杆、电杆加高（更换电杆或加铁帽子），修换横担、绝缘子、拉线，修换有缺陷的导线（详见导线、地线损伤造成强度损失或减少截面的处理），调整弛度（不应超过设计允许偏差的+6%），修接户、进户线，修变压器台架，变压器试验和更换，修补接地装置（接地引线），修剪树木，处理沿线障碍物，处理接点过热及烧损，以及各种开关、避雷器的轮换、试验和更换等。

架空配电线路预防性检查、维护内容及周期如表 7–18 所示。

表 7–18　架空配电线路预防性检查、维护内容及周期

序号	内容	周期
1	混凝土电杆缺陷情况检查	发现缺陷后定期巡视时检查 1 次
2	铁塔金属基础检查	5 年 1 次
3	铁塔和混凝土电杆钢圈刷油漆	根据油漆脱落情况确定
4	铁塔紧固螺栓	5 年 1 次
5	导线连接器的测量	根据负荷大小及巡视情况而定
6	线路金具的检查	检修时进行
7	绝缘子绝缘电阻测试	根据需要进行
8	防振器的检查	检修时进行

续表

序号	内容	周期
9	导线侧距的测量（弧度、对地距离、交叉跨越距离）	根据巡视的结果视需要而定，新建线路架设 1 年后需测量 1 次；投运后 3 个月内，每月应进行 1 次巡视，全面检查
10	接地装置的接地电阻测量	每 5 年至少 1 次

2）检修方法

检修方法如下：

① 正杆；

② 整拉线；

③ 调整导线弧垂；

④ 更换直线杆横担；

⑤ 更换终端杆横担；

⑥ 更换耐张杆绝缘子；

⑦ 更换耐张线夹；

⑧ 翻线与撤线；

⑨ 绝缘导线的修补与接续。

4. 常见故障及预防

架空配电线路常见的故障主要有电气性故障和机械性破坏故障两大类。

1）电气性故障及其预防

配电网在运行中经常发生的故障，大多数是短路故障，少数是断线故障，后者是我们最为忌讳的。

（1）短路故障

短路是指相与相之间或相与地之间的连接，它包括三相短路、三相接地短路、两相短路、两相接地短路和单相接地短路。短路的主要原因为相间绝缘或相对地绝缘被破坏，如绝缘击穿、金属连接等。

短路不仅在电气回路中产生很大的短路电流，诱发催生很大的热效应和电动力效应，从而损坏电气设备，而且短路会引起电力网络中电压下降，距离短路越近，电压降得越多，从而影响用户的正常供电。

① 单相短路。

单相短路指的是，线路一相的一点对地绝缘损坏，该相电流经由此点流入大地。单相接地是电气故障中出现概率最多的故障，它的危害主要在于使不接地的配电网三相平衡系统被打破，非故障相的电压升高为线电压，可能引起非故障相绝缘的破坏，从而发展为两相或三相短路接地。

造成单相接地的因素很多，如一相导线的断线落地、树枝碰及导线、跳线因风偏对杆塔放电、支持固定导线的绝缘子、避雷器的绝缘被击穿等。单相短路时，故障相的电流与综合阻抗的大小成反比。在中性点直接接地的系统中，变压器中性点接地越多，短路电流越大。

② 两相短路。

线路的任意两相之间造成直接放电称为两相短路。它将使通过导线的电流比正常时增大许多倍，并在放电点形成强烈的电弧，烧坏导线，造成中断供电。两相短路包括两相短路接地，比单相接地情况的危害要严重许多。两相短路的原因有混线、雷击、外力破坏等。

两相短路时，零序电流和零序电压为零，两故障相电流大小相等、方向相反，在故障点为故障相电压的两倍，方向正好相反。

③ 三相短路。

在线路同一地点的三相间直接放电称为三相短路。三相短路（包括三相短路接地）是线路上最严重的电气故障，不过它出现的机会较少。三相短路的原因有混线、线路带地线合闸、线路倒杆等。

（2）断线故障

断线不接地为断线故障，通常又称为缺相运行。它将使送电端三相有电压，受电端一相无电压，三相电动机无法运转。缺相运行的原因有保险丝熔断、跳线因接头接触不好而过热或烧断、开关某一相合闸不到位等。断线故障会危及设备的正常运行，若处理不及时则容易烧坏设备。

（3）电气性故障的预防

根据电气性故障发生的原因，可采取以下预防措施。

① 单相接地：及时清理线路走廊、修剪过高的树木、拆除危及安全运行的违章建筑，确保安全运行。

② 混线：调整弧垂、扩大相间距离、缩小挡距。

③ 外力破坏：悬挂安全标示牌、加强保杆护线的宣传、加强跟踪线路走廊的异常变化和工地施工的情况。

④ 雷击的预防：加装避雷器，降低接地电阻，降低雷击的损坏程度；启用重合闸功能，提高供电的可靠性。

⑤ 绝缘子击穿：选用合格的绝缘子，在满足绝缘配合的条件下提高电压等级和防污秽等级；加强绝缘子清扫。

2）机械性破坏故障及其预防

架空配电线路上的机械性破坏故障，常见的有倒杆、断杆，导线损伤或断线等。

（1）倒杆、断杆

倒杆是指电杆本身并未折断，但电杆的杆身已从直立状态倾倒，甚至完全倒落在地面。断杆是指电杆本身折断，特别是电杆的根部折断，杆身倒落地面。倒杆和断杆故障绝大多数会造成供电中断。

线路发生倒杆或断杆的主要原因有：电杆埋设深度不够，电杆强度不足，自然灾害（如大风或覆冰）使杆塔受力增加、基础下沉，防风拉线或承力拉线失去拉力作用，外力（如汽车）撞击等。

预防的措施：加强巡视，及时发现并消除缺陷，重点检查电杆（如有无裂纹或腐蚀）、基础及拉线情况，汛期和严冬要重点检查。对易受外力撞击的杆塔，应加警示标志，及时迁移。

（2）导线损伤或断线

导线损伤的原因包括：制造质量问题，安装问题，外力撞击（如开山炸石等），导线过热，雷击闪络，等等。预防的措施为：加强货物质量验收关、施工质量验收关，加强线路走廊的防护，加强线路的巡视。

导线断线的原因包括覆冰、雷击断线、接头发热烧断、导线的振动、安装问题、制造质量问题等。预防的措施为：及时跟踪调整弧垂，采取有效的防雷措施，加强导线接头的跟踪检查、安装防振锤等。

5. 故障抢修

配电线路发生事故时，应尽快查出事故地点和原因，清除事故根源，防止事故扩大；应采取措施，防止行人接近故障导线和设备（8 m 以内），避免发生人身事故；尽量缩小事故停电范围和减少事故损失，对已经停电的用户尽快恢复供电。

故障抢修的步骤如下：

① 馈线发生故障时，运行部门应立即通知抢修班组，并提供有助于查找故障点的相关信息；

② 抢修班组在接到由用户信息部门或运行部门传递来的故障信息后，履行事故应急抢修程序并迅速出动，尽快到达故障现场；

③ 故障现场的进一步检查及分析判断；

④ 故障段隔离及现场故障修复，同时给运行部门反馈事故原因、事故处理所需要的时间，便于与用电客户沟通；

⑤ 故障处理完成后，报告运行部门，拆除所有安全措施，恢复供电。

为便于迅速、有效地处理事故，运行部门应建立健全事故抢修组织，并提供有效的联系方式，制定大面积停电预案，做好演练。故障发生后，抢修班组应根据故障报修信息做好记录，迅速、准确地做出初步判断，确定查找故障点方案，尽快组织人员处理故障，对故障信息（故障报修次数、达到现场时间、故障处理时间、客户满意度等）进行统计、分析，不断持续改进和提高故障处理的速度和水平。

6. 线路故障检测设备

线路故障检测设备安装在配电线路中，用于直接对 10 kV 线路进行检测，是配电网自动化系统安全、可靠运行的组成部分。线路故障检测设备主要包括架空型、电缆型、面板型三种类型。

通信系统智能型的故障定位系统需要借助有效的通信手段，用于线路故障检测、设备与故障定位系统的信息交换。故障定位系统具有对线路故障检测设备进行实时状态监控、设备参数设置、故障定位、故障结果分析及判断等功能。它能够与其他电力生产、信息系统实现基于信息的数据交互。

任务 7.4　电缆线路的敷设、运行与维护

【任务描述】

本任务通过了解电缆线路的结构，掌握电缆线路的敷设方法，学会对一般故障点的查找，了解电缆线路的运行管理，能协助工程人员完成电缆线路的敷设、运行与维护工作。

【学习目标】

（1）了解电缆线路的结构和特点。

（2）掌握电缆线路的敷设方法。

（3）了解电缆线路的运行管理。

（4）学会对一般故障点的查找和处理。

7.4.1　工厂的电缆线路

1. 电缆的结构

电缆是一种特殊结构的导线，由线芯、绝缘层和保护层三部分组成，保护层包括外护层和内护层。电缆的剖面示意图如图 7–25 所示。

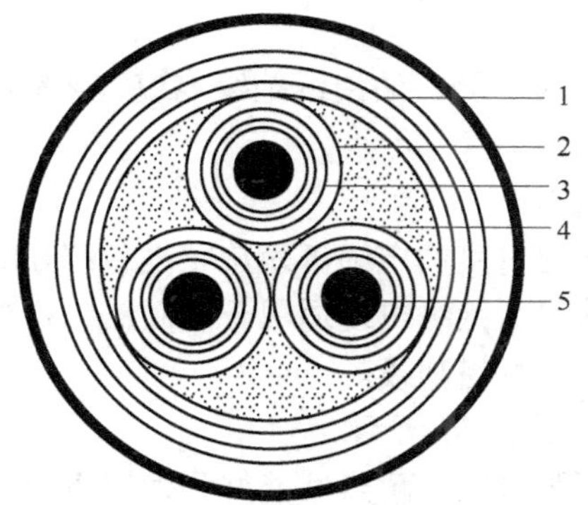

1—铅皮；2—缠带绝缘；3—线芯绝缘；4—填充物；5—线芯导体

图 7–25　电缆的剖面图

① 线芯。其导体要有好的导电性，以减少输电时线路上电能的损失。

② 绝缘层。其作用是将线芯导体和保护层隔离，必须具有良好的绝缘性能和耐热性能。油浸纸绝缘电缆以油浸纸作为绝缘层，塑料电缆以聚氯乙烯或交联聚乙烯作为绝缘层。

③ 保护层。保护层分内护层和外护层两部分。内护层直接用来保护绝缘层，常用的材料有铅、铝和塑料等。外护层用以防止内护层受到机械损伤和腐蚀，通常为由钢丝或钢带构成的钢铠，外覆沥青、麻被或塑料护套。

2. 电缆线路的作用

主要用于传输和分配电能。

3. 电缆线路的特点

1）优点

受外界因素（雷电、风害等）的影响小，供电可靠性高，不占路面，不碍观瞻，发生事故不易影响人身安全。在建筑或人口稠密的地方，特别是有腐蚀性气体和易燃、易爆的场所，不方便架设架空线路时，宜采用电缆线路。在现代化工厂和城市中，电缆线路已得到日益广泛的应用。

2）缺点

成本高，投资大，查找故障困难，工艺复杂，施工困难。

4. 电缆的种类

1）按线芯分类

按线芯数分，电缆分 5 类，各自适用场合如下：

① 单芯电缆：用于工作电流较大的电路、水下敷设的电路和直流电路。

② 双芯电缆：用于低压 TN–C、TT、IT 系统的单相电路。

③ 三芯电缆：用于高压三相电路、低压 IT 系统的三相电路和 TN–C 系统的两相三线电路、TN–S 系统的单相电路。

④ 四芯电缆：用于低压 TN–C 系统和 TT 系统的三相四线电路。

⑤ 五芯电缆：用于低压 TN–S 系统电路。

按线芯材料分，电缆分为铜芯和铝芯两类。控制电缆应采用铜芯，须耐高温、耐火，有易燃、易爆危险和剧烈震动的场合等也需要选择铜芯电缆。其他情况下，一般可选用铝芯电缆。

2）按绝缘材料分类

按绝缘材料分，电缆可分为 5 类：油浸纸绝缘电缆、塑料绝缘电缆、乙丙橡胶（EPR）电缆、低温电缆和超导电缆。

（1）油浸纸绝缘电缆

这类电缆的绝缘层是以一定宽度的电缆纸螺旋状地包绕在导电线芯上，经过真空干燥处理后用浸渍剂浸渍而成的。油浸纸绝缘电缆适用于多回路同杆架设杆塔。由于线路空间走廊限制，多回路架空线路需在同一杆塔架设。

油浸纸绝缘电缆的结构如图 7–26 所示。

油浸纸绝缘电缆具有耐压强度高、耐热性能好和使用寿命较长，且易于安装和维护等优点。但是它工作时其中的浸渍油会流动，因此其两端安装的高度差有一定的限制，否则电缆低的一端可能会因油压过大而使端头胀裂漏油，而高的一端则可能因油流失而使绝缘干枯，耐压强度下降，甚至击穿损坏。

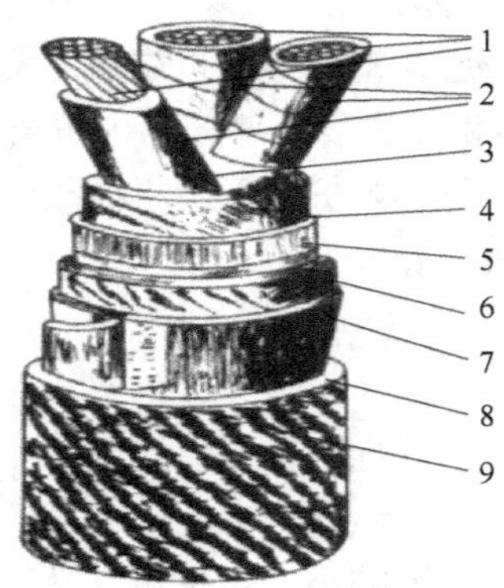

1—缆芯（铜芯或铝芯）；2—油浸纸绝缘层；3—麻筋（填料）；4—油浸纸（统包绝缘）；5—铅包；
6—涂沥青的纸带（内护层）；7—浸沥青的麻被（内护层）；8—钢铠（外护层）；9—麻被（外护层）

图 7–26 油浸纸绝缘电缆的结构

（2）塑料绝缘电缆

我国生产的塑料绝缘电缆有聚氯乙烯绝缘及护套电缆和交联聚乙烯绝缘聚氯乙烯护套

电缆两种，后者结构如图 7–27 所示。

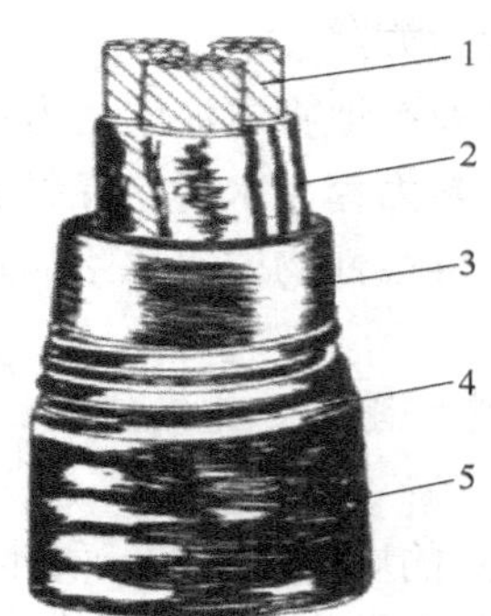

1—缆芯（铜芯或铝芯）；2—交联聚乙烯绝缘层；3—聚氯乙烯护套（内护层）；
4—钢铠或铝铠（外护层）；5—聚氯乙烯外套

图 7–27　交联聚乙烯绝缘电力电缆

特点：结构简单，成本低，制造加工方便，稳定性高，密度小，敷设安装方便，不受敷设高度差的限制，抗腐蚀性好。

缺点：塑料受热易老化变形。

（3）其他电缆

① 乙丙橡胶（EPR）电缆弹性好，性能稳定，防水防潮，一般用作低压电缆。

② 低温电缆和超导电缆是正在发展中的新型电缆。

3）按电压分

按电压分，电缆分为高压电缆和低压电缆。不同电缆用于不同的电压等级：聚氯乙烯电缆用于 1～6 kV 电压；聚乙烯电缆用于 1～400 kV 电压；交联聚乙烯电缆用于 1～500 kV 电压；乙丙橡胶电缆用于 1～35 kV 电压。

现在，在 35 kV 及以下电压等级，交联聚乙烯电缆已逐步取代了油浸纸绝缘电缆。

7.4.2　电缆的敷设

1. 电缆敷设的路径选择

电缆的路径选择，应符合下列规定：电力电缆线路要根据供电的需要，保证安全运行，便于维修，并充分考虑地面环境、土壤资源和地下各种道路设施的情况，以节约开支，便于施工等综合因素，确定一条经济合理的线路走向。具体要求如下：

① 节省投资，尽量选择最短距离的路径；

② 要结合远景规划选择电缆路径，尽量避开规划需要施工的地方；

③ 电缆路径尽量减少穿越各种管道、铁路和其他电力电缆的次数，在建筑物内要尽量减少穿越墙壁和楼层地板的次数；

④ 为了保证电缆的安全运行不受环境因素的损害，不能让电缆受到机械外力、化学腐蚀、震动、地热等影响；

⑤ 若道路一侧设有排水沟、瓦斯管、主送水管、弱电线路等，则电力电缆应敷设在道路的另一侧；

⑥ 电缆路径勘察确定后，须经当地主管部门同意后，方可进行施工。

以下处所不能选择电缆路径：

① 有沟渠、岩石、低洼存水的地方；

② 有化学物质腐蚀的土壤地带及有地中电流的地方；

③ 地下设施复杂的地方（如有热力管、水管、煤气管所）；

④ 存放或制造易燃易爆、化学腐蚀性物质等危险品处所。

2. 电缆构筑物选择

常用的电缆构筑物有电缆沟、电缆隧道、电缆排管、电缆直埋、电缆桥架等。

1）电缆沟

电缆沟是将电缆敷设在预先砌好的电缆沟中的一种电缆安装方式，一般用于电缆更换少的地方。电缆沟有室内电缆沟、室外电缆沟和厂区电缆沟之分，图 7–28 所示为电缆沟示意图及其敷设现场。电缆沟的大小由电缆的数量决定，制作电缆沟时沟壁应抹防水的砂浆，室外电缆沟应设置防水和排水的措施，在有可能流入熔化金属液体或损坏电缆外护套的地段不应设置电缆沟的入口。电缆沟敷设具有造价小、占地少、走向灵活且能容纳较多电缆等优点，缺点是盖板承压强度较差，检修维护不方便，容易积灰、积水。电缆的载流量比直埋的低。适用于不能直接埋入地下且无机动车负载的通道，如人行道、工厂内场地等。

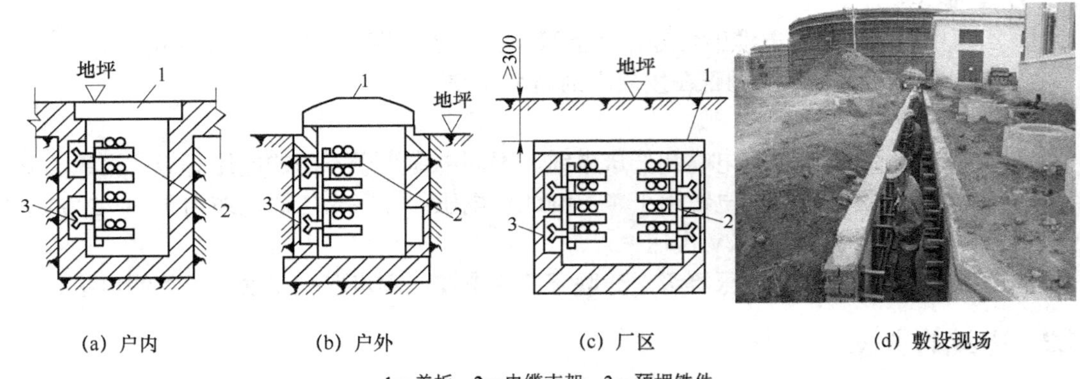

(a) 户内　(b) 户外　(c) 厂区　(d) 敷设现场

1—盖板；2—电缆支架；3—预埋铁件

图 7–28　电缆沟示意图及其敷设

2）电缆隧道

电缆隧道如图 7–29 所示，是将电缆敷设在地下隧道内的一种电缆安装方式，用于电缆线路较多和电缆线路路径不易开挖的场所（如过江隧道、机场跑道隧道）。隧道的高度、宽度除了满足容纳需要敷设电缆的数量外，还需要满足施工必要的场地要求，通常还有照明、排水、通风、防火措施及设备。

电缆隧道敷设具有方便施工、巡视、检修和更换电缆容易等较多优点；其缺点是投资大，隧道施工期长，且防火要求严格，耗材多，易积水。

3）电缆排管

电缆排管如图 7–30 所示，是将电缆敷设在预先埋设于地下的管子中的一种安装方式，通常用于交通频繁、城市地下走廊较为拥挤的地段。排管每达到一定长度应设置一座人井，两座人井间的距离决定于敷设电缆的允许牵引和地形。

图 7–29　电缆隧道

图 7–30　电缆排管

排管敷设的优点是土建工程一次完成，在同途径陆续敷设电缆时不必重复“开挖”道路，检修或更换电缆迅速、方便，不易受到外力机械损坏，能有效防火，敷设后保护性较好。缺点是土建工程投资较大，工期较长，施工复杂，电缆敷设、检修和更换不方便，且因散热不良需降低电缆载流量，而且如果排管中的电缆损坏，需要更换相邻人井间的整根电缆。

4）电缆直埋

直埋电缆是将电缆直接埋设地下 0.7 m 深以下的一种敷设方式，如图 7–31 所示。这是最经济、最简便的敷设方式，适用于电缆线路不太密集和交通不太频繁的城市地下走廊，如市区人行道、公园绿地及公共建筑间的边缘地带。先挖好电缆壕沟，沟底应平整，电缆上下应铺细沙，沙层的厚度不小于 100 mm，在细沙的覆盖层上盖砖或类似的保护层，保护层的宽度应超过电缆两侧各 50 mm，用土将沟填满时一般要高出地面 200 mm 左右。多根电缆并列直埋时，缆间水平净距离不应小于 100 mm；地中并排埋设的电缆，由于散热的原因，原允许载流量应适当降低。如埋设的电缆经过有化学腐蚀或地中有杂散电流的地段，应按腐蚀程度的不同，采用塑料护套或防腐型电缆。

(a) 直埋现场

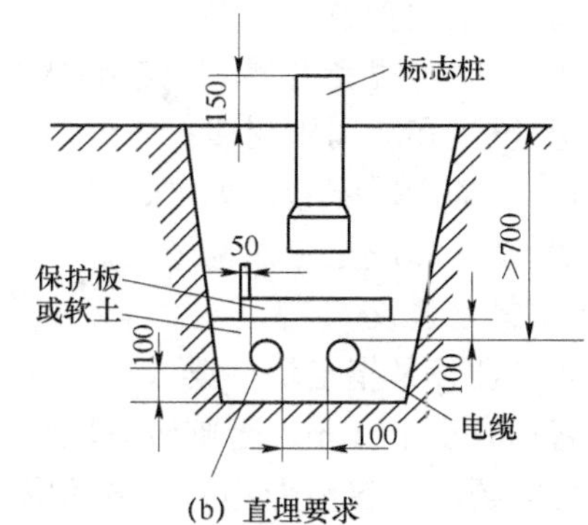

(b) 直埋要求

图 7–31　直埋电缆

它的优点是施工方便，施工时间短，投资省，散热条件好，载流量较大；缺点是容易受到机械外力损坏，更换电缆困难，容易受到周围土壤化学或电化学腐蚀。直埋敷设的电缆一般应选用铠装电缆，一般用于根数不多的地方。敷设的路径应竖立电缆位置的标志。

5）电缆桥架

电缆桥架如图 7–32 所示，它是将电缆敷设在建筑物内预先装设的电缆桥架的一种电缆安装方式，主要用在户内变电站、开关站、配电所。电缆桥架一般比电缆隧道有更大空间，因此其电缆支架可以不依附墙壁，并可按需要位置设立多层桥架，桥架四周及桥架之间备有通道，便于施工和运行维护。

图 7–32 电缆桥架

电缆桥架的主要优点是：

① 不存在积水问题，提高了电缆运行可靠性；

② 简化了地下设施，避免了与地下管道交叉碰撞；

③ 托架有工厂定型成套产品，可保证质量，外观整齐美观。

④ 可密集敷设大量控制电缆，有效利用空间；

⑤ 托架表面光洁，横向间距小，可敷设价廉的无铠装全塑电缆；

⑥ 封闭式槽架有利于防火、防爆和抗干扰。

但电缆桥架存在以下缺点：

① 施工、检修和维护均较困难；

② 与架空管道交叉多；

③ 架空电缆受外界火源影响概率较大；

④ 投资和耗用钢材多；

⑤ 设备尚需配套，如屏、柜，电动机需要上进线；

⑥ 设计和施工工作量较大。

6）架空敷设

架空敷设是指沿墙、梁或柱用支架或吊架架空敷设电缆。架空敷设的电缆与热力管道的净距离不应小于 1 m，否则应采取隔热措施。架空敷设结构简单，易于处理电缆和其他管线的交叉问题，但容易受热力管道的影响。

7）管道敷设

穿过墙壁、楼板、道路、铁路、引出建筑物的电缆，应加管道敷设，从电缆沟道引出至电杆或墙面的电缆，距地面 2 m 以下的一段应加管保护，室内各种电缆有可能受到机械损伤或操作人员容易触及的部位应加保护管。

3. 电缆敷设方式的选择

电缆敷设方式要因地制宜，不应强求统一，一般应根据电气设备位置、出线方式、地下水位高低及工艺设备布置等现场情况来决定。主厂房内一般为：

① 凡引至集控室的控制电缆宜架空敷设；

② 6 kV 电缆宜用隧道或排管敷设，地下水位较高处可架空或用排管敷设；

③ 当 380 V 电缆两端设备零米时，宜用隧道、电缆沟或排管敷设；当一端设备在上，另一端设备在下时，可部分架空敷设；当地下水位较高时，宜架空电缆；

④ 一般工程可参考表 7–19 选择敷设方式；

表 7–19　电缆敷设方式

车间名称	底层			运转层	
	6 kV 电缆	380 V 电缆	控制电缆	380 V 电缆	控制电缆
汽机房	隧道、电缆沟、排管、架空	隧道、电缆沟、架空、排管	隧道、架空、排管	架空	架空
锅炉房	隧道、排管	隧道、架空、排管	隧道、架空、排管	架空	架空
厂用配电室	隧道	电缆沟、隧道	隧道、电缆沟	夹层	夹层
户外高压配电装置	电缆沟、隧道	电缆沟、隧道、地面电缆沟槽	电缆沟、隧道、地面电缆沟槽		
户内高压配电装置	电缆沟、隧道	电缆沟、隧道	电缆沟、隧道	架空	架空
输煤系统	电缆沟、隧道	电缆沟、隧道	电缆沟	架空	架空
辅助车间	电缆沟	电缆沟	电缆沟	架空	架空
厂区及厂外	电缆沟、直埋	电缆沟、直埋	电缆沟、直埋		
控制室					夹层

⑤ 主厂房至主控室或网控室电缆一般用隧道，当有天桥相连时，尽可能在天桥下设电缆夹层；

⑥ 从隧道、电缆沟及托架引至电动机或起动设备的电缆，一般敷设于黑铁管或塑料管中；每管一般敷一根电力电缆，部分零星设备的小截面电缆允许沿墙用夹头固定；

⑦ 跨越公路、铁路等处的电缆可穿于排管或钢管中；

⑧ 至水源地及灰浆泵房的少量电缆允许直埋（但土壤中有酸、碱物或地中电流时，不宜直埋电缆），电缆数量较多时可用电缆沟或隧道；

⑨ 用架空线供电的井群，其控制、通信电缆可与架空线同杆架设；

⑩ 电缆之间、电缆与其他管道、道路、建筑物之间平行或交叉时的最小距离，可参考表 7–20 确定。

表 7–20　电缆之间、电缆与其他管道、道路、建筑物之间平行或交叉时的最小距离

项目		最小允许净距/m		项目		最小允许净距/m	
		平行	交叉			平行	交叉
电力电缆与控制电缆间	10 kV 及以下	0.1	0.5	电气化铁路路轨	交流	3.0	1.0
	10 kV 以上	0.25	0.5		直流	10.0	1.0
不同使用部门的电缆间		0.5	0.5	铁路路轨		3.0	1.0

续表

项目	最小允许净距/m		项目	最小允许净距/m	
	平行	交叉		平行	交叉
热管道及热力设备	2.0	0.5	公路	1.5	1.0
油管道	1.0	0.5	城市街道路面	1.0	0.7
可燃气体及液体管道	1.0	0.5	电杆基础（边线）	1.0	
其他管道	0.5	0.5	建筑物基础（边线）	0.6	
排水沟	1.0	0.5			

4. 电缆的选择

电缆敷设方式不同，选用的电缆型号也不同，具体如下：

① 直埋敷设应使用具有铠装和防腐层的电缆；

② 在室内、沟内和隧道内敷设的电缆，不应采用有黄麻或其他易燃外护层的铠装电缆，在确保无机械外力时可选用无铠装电缆；易发生机械振动的区域必须使用铠装电缆；

③ 水泥排管内的电缆应采用具有外护层的无铠装电缆；

④ 垂直敷设或在高度差大的地方敷设，应选用塑料电缆。

电缆直埋敷设，施工简单，投资省，电缆散热好，因此在电缆根数较少时应首先考虑采用。同一通路少于 6 根的 35 kV 及以下电力电缆，在厂区通往远距离辅助设施或城郊等不易有经常性开挖的地段，宜用直埋；在城镇人行道下较易翻修处或道路边缘，也可用直埋。厂区内地下管网较多的地段、可能有高温液体渍出的场所、待开发、将有较频繁开挖的地方，不宜直埋电缆；有化学腐蚀或杂散电流腐蚀的土壤范围中，不得采用直埋电缆。

5. 电缆敷设的一般要求

① 电缆在任何敷设方式及其在任何路径条件的上下、左右改变部位，都应满足电缆的弯曲半径要求。

② 电缆群敷设在同一通道中位于同侧的各层支架上时，应符合以下规定：应按电压等级由高至低的电力电缆、控制电缆、信号电缆和其他电缆的排列顺序排列。当水平通道中含有 35 kV 以上高压电缆，或为满足引入盘柜时弯曲半径的要求时，电缆敷设宜按“由下而上”的顺序，同一工程应按统一的排列顺序。支架层数受通道限制时，35 kV 及以下的相邻电压等级的电力电缆，可排列于同一层支架；1 kV 及以下电力电缆也可以与强电控制和信号电缆配置在同一层支架上；同一重要回路的工作电缆与备用电缆，需要耐火分隔时，宜适当配置在不同层次的支架上。

③ 同一层支架上，电缆排列配置应符合以下规定：控制和信号电缆可紧靠或多层叠置。除交流系统用单芯电力电缆的同一回路可采用品字形配置外，对重要的多根电力电缆不宜叠置。除交流系统用单芯电缆情况外，电力电缆间宜有 35 mm 空隙。

④ 并联使用的电力电缆的长度、型号、规格宜相同。

⑤ 电缆各支持点间的距离应符合规范和设计规定。

⑥ 电缆敷设时，电缆应从盘的上端引出，不应使电缆在支架或地面上摩擦拖拉。电缆不得有铠装压扁、电缆绞拧、护层折裂等未消除的机械损伤。

⑦ 并列敷设的电缆，其接头位置宜错开；明敷电缆的接头应该用托板托置固定；直

埋电缆接头盒外面，应有防止机械损伤的保护盒；位于冰土层内的保护盒，盒内宜注以沥青。

⑧ 标志牌的装，设应符合下列要求：在电缆终端头、电缆接头、拐弯处、夹层内、隧道及竖井的两端等地方，应装设标志牌。标志牌上应注明线路编号，无编号时应写明电缆型号、规格、始点和终点；并联使用的电缆应有顺序号。标志牌的字迹应清晰、不易脱落。标志牌应能防腐、挂装牢固。油浸纸绝缘电缆在切断后，应将端头立即铅封；塑料绝缘电缆应有可靠的防潮封端。

⑨ 电缆应埋设在建筑物的散水以外。

⑩ 电缆与道路、铁路交叉处应加管保护，保护管应伸出路基两侧各 1 m。

⑪ 非铠装电缆不准直接埋设。

⑫ 穿电缆用的缸瓦管、水泥管、陶瓷管的最小内径不应小于 100 mm。

⑬ 每根电缆应单独穿入一根管内，但是交流单芯电力电缆不得单独穿入钢管内。

⑭ 凡有金属外皮的电缆，其金属外皮和铠甲应可靠接地或接零。

⑮ 直埋地下的电力电缆，其地面上应设置明显的方位标志。

⑯ 电缆埋地时应呈蛇形，以防止地面变形使电缆受到拉伸。

6. 电缆安装前的准备工作

1）检查电缆安装土建工程

① 预埋件应符合设计要求，安装牢固。有遗漏、错误时，应及时纠正。有关电缆安装的电杆、钢索、卡子、支架等应符合设计要求，并验收合格。

② 电缆沟、隧道、竖井及人孔检查井等处的地坪及内部抹灰等工作已结束，且排水畅通。

③ 电缆沟、竖井、隧道等处的土建施工临时设施、模板及建筑废料等已清理干净，以利电缆的安装。施工现场道路畅通，盖板、井盖备齐。

④ 与电缆安装有关的建筑物、构筑物的土建工程已由质检部门验收，并且合格；敷设前必须详细阅读土建工程有关部位的图纸或询问土建施工员，否则不宜急于安装。

⑤ 检查电缆安装所要经过的路线有无障碍，如有则应排除。电缆所要经过的道路、建筑物的基础、电缆进户处应设有保护管，其管径、长度应符合要求，没有设置的应按要求设置。

2）电缆保护管的加工及敷设

电缆保护管应在配合土建中预埋，明装的则应在电缆安装前进行敷设，埋于室外地下的保护管则应在挖沟时敷设。电缆保护管的加工及敷设应按下列要求进行：

① 金属管不应有穿孔、裂缝、显著的凹凸不平及严重锈蚀，管子内壁应光滑、无毛刺。电缆管在弯制后不应有裂纹及明显的凹瘪现象，弯扁度一般不大于管外径的 10%，管口应做成喇叭形并打光，以防划伤电缆。

② 硬质塑料管不能用在温度过高或过低的场合。在受力较大处、易受机械损伤处直埋时，需用厚壁塑料管，必要时改用金属管。

③ 钢制电缆沟时，其内径不应小于电缆外径的 1.5 倍，混凝土管、陶土管、石棉水泥管，其内径不应小于 100 mm。常用钢制保护管的管径可按表 7–21 选择。

表 7–21　常用钢制保护管的管径选择

钢管直径/mm	三芯电力电缆截面积/mm²			四芯电缆截面积
	1 kV	6 kV	10 kV	
50	≤70	≤25		≤50
70	95～150	35～70	≤50	70～120
80	185	95～150	70～120	150～185
100	240	185～240	150～240	240

④ 电缆与铁路、公路、城市街道、厂区道路交叉时敷设的保护管，其两端应伸出道路路基两边各 2 m，伸出排水沟 0.5 m；在城市街道、厂区道路应伸出路面。保护管的埋深，凡是有车辆通过的应大于 1 m。敷设电缆前应将管口用适当的方法堵严。

⑤ 电缆管的弯曲半径应符合所穿入电缆最小弯曲半径的规定，每根管最多不超过三个弯，直角弯不应多于两个。

⑥ 利用金属管作保护接地线时，接头处要焊接跨接线，跨接线及管路与地线的连接应在未穿电缆前进行。

⑦ 敷设混凝土、陶土、石棉水泥材质的电缆管时，其沟内地基应坚实、平整，一般用三合土垫平夯实即可，通常应有不小于 0.1%的排水坡度；管内表面应光滑，连接时管孔要对正，接缝严密，以防水或泥浆渗入，一般用水泥砂浆抹严。

⑧ 支架的制作，钢材应平直且无明显弯曲，下料误差应在 5 mm 范围内，切口应无卷边、毛刺，焊接应牢固，无显著变形，各横撑间的垂直净距应符合设计要求，其偏差不应大于 2 mm。支架应做防腐处理，湿热、盐雾、化学腐蚀场所应做特殊防腐处理。

3）电缆展放的工具准备

展放电缆准备工作包括托辊的制作与布置、电缆就位、电缆盘支架的准备、敷设机具的准备、控制与信号系统的设置、施工组织及现场清理与检查等。

在牵引电缆的过程中，不允许电缆直接在地面上拖拉摩擦，除采用人力扛抬电缆外，可借助托辊的支撑作用进行电缆展放，这样既省力又方便。

（1）电缆弯曲半径的控制

电缆弯曲时，外侧被拉伸，内侧被挤压。由于电缆材料和电缆结构特性的原因，电缆承受弯曲有一定的限度。过度的弯曲，将造成绝缘和护套层的损伤，甚至使该段电缆完全破坏。电缆允许的最小弯曲半径如表 7–22 所示。

表 7–22　电缆允许的最小弯曲半径

项　目	单芯电缆		三芯电缆		110 kV 交联电缆
安装时电缆最小弯曲半径	无铠装	有铠装	无铠装	有铠装	
	20*D*	15*D*	15*D*	12*D*	25*D**
靠近连接盒和终端的电缆的最小弯曲半径（但弯曲要小心控制，如采用成型导板）	15*D*	12*D*	12*D*	10*D*	

注：*D* 为电缆直径，未标明电压等级的为 35 kV 及以下电力电缆.

*为 GB/T 11017.2—2014 中 4.4 条之规定。

（2）牵引力、侧压力和扭力的控制

牵引力是电缆敷设施工时为克服摩擦阻力，而作用在电缆被牵引方向的拉力。电缆导体的允许牵引力，一般取导体材料抗拉强度的 1/4，铜导体允许牵引力为 70 MPa，铝导体允许牵引力为 40 MPa。

侧压力是作用在电缆上与其导体呈垂直方向的压力：$P=T/R$，T 为牵引力；R 为弯曲半径。控制侧压力的重要性在于，一是避免电缆外护层遭受损伤；二是避免电缆在转弯处被压扁。允许侧压力的数值与电缆结构有关。有塑料外护套的电缆，为避免外护套在转弯处遭受刮伤，其允许侧压力规定为 3 kN/m。

扭力是受扭转应力作用而对电缆产生的一种旋转机械力。作用在电缆上的扭力，如果超过一定限度，可能造成电缆绝缘与护层的损伤，还会使电缆打成“小圈”。清除扭力方法如下：

① 在电缆牵引头前加装一个防捻器；

② 安装退扭装置。

7. 敷设电缆的注意事项

① 敷设电缆前应检查电缆的绝缘，6～10 kV 电缆用 2 500 V 摇表，摇测绝缘电阻应不小于 100 MΩ；3 kV 及以下电缆用 1 000 V 摇表，摇测绝缘电阻应不小于 50 MΩ。对绝缘有怀疑的电缆，应进行耐压试验，确认合格后方可敷设。

② 架设电缆盘时应注意电缆的缠绕方向，拉电缆时应使电缆从缆盘上方引出，以防电缆盘转动时发生电缆松散。放出来的电缆要由人拿着或放在滚动架上，电缆不能在地面或木架上摩擦。

③ 电缆敷设时，弯曲度不得小于其最小允许弯曲半径。在弯曲处，拉电缆的人应站在电缆所受合力的相反方向。

④ 高压电缆与低压电缆及控制电缆应分开排放，从上至下的排布顺序为从高压到低压，控制电缆在最下层。十字交叉处应尽量将电缆布置在底部或内侧，使外露部分排列整齐。

⑤ 电缆敷设时，在电缆终端头与电缆接头附近可留有备用长度，直埋电缆应在全长上留有少量裕度，并作波浪（蛇）形敷设。

⑥ 电缆敷设后应及时挂上标志牌，电缆两端、交叉点、拐弯处和进出建筑物点均应及时挂上标志牌。

⑦ 冬季电缆变硬，敷设时电缆绝缘易受损伤。因此，如果电缆存放地点在敷设前温度低于 0～50 ℃，应将电缆预先加热。预热的方法有两种：一种是用提高电缆周围环境温度的方法预热，当室温为 5～10 ℃时需三昼夜。25 ℃时需一昼夜。40 ℃时需 18 h。预热后的电缆应在 1 h 内敷设完。另一种是将电缆通以电流，使电缆本身发热。后者加热时间短，但要注意所加电流不应大于电缆的允许载流量。

⑧ 切断电缆时，应根据设备接线端子的位置，并考虑检修、防潮等需要，确定电缆断口的位置。为防松脱，要用铁丝将锯口两边扎好才开锯。电缆锯断后应对电缆头进行密封处理。

8. 电缆的敷设、安装

电缆的敷设、安装应严格遵守《电气装置安装工程　电缆线路施工及验收标准》（GB 50168—2018），并应由取得资格证书的、有实际工作经验的人员担任。

① 电缆敷设应采取符合要求的专用设备工具（如放线架、导轮），可采用端头牵引，机械输送，人工辅助引导的同步敷设方式。

② 敷设时及敷设后的电缆，其最大侧压力、最大牵引力、最小允许弯曲半径不得超过产品允许的规定值：

a）侧压力一般不大于 300 kg；

b）按有关规定，铜芯电缆的允许最大牵引力为 7 N/mm^2；铝芯电缆的允许最大牵引拉力按 4 N/mm^2 计；

c）电缆的最小弯曲半径能满足《额定电压 1 kV（U_m=1.2 kV）到 35 kV（U_m=40.5 kV）挤包绝缘电力电缆及附件 第 1 部分：额定电压 1 kV（U_m=1.2 kV）和 3 kV（U_m=3.6 kV）电缆》（GB/T 12706.1—2020）标准要求。

③ 电缆的敷设温度应不低于 0 ℃，若敷设现场环境温度低于 0 ℃，则应将电缆预热。经过加热的电缆应尽快敷设，当电缆冷却至低于 0 ℃时不得再弯曲。

④ 敷设时，应采取措施，防止发生电缆在地面、沟壁、管口、机具上的擦伤。一经发现，必须立即停敷。查出原因后加以排除，方可再进行敷设。

⑤ 敷设时，不允许扭曲，以免损伤电缆。如果造成扭曲，应顺着扭曲方向解除，不能用任何工具、物件敲击电缆，以防损伤电缆。为消除扭曲应力，电缆牵引头应加防捻器。成圈电缆，未用盘装的短段电缆，敷设时应顺着圆圈方向转动，不能强行拖放，以防止电缆发生扭曲。

⑥ 电缆采用直埋敷设时，埋深不得小于 700 mm（电缆表面上端距地面），沟底（必须有良好土层）平整，无硬质杂物，铺 100 mm 厚的细土或黄沙，电缆敷设好后，上面应加盖 100 mm 厚的细土或黄沙，再盖混凝土或砖等，宽度应超过电缆两侧各 50 mm。复土后，地面上还应装设路径标志。

⑦ 电缆应埋设于冻土层以下。当无法深埋时，应采取措施，防止电缆受到损坏。直埋电缆间、与各种设施平行或交叉的净距应符合有关规程规定。

⑧ 其他敷设方式参照规程有关规定。非铠装电缆不得直埋敷设。有腐蚀性的土壤未经处理不得直埋敷设，直埋电缆过道路时应加符合要求的保护管。

⑨ 安装 6～35 kV 电缆附件接头时，应严格按照电缆附件安装说明书作业，特别应注意外屏蔽与绝缘的剥离尺寸、清洁要求，以确保电缆与附件配合的完好性。

9. 电缆敷设安装竣工后的验收

应按标准做交接预防性试验，合格后方可投运。

10. 敷设场所的环境保护

在敷设及安装过程中，废弃物应收集处置，不得随意抛弃，不得影响周围的环境。

11. 运输和储存

① 电缆应避免在露天存放，电缆盘不允许平放。

② 运输中禁从高处扔下装有电缆的电缆盘，严禁机械损伤电缆。

③ 吊装包装件时，严禁几盘电缆同时吊装。在车辆、船舶等运输工具上，电缆盘必须放稳，并用合适的方法固定，防止互撞或翻倒。

12. 电力电缆工程的交接验收

① 电缆规格应符合规定；排列整齐，无机械损伤；标志牌应装设齐全、正确、清晰。

② 电缆的固定、弯曲半径、有关距离和单芯电力电缆的金属护套的接地、相序排列，应符合要求。

③ 电缆终端、电缆接头应安装牢固。

④ 接地应良好，护层保护器的接地电阻应符合设计。

⑤ 电缆终端的相色应正确，电缆支架等的金属部件防腐层应完好。

⑥ 电缆沟内应无杂物，盖板齐全，隧道内应无杂物，照明、通风、排水等设施应符合设计。

⑦ 直埋电缆路径标志，应与实际路径相符；路径标志应清晰、牢固、间距适当。

7.4.3　电缆线路常见故障及处理

1. 电缆发生运行故障时故障性质的判别

① 首先在电缆任一端用兆欧表测量 A 相对地、B 相对地及 C 相对地的绝缘电阻值，测量时另外两相不接地，以判断是否为接地故障。

② 测量各相间（A 相与 B 相、B 相与 C 相及 C 相与 A 相）的绝缘电阻，以判断有无相间短路故障。

③ 如果电阻很低，则用万用表测量各相对地的绝缘电阻和各相间的绝缘电阻。

2. 电缆本体导体烧断或拉断

① 直接受外力损伤，如牵引、运输、施工、起重、压力等使电缆导体断裂，造成电缆线路故障。

② 其他设备故障造成的损伤，如其他电力设备短路引发极大的短路电流，烧断电缆导体，引起线路故障。

③ 生产过程中或施工中的牵引不当，使电缆受力不均匀，造成电缆导体断裂。

④ 带有钢芯的导线，在绞合过程中，钢芯跳股使铝线受到过大的牵引力而导致断线。

⑤ 导体原材料本身存在缺陷。

3. 电缆本体绝缘被击穿

① 电缆本体绝缘存在缺陷，如杂质、最薄处达不到要求等。

② 设计、制造、施工中造成的缺陷，例如，设计上材料选型不能满足电压和电流的要求；生产环境（设施）、员工素质达不到要求导致操作失误所致；施工过程中的运输、吊装、牵引、安装中的磕碰导致绝缘损坏。

③ 绝缘受潮。绝缘受潮会导致绝缘老化而被击穿。绝缘受潮的主要原因如下：

a）外力损伤或自然现象造成电缆损伤，而后使绝缘受潮；

b）摩擦损伤，如斥力、热胀冷缩等，日久使绝缘受潮；

c）生产过程中受潮，如冷却、封头、针孔、裂缝、腐蚀、水浸等；

d）绝缘老化变质；

e）由于运行故障有发生断线的可能（特别是控制电缆），所以应进行导体连续性是否完好的检查；

f）分相屏蔽型电缆，一般均为单相接地故障，应分别测量每相对地的绝缘电阻。当发生两相短路故障时，一般可按两个接地故障考虑，在实际运行中也常发生在不同的两点同时发生接地的“相间”短路故障。

4. 电缆线路常见故障的处理方法

① 电缆受潮部分、绝缘受到损伤或过热碳化部分应锯除，并做好接头。

② 电缆护套存在轻微缺陷或受到一般损伤，可以采取措施进行修补。修补后应保持良

好的密封性能。

③ 电缆护套裂缝使填充材料局部受潮的，应先采取干燥措施，然后才能对电缆护套进行修补。

④ 110 kV 级及以上电压等级的电缆护套修补后，应补涂相应的导电石墨层。

任务 7.5 车间线路的敷设、运行与维护

【任务描述】

通过了解车间线路的结构、敷设方法及要求等。为从事车间线路安装、运行与维护工作打基础。

【学习目标】

（1）了解车间线路常用导线及敷设方式的相关知识。

（2）会为车间线路选择合适的导线。

（3）会进行车间线路敷设。

（4）会进行车间线路故障检修。

7.5.1 车间线路导线的选择

车间配电线路所使用的导线多为绝缘导线，少数情况下用电缆，也可用封闭型母线或裸导线。

1. 绝缘导线

绝缘导线按线芯材料分，有铜芯和铝芯两种。一般应优先采用铝芯导线。但在易燃、易爆或其他有特殊要求的场所应采用铜芯绝缘导线。

绝缘导线按其外皮的绝缘材料分，有橡皮绝缘和塑料绝缘两种。塑料绝缘导线绝缘性能良好，且价格较低，在户内明敷或穿管敷设时可取代橡皮绝缘导线。但塑料绝缘在高温时易软化，在低温时又变硬、变脆，故不宜在户外使用。

2. 裸导线和封闭型母线

车间内常用的裸导线为 LMY 型硬铝母线。在干燥、无腐蚀性气体的高大厂房内，当工作电流较大时，可采用 LMY 型硬铝母线作载流干线。按规定，裸导线 A、B、C 三相涂漆的颜色分别对应为黄、绿、红三色。

车间内的吊车滑触线通常采用角钢，但新型安全滑触线的载流导体则为铜排，且外面有保护罩。

车间配电线路中还有一种封闭型母线（插接式母线），适用于设备布置均匀、紧凑而又需要经常调整位置的场合。

7.5.2 车间动力电气平面布线图

在建筑平面图上，按国家标准和电气设备的安装位置、敷设方式、路径绘制的电气布置图，叫电气平面布线图。

车间动力电气平面布线图是表示供电系统对车间动力设备配电的电气平面布线图。它反

映动力线路的敷设位置、敷设方式、导线穿管种类、线管管径、导线截面及导线根数，同时还反映各种电气设备及用电设备的安装数量、型号及相对位置。

部分电力设备的标注方法如表 7–23 所示。

表 7–23　部分电力设备的标注方法

标注对象	标注方法	说　明	示　例
用电设备	$\frac{a}{b}$	a：设备编号或设备位号 b：额定容量（单位为 kW 或 kVA）	$\frac{21}{55}$ 21 号设备，容量为 55 kW
概略图（系统图）电气柜（柜、屏）	–a+b/c	a：设备种类代号 b：设备安装位置代号 c：设备型号	–AP1+B6/XL21–15
平面图（布置图）电气箱（柜、屏）	–a	a：设备种类代号；前缀“–”可省	–AP1
照明、安全、控制变压器	a–b/c–d	a：设备种类代号 b/c：一次电压/二次电压 d：额定容量	TL1–220/36V–500VA
照明灯具	$a-b\frac{c*d*L}{e}f$	a：灯数 b：型号或编号（无则省略） c：每盏灯具的灯泡数 d：灯泡安装容量 e：灯泡的安装高度 “——”表示吸顶灯安装 f：安装方式 L：光源种类	$5-BYS80\frac{3*36*fL}{3.5}CS$ 5 盏 BYS80 型灯具，灯管为 3 根 36 W 荧光灯管，吊链安装，距地 3.5 m
线路	ab–c(d*e+f*g) i–jh	a：线缆编号 b：型号或编号（无则省略） c：线缆根数 d：电缆线芯数 e：线芯截面（单位为 mm^2） f：PE、N 线芯数 g：线芯截面 i：线缆敷设方式 j：线缆敷设部位 h：线缆敷设安装高度	WP201–YJ–0.6/1kV–2(3*150+70+PE70)SC–WS3.5 电缆号为 WP201，电缆型号规格为 YJ–0.6/1kV–2(3*150+70+PE70)，2 根电缆并联使用，敷设方式为穿 DN80 焊接钢管沿墙明敷，距地 3.5 m
电缆桥架	$\frac{a*b}{c}$	a：电缆桥架宽度（单位为 mm） b：电缆桥架高度（单位为 mm） c：电缆桥架安装高度（单位为 mm）	$\frac{600A*150}{3.5}$
断路器整定值	$\frac{a*c}{b}$	a：脱扣器额定电流 b：脱扣器整定电流（脱扣器额定电流乘以整定倍数） c：短延时整定时间（瞬时不标注）	$\frac{500A*0.2s}{500A*3}$ 断路器脱扣器额定电流为 500 A，动作整定值为 500 A×3，短延时整定时间为 0.2 s

电力线路敷设方式的文字代号如表 7–24 所示。

表 7–24　电力线路敷设方式的文字代号

敷设方式	汉语拼音代号	敷设方式	汉语拼音代号
明　敷	M	用卡钉敷设	QD
暗　敷	A	用槽板敷设	CB
用钢索敷设	S	穿焊接钢管敷设	G
用瓷瓶或瓷珠敷设	CP	穿电线管敷设	DG
用瓷夹板或瓷卡敷设	CJ	穿塑料管敷设	VG

电力线路敷设部位的文字代号如表 7–25 所示。

表 7–25 电力线路敷设部位的文字代号

敷设部位	汉语拼音代号	敷设部位	汉语拼音代号
沿梁下弦 沿柱 沿墙	L Z Q	沿天花板（顶棚） 沿地板	P D

部分电力设备的文字符号如表 7–26 所示。

表 7–26 部分电力设备的文字符号

设备名称	文字符号	设备名称	文字符号
交流（低压）配电屏	AA	高压开关柜	AH
控制（箱）柜	AC	照明配电箱	AL
并联电容器屏	ACC	动力配电箱	AP
直流配电屏 直流电源柜	AD	插座箱 电能表箱	AX AW
空气调节器	EV	电压表箱	PV
蓄电池	GB	电力变压器	T,TM
柴油发电机	GD	插头	XP
电流表	PA	插座	XS
有功电能表	PJ	信息插座	XTO
无功电能表	PJR	端子板	XT

部分安装方式的文字符号如表 7–27 所示。

表 7–27 部分安装方式的文字符号

线路敷设方式的标注		导线敷设部位的标注	
敷设方式	英文代号	敷设方式	英文代号
穿焊接钢管敷设	SC	沿梁或跨（屋架）敷设	AB
穿电线管	MT	暗敷在梁内	BC
穿硬塑料管敷设	PC	沿或跨柱敷设	AC
穿阻燃半硬 聚氯乙烯管敷设	FPC	暗敷在柱内 沿墙面敷设	CLC WS
电缆桥架敷设	TC	暗敷在墙内	WC
金属线槽敷设	MR	沿天棚或顶板面敷设	CC
塑料线槽	PR	暗敷在屋面或顶板内	CE
钢索敷设	M	吊顶内敷设	SCE
直埋敷设	DB	地板或地面下敷设	F
电缆沟敷设	TC		
混凝土排管敷设	CE		

图 7–33 所示是某机械加工车间（局部）动力电气平面布线图。

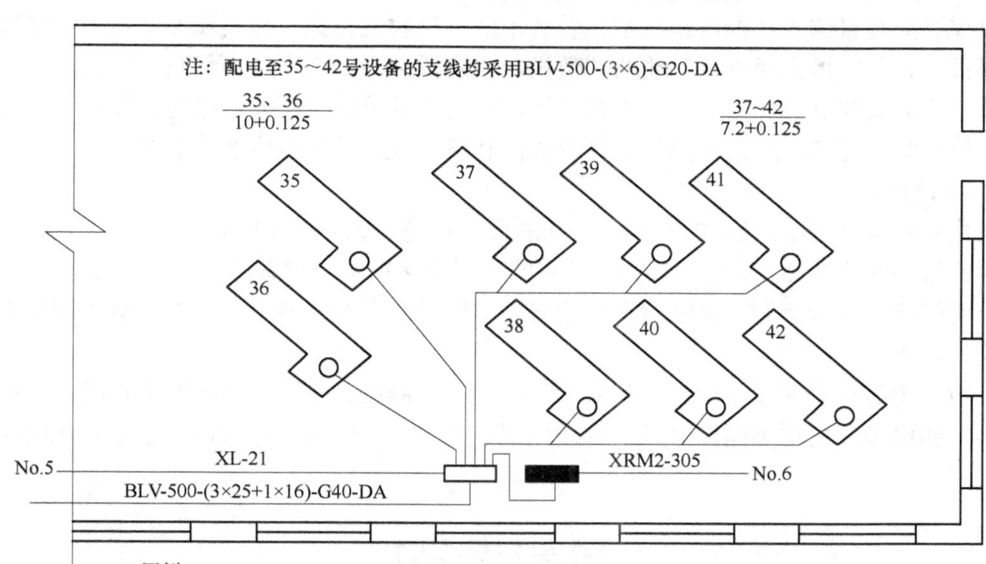

图 7–33　某机械加工车间（局部）动力电气平面布线图

7.5.3　车间电力线路的敷设

1. 车间电力线路常用的敷设方式

车间电力线路常用的敷设方式有明敷和暗敷两种。具体敷设方法包括：用瓷夹板、瓷珠或瓷瓶等沿墙明敷，用槽板在墙、吊顶等明敷、暗敷，穿塑料管明敷或暗敷，穿钢管明敷或暗敷，直敷布线，沿竖井敷设，沿电缆沟敷设，沿电缆桥架敷设等。车间电力线路敷设方式示意图如图 7–34 所示。

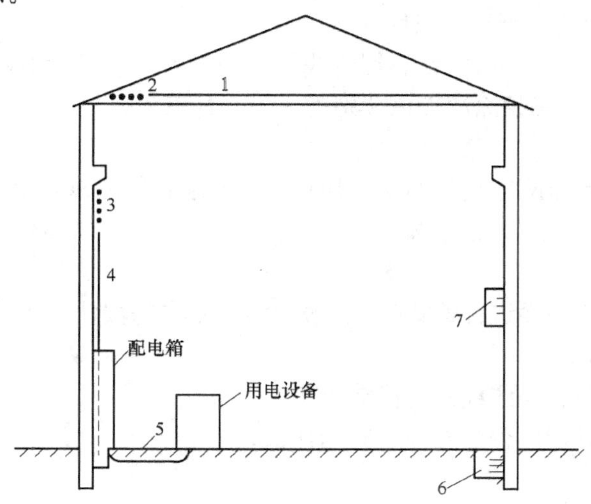

1—沿屋架横向明敷；2—跨屋架纵向明敷；3—沿墙或沿柱明敷；4—穿管明敷；

5—地下穿管暗敷；6—地沟内敷设；7—封闭式母线（插接式母线）

图 7–34　车间电力线路敷设方式示意图

2. 电缆桥架敷设的特点

电缆桥架是目前工厂配电线路中比较常用的一种敷设方式，它实际上就是金属线槽的另一种形式。金属线槽常用于照明线路的敷设，电缆桥架则多用于动力线路的敷设。

桥架安装完成后，从 APO 配电箱开始，将设计要求的导线放入电缆桥架内。导线在桥架内不能拉紧和打结，应为自然弯曲、放松的状态。放入导线后应盖上盖板。

3. 敷设规程

线槽中载流导线不宜超过 30 根，导线总面积不超过线槽的 20%。

穿钢管的交流线路（大于 25 A），应将同一回路穿在同一钢管内。

照明回路可以几个回路同时穿入一个管内，但导线根数不应多于 8 根，穿管面积不超过内截面的 40%。

一般一个防火分区设 1～2 个竖井，约 2 000～3 000 m^2 设置一个带竖井的配电小间。

强、弱电竖井配电小间应分开。若弱电线路不多，可以与强电合用，但相互之间应保持一定距离。

思考与练习 7

一、填空题

1. 电缆由（　　　）、（　　　）和（　　　）三部分组成。

2. 绝缘导线按线材分，有（　　　）和（　　　）两种。

二、判断题

（　　）1. 放射式供电比树干式供电的可靠性高。

（　　）2. 环式接线正常运行时一般均采用闭环运行方式。

（　　）3. 塑料绝缘导线绝缘性能好，价低，适宜在户外使用。

三、选择题

1. 10 kV 及以下架空线路上多采用（　　）。

A. 铝绞线　　B. 钢芯铝绞线　　C. 铜绞线

2. 裸导线 A、B、C 三相涂漆颜色分别为（　　）三色。

A. 黄、绿、红　　B. 红、绿、黄　　C. 黄、红、绿

3. 设计线路时，高压配电线路的电压损耗一般不超过线路额定电压的（　　）。

A. 10%　　B. 8%　　C. 5%

四、简答题

1. 在对导线和电缆截面进行选择时，一般动力线路宜先按什么条件选择？照明线路宜先按什么条件选择？为什么？

2. 试比较架空线路和电缆线路的优缺点。

3. 采用钢管穿线时，可否分相穿管？为什么？

附录 A　电工作业常用数据表

电工作业常用数据，如表 A–1～A–6 所示。

表 A–1　橡皮绝缘电线明敷的载流量（θ_N=65 ℃）　　单位：A

截面/mm²	铝芯（BLX、BLXF 型）				铜芯（BX、BXF 型）			
	25 ℃	30 ℃	35 ℃	40 ℃	25 ℃	30 ℃	35 ℃	40 ℃
1					21	19	18	16
1.5					27	25	23	21
2.5	27	25	23	21	35	32	30	27
4	35	32	30	27	45	42	38	35
6	45	42	38	35	58	54	50	45
10	65	60	56	51	85	79	73	67
16	85	79	73	67	110	102	95	87
25	110	102	95	87	145	135	125	114
35	138	129	119	109	180	168	155	142
50	175	163	151	138	230	215	198	181
70	220	206	190	174	285	266	246	225
95	265	247	229	209	345	322	298	272
120	310	289	268	245	400	374	346	316
150	360	336	311	284	470	439	406	371
185	420	392	363	332	540	504	467	427
240	510	476	441	403	660	617	570	522

注：目前 BLXF 型铝芯只生产 2.5～185 mm² 规格，BXF 型铜芯只生产小于 95 mm² 规格。

表 A–2　固定敷设的导线最小芯线截面

敷设方式	绝缘子支持点间距/m	导体最小截面/mm²	
		铜导体	铝导体
裸导体敷设在绝缘子上		10	16
绝缘导体敷设在绝缘子上	≤2	1.5	10
	2～6	2.5	10
	6～16	4	10
	16～25	6	10
绝缘导体穿导管敷设或在槽盒中敷设		1.5	10

注：绝缘子支持点间距含上限。

表 A–3 500 V 铜芯绝缘导线长期连续负荷允许载流量表

	线芯结构			导线明敷设				橡皮绝缘导线多根同穿在一根管内时允许负荷电流/A												塑料绝缘导线多根同穿在一根管内时允许负荷电流/A											
导线截面	股数	单芯	成品	25 ℃		30 ℃		25 ℃						30 ℃						25 ℃						30 ℃					
		直径	外径	橡皮	塑料	橡皮	塑料	穿金属管			穿塑料管			穿金属管			穿塑料管			穿金属管			穿塑料管			穿金属管			穿塑料管		
mm²	根	mm	mm					2根	3根	4根	2根	3根	4根	2根	3根	4根	2根	3根	4根	2根	3根	4根	2根	3根	4根	2根	3根	4根	2根	3根	4根
1	1	1.13	4.4	21	19	20	18	15	14	12	13	12	11	14	13	11	12	11	10	14	13	11	12	11	10	13	12	10	11	10	9
1.5	1	1.37	4.6	27	24	25	20	20	18	17	17	16	14	19	17	16	16	15	13	19	17	16	16	15	13	18	16	15	15	14	12
2.5	1	1.76	5	35	32	33	30	28	25	23	25	22	20	26	23	22	23	21	19	26	24	22	24	21	19	24	22	21	22	20	18
4	1	2.24	5.5	45	42	42	39	37	33	30	33	30	25	35	31	28	31	28	24	35	31	28	31	28	25	33	29	26	29	26	23
6	1	2.73	6.2	58	55	54	51	49	43	39	43	38	34	46	40	36	40	36	32	47	41	37	41	36	32	44	38	35	38	34	30
10	7	1.33	7.8	85	75	79	70	68	60	53	59	52	46	64	56	50	55	49	43	65	57	50	56	49	44	61	53	47	52	46	41
16	7	1.68	8.8	110	105	103	98	86	77	69	76	68	60	80	72	65	71	64	56	82	73	65	72	65	57	77	68	61	67	61	53
25	7	2.11	10.6	145	138	135	128	113	100	90	100	90	80	106	94	84	94	84	75	107	95	85	95	85	75	100	89	80	89	80	70
35	7	2.49	11.8	180	170	168	159	140	122	110	125	110	98	131	114	103	117	103	92	133	115	105	120	105	93	124	107	98	112	98	87
50	19	1.81	13.8	230	215	215	201	175	154	137	160	140	123	163	144	128	150	131	115	165	146	130	150	132	117	154	136	121	140	123	109
70	19	2.14	16	285	265	266	248	215	193	173	195	175	155	201	180	162	182	163	145	205	183	165	185	167	148	192	171	154	173	156	138
95	19	2.49	18.3	345	320	322	304	260	235	210	240	215	195	241	220	197	224	201	182	250	225	200	230	205	185	234	210	187	215	192	173
120	37	2.01	20	400	375	374	350	300	270	245	278	250	227	280	252	229	260	234	212	285	266	230	265	240	215	266	248	215	248	224	201
150	37	2.24	22	470	430	440	402	340	310	280	320	290	265	318	290	262	299	271	248	320	295	270	305	280	250	299	276	252	285	262	234
185				540	490	504	458	385	355	320	360	330	300	359	331	299	336	308	280	380	340	300	355	375	280	355	317	280	331	289	261

注：（1）导电线芯最高允许温度+65 ℃；（2）25 mm² 及以上铜芯导线穿管时应用。

表 A–4 三相线路导线和电缆单位长度每相阻抗值

类别			导线（线芯）截面积/mm²													
			2.5	4	6	10	16	25	35	50	70	95	120	150	185	240
导线类型		导线温度/℃	每相电阻/（Ω/km）													
LJ		50					2.07	1.33	0.96	0.66	0.48	0.36	0.28	0.23	0.18	0.14
LGJ		50							0.89	0.68	0.48	0.35	0.29	0.24	0.18	0.15
绝缘导线	铜芯	50	8.40	5.20	3.48	2.05	1.26	0.81	0.58	0.40	0.29	0.22	0.17	0.14	0.11	0.09
		60	8.70	5.38	3.61	2.12	1.30	0.84	0.60	0.41	0.30	0.23	0.18	0.14	0.12	0.09
		65	8.72	5.43	3.62	2.19	1.37	0.88	0.63	0.44	0.32	0.24	0.19	0.15	0.13	0.10
	铝芯	50	13.3	8.25	5.53	3.33	2.08	1.31	0.94	0.65	0.47	0.35	0.28	0.22	0.18	0.14
		60	13.8	8.55	5.73	3.45	2.16	1.36	0.97	0.67	0.49	0.36	0.29	0.23	0.19	0.14
		65	14.6	9.15	6.10	3.66	2.29	1.48	1.06	0.75	0.53	0.39	0.31	0.25	0.20	0.15

续表

类别			导线（线芯）截面积/mm^2													
			2.5	4	6	10	16	25	35	50	70	95	120	150	185	240
导线类型		导线温度/℃	每相电阻/（Ω/km）													
电力电缆	铜芯	55					1.31	0.84	0.60	0.42	0.30	0.22	0.17	0.14	0.12	0.09
		60	8.54	5.34	3.56	2.13	1.33	0.85	0.61	0.43	0.31	0.23	0.18	0.14	0.12	0.09
		75	8.98	5.61	3.75	3.25	1.40	0.90	0.64	0.45	0.32	0.24	0.19	0.15	0.13	0.10
		80					1.43	0.91	0.65	0.46	0.33	0.24	0.19	0.15	0.13	0.10
	铝芯	55					2.21	1.41	1.01	0.71	0.51	0.37	0.29	0.24	0.20	0.15
		60	14.38	8.99	6.00	3.60	2.25	1.44	1.03	0.72	0.51	0.38	0.30	0.24	0.20	0.16
		75	15.13	9.45	6.31	3.78	2.36	1.51	1.08	0.76	0.54	0.41	0.31	0.25	0.21	0.16
		80					2.40	1.54	1.10	0.77	0.56	0.41	0.32	0.26	0.21	0.17
绝缘导线	明敷	100	0.327	0.312	0.300	0.280	0.265	0.251	0.241	0.229	0.219	0.206	0.199	0.191	0.184	0.178
		150	0.353	0.338	0.325	0.306	0.290	0.277	0.266	0.251	0.242	0.231	0.223	0.216	0.209	0.200
	穿管敷设		0.127	0.119	0.112	0.108	0.102	0.099	0.095	0.091	0.087	0.085	0.083	0.082	0.081	0.080

表 A–5　裸铝绞线的电阻和电抗

导线型号	电阻/（Ω/km）	线间几何均距/m									
		0.6	0.8	1.0	1.25	1.50	2.00	2.50	3.00	3.50	4.00
		电抗/（Ω/km）									
LJ–16	1.847	0.356	0.377	0.391	0.405	0.416	0.434	0.448	0.459		
LJ–25	1.188	0.345	0.363	0.377	0.391	0.402	0.421	0.435	0.448		
LJ–35	0.854	0.336	0.352	0.366	0.380	0.391	0.410	0.424	0.435	0.445	0.453
LJ–50	0.593	0.325	0.341	0.355	0.369	0.380	0.398	0.413	0.423	0.433	0.441
LJ–70	0.424	0.312	0.33	0.344	0.358	0.370	0.388	0.399	0.410	0.420	0.428
LJ–95	0.317	0.302	0.32	0.344	0.348	0.360	0.378	0.390	0.401	0.411	0.419
LJ–120	0.253	0.295	0.313	0.327	0.341	0.352	0.371	0.382	0.393	0.403	0.411
LJ–150	0.200	0.288	0.305	0.319	0.333	0.345	0.363	0.377	0.388	0.398	0.406
LJ–185	0.162	0.281	0.299	0.313	0.327	0.339	0.356	0.371	0.382	0.392	0.400
LJ–240	0.125	0.273	0.291	0.305	0.319	0.330	0.348	0.362	0.374	0.383	0.392
LGJ–16	1.926			0.387	0.401	0.412	0.43	0.444	0.456	0.466	0.474
LGJ–25	1.286			0.374	0.388	0.400	0.418	0.432	0.443	0.453	0.461
LGJ–35	0.796			0.359	0.373	0.385	0.403	0.417	0.429	0.438	0.446
LGJ–50	0.609			0.351	0.365	0.376	0.394	0.408	0.420	0.429	0.437
LGJ–70	0.432					0.364	0.382	0.396	0.408	0.417	0.425
LGJ–95	0.315					0.353	0.371	0.385	0.397	0.406	0.414
LGJ–120	0.255					0.347	0.365	0.379	0.391	0.400	0.408
LGJ–150	0.211					0.340	0.358	0.372	0.384	0.398	0.401

续表

导线型号	电阻/（Ω/km）	线间几何均距/m									
		0.6	0.8	1.0	1.25	1.50	2.00	2.50	3.00	3.50	4.00
		电抗/（Ω/km）									
LGJ–185	0.163							0.365	0.377	0.386	0.394
LGJ–240	0.130							0.357	0.369	0.378	0.386

表 A–6　500 V 铜芯绝缘导线长期连续负荷允许载流量

	线芯结构			导线明敷设				橡皮绝缘导线多根同穿在一根管内时允许负荷电流/A												塑料绝缘导线多根同穿在一根管内时允许负荷电流/A											
导线	股	单芯	成品	25 ℃		30 ℃		25 ℃						30 ℃						25 ℃						30 ℃					
截面		直径	外径	橡皮	塑料	橡皮	塑料	穿金属管			穿塑料管			穿金属管			穿塑料管			穿金属管			穿塑料管			穿金属管			穿塑料管		
mm^2	根	mm	mm					2根	3根	4根	2根	3根	4根	2根	3根	4根	2根	3根	4根	2根	3根	4根	2根	3根	4根	2根	3根	4根	2根	3根	4根
1	1	1.13	4.4	21	19	20	18	15	14	12	13	12	11	14	13	11	12	11	10	14	13	11	12	11	10	13	12	10	11	10	9
1.5	1	1.37	4.6	27	24	25	20	20	18	17	17	16	14	19	17	16	16	15	13	19	17	16	16	15	13	18	16	15	15	14	12
2.5	1	1.76	5	35	32	33	30	28	25	23	25	22	20	26	23	22	23	21	19	26	24	22	24	21	19	24	22	21	22	20	18
4	1	2.24	5.5	45	42	42	39	37	33	30	33	30	25	35	31	28	31	28	24	35	31	28	31	28	25	33	29	26	29	26	23
6	1	2.73	6.2	58	55	54	51	49	43	39	43	38	34	46	40	36	40	36	32	47	41	37	41	36	32	44	38	35	38	34	30
10	7	1.33	7.8	85	75	79	70	68	60	53	59	52	46	64	56	50	55	49	43	65	57	50	56	49	44	61	53	47	52	46	41
16	7	1.68	8.8	110	105	103	98	86	77	69	76	68	60	80	72	65	71	64	56	82	73	65	72	65	57	77	68	61	67	61	53
25	7	2.11	10.6	145	138	135	128	113	100	90	100	90	80	106	94	84	94	84	75	107	95	85	95	85	75	100	89	80	89	80	70
35	7	2.49	11.8	180	170	168	159	140	122	110	125	110	98	131	114	103	117	103	92	133	115	105	120	105	93	124	107	98	112	98	87
50	19	1.81	13.8	230	215	215	201	175	154	137	160	140	123	163	144	128	150	131	115	165	146	130	150	132	117	154	136	121	140	123	109
70	19	2.14	16	285	265	266	248	215	193	173	195	175	155	201	180	162	182	163	145	205	183	165	185	167	148	192	171	154	173	156	138
95	19	2.49	18.3	345	320	322	304	260	235	210	240	215	195	241	220	197	224	201	182	250	225	200	230	205	185	234	210	187	215	192	173
120	37	2.01	20	400	375	374	350	300	270	245	278	250	227	280	252	229	260	234	212	285	266	230	265	240	215	266	248	215	248	224	201
150	37	2.24	22	470	430	440	402	340	310	280	320	290	265	318	290	262	299	271	248	320	295	270	305	280	250	299	276	252	285	262	234
185				540	490	504	458	385	355	320	360	330	300	359	331	299	336	308	280	380	340	300	355	375	280	355	317	280	331	289	261

注：（1）导电线芯最高允许温度+65 ℃；（2）25 mm^2 及以上铜芯导线穿管时应用。

参 考 文 献

［1］刘子林. 电机与电气控制［M］. 3版. 北京：电子工业出版社，2014.

［2］李树海. 电工：低压运行维修［M］. 北京：化学工业出版社，2011.

［3］杨有启. 低压电工作业［M］. 北京：中国劳动社会保障出版社，2014.

［4］田淑珍. 电机与电气控制技术［M］. 2版. 北京：机械工业出版社，2017.